工程材料与成型技术基础

Fundamentals of Engineering Materials and Forming Technology

范丽　董丽华　陈海龚　都海良　**编著**

U0370146

上海科学技术出版社

图书在版编目（CIP）数据

工程材料与成型技术基础 / 范丽等编著. -- 上海 ：
上海科学技术出版社，2025. 3. -- ISBN 978-7-5478
-7079-2

Ⅰ. TB3

中国国家版本馆CIP数据核字第2025HE7410号

工程材料与成型技术基础

范丽　董丽华　陈海龚　都海良　编著

上海世纪出版(集团)有限公司
上海科学技术出版社　出版、发行
(上海市闵行区号景路 159 弄 A 座 9F－10F)
邮政编码 201101　　www.sstp.cn
上海普顺印刷包装有限公司
开本 787×1092　1/16　印张 20.5
字数 380 千字
2025 年 3 月第 1 版　2025 年 3 月第 1 次印刷
ISBN 978－7－5478－7079－2/TB·23
定价：75.00 元

_____

本书如有缺页、错装或坏损等严重质量问题,请向印刷厂联系调换

内容提要

本书是机械类专业必修的技术基础课程,旨在为学生未来从事机械设计与制造等工作奠定基础。本书结合高等院校"新工科"及"工程教育认证"要求,整合机械工程材料、金属热加工工艺和材料成型技术知识,注重科学性与实用性,系统阐述常用工程材料的基本结构与性能,详细介绍金属结构与结晶、二元合金相图及钢的热处理,论述液态金属铸造成型、固态金属塑性成型及金属连接成型等成型技术,并探讨机械零件失效与选材、毛坯选择等内容。每章附有习题,便于学生复习巩固。

本书可作为高等工科院校机械类专业及近机械类专业的本科生教材,也可供从事机械制造工程技术的相关人员参考使用。

前　言

　　材料是用来制造各种机器、器件、工具等并具有某种特性的物质。从广义上讲，对材料进行加工，使其具有一定的形状、尺寸和使用性能（或可加工性能）的技术都称为成型技术。"工程材料与成型技术基础"是一门研究材料的成分、组织结构、工艺和性能之间关系，以及材料成型技术原理与工艺的机械类专业必修技术基础课程。通过该课程的学习，机械类专业学生将为未来从事机械设计与制造、机械产品质量控制等工作奠定必要的基础。

　　为适应高等院校"新工科"及"工程教育认证"对机械类专业人才培养的要求，本教材编写组结合多年一线教学经验，按照高等院校机械类本科专业规范、培养方案及课程教学大纲的要求，整合机械工程材料、金属热加工工艺和材料成型技术等专业知识，参考国内外相关优秀教材，将工程材料与成型技术有机融合编写而成。本书注重培养学生获取知识、分析与解决工程技术问题的能力，同时提升其工程素质与创新思维能力。

　　本书系统阐述了常用工程材料（包括钢铁材料、有色金属材料和非金属材料）的基本结构与性能，重点介绍了金属的结构与结晶、二元合金相图及其应用，以及钢的热处理；并详细论述了相应的成型技术，包括液态金属铸造成型、固态金属塑性成型及金属连接成型。此外，本书对机械零件的失效与选材及毛坯的选择等内容也进行了系统介绍。

　　在编写方式及内容选择和安排上，本书具有以下特点。

　　（1）应用导向：本书编写力求适应机械类专业的实际应用，以科学性与实用性为目标。

　　（2）系统性与重点突出：内容既系统丰富又重点明确，各章节相互联系又相对独立，适应不同专业、学习背景、学时安排及学生层次的需求。

（3）习题辅助：为加深学生对课程内容的理解和巩固所学知识，并训练其独立分析与解决问题的能力，每章后附有习题，供学生复习使用。

上海建桥学院范丽教授和上海海事大学董丽华教授为本书主编，上海海事大学陈海羹教授、上海建桥学院都海良教授为本书副主编，上海建桥学院高强、张迪及刘永峰老师，上海海事大学董耀华老师参与编写。在此，向为本书出版付出辛勤努力的全体同仁致以衷心的感谢！

由于编者水平有限，书中难免存在不足之处，恳请广大读者批评指正。

目 录

第一部分　工程材料的基础理论

第二部分 常用工程材料

第三部分　工程材料成型技术

第 8 章　液态金属铸造成型

第 9 章　固态金属塑性成型

第 10 章　金属连接成型

第四部分　工程材料的应用及成型工艺的选择

第 11 章　机械零件的失效与选材

第 12 章　毛坯的选择

第0章 绪论

0.1 材料的发展与人类文明

材料是用来制造各种物品、器件、构件、机器等的具有某种特性的物质实体，是人类生存与发展、征服和改造自然的物质基础。人类社会现代文明的发展史，就是一段利用材料、制造材料和创造材料的历史。表0-1列出了人类历史的发展阶段和材料及其制备技术的发展。

表0-1 人类历史的发展阶段和材料及其技术的发展

时　代	技　术	材料与相关产业发展
石器时代	简单手工加工	• 天然石材 • 简单粗糙的工具
陶器时代	黏土配置成型、烧结	陶器、瓷器
青铜器时代	铜的冶炼、铸造	• 天然矿石冶炼金属铜 • 兵器、生活器皿 • 农业、畜牧业
铁器时代	铁的冶炼、铸造、锻造	• 大规模铸铁器皿、工具 • 武器 • 低熔点合金的钎焊
钢铁与合金化时代	• 高炉炼钢 • 纯金属的精炼和合金化	• 大量钢结构(桥梁、船、车、建筑等) • 蒸汽机、内燃机、机床等机械产业 • 不锈钢、铜、铝等有色合金产业
电子信息时代	• 功能陶瓷、合金的合成与制备 • 高分子材料的合成与制备	• 电子管、二极管、三极管,硅、锗半导体材料;信息技术、电子计算机技术 • 航空航天、原子能、农业、民用等产业领域
新材料时代	• 新材料的设计(成分、性能、工艺设计) • 新材料的合成、制备与精密加工 • 材料复合	• 结构、功能一体化材料 • 高性能复合材料 • 单晶、微晶、纳米晶(非晶)等特殊性能材料 • 薄膜、超晶格、微结构等特殊性能材料

材料科学的发展促进了人类文明的进步,成为衡量一个国家科学技术发展的重要标准,新材料是现代建筑、铁路、航天等各领域的物质基础。材料、能源、信息被誉为现代文明社会经济发展的三大支柱。

0.2　材料的分类

传统材料有数十万种,新材料的品种也正以每年5%左右的速度增长。材料的分类方法如图0-1所示。

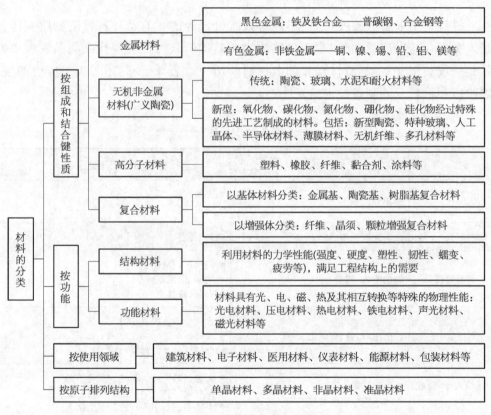

图0-1　材料的分类

0.3　材料科学与工程的内涵

"材料科学"包括对材料本质的发现、分析和解释等方面的研究,目的在于提供材料结构的统一描绘或模型,解释材料结构与性能之间的关系。

"材料工程"着重把材料科学的基础知识应用于材料的研制、生产、改性和应用,以完成特定的社会任务,解决技术、经济、社会及环境上不断出现的问题。

1986 年,由美国麻省理工学院学者主编的《材料科学与工程百科全书》(第 1 部)中给出了"材料科学与工程"的概念。

材料科学与工程是研究材料成分与结构、制备工艺流程、材料性能和使用效能之间的关系的知识及应用。

材料科学与工程实际上是一个经过多种学科与现代技术相互交叉、渗透、综合而形成的材料大学科,是从科学到工程的一个连续领域,"材料工程"和机械工程、宇航工程、土木工程、电机工程、电子工程、化学工程、生物工程等紧密联系。

材料科学与材料工程的关系如图 0-2 所示。材料科学为材料工程提供设计依据,为更好地选择材料、使用材料、发展新材料提供理论基础。材料工程为材料科学提供丰富的研究课题和物质基础。

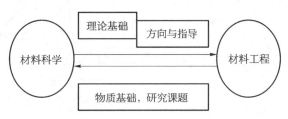

图 0-2 材料科学与材料工程的关系

材料科学研究"为什么",材料工程解决"怎样做"。材料科学和材料工程紧密相连,它们之间没有明显的界线。在解决实际问题中,不能将科学因素和工程因素独立考虑。因此,人们常将二者合称为材料科学与工程。

(1)四要素。

国内外材料界一般把构成材料的组分(成分与结构)、工艺(合成与制备)、性能、使用效能视为材料科学与工程的内涵,常称为材料科学与工程的"四要素"。它们之间的关系用四面体表示[图 0-3(a)]。材料的成分不同,则组织结构不同,其性能也不同。

(2)五要素。

随着对材料研究的逐渐深入,认识到尽管材料的成分相同,但加工过程不同也会导致材料的组织结构不同,性能也不同。从而,材料科学与工程的内涵由四要素变为五要素,即成分、结构、工艺(合成与制备)、性能、使用效能[图 0-3(b)]。

(3)六要素。

随着材料与制备工艺理论的发展,以及材料的计算机设计与模拟研究的深入,我国材料学家师昌旭认为成分与结构同等重要,制备与合成相关联,同时将"材料与工艺理论及设计"也列入了材料科学与工程的要素之一,从而提出了材料科学与工程的六要素[图 0-3(c)]。

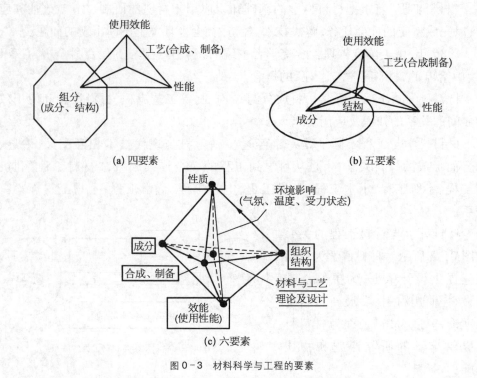

图 0-3　材料科学与工程的要素

0.4　材料科学的研究内容

　　材料科学的核心问题是材料的结构和性能的关系。结构在不同层次上的差别对性能的影响是不同的,一般可分为原子结构、原子的空间排列、显微组织三个层次,如图 0-4 所示。

　　1) 原子结构与结合键

　　原子核外的电子数量、排布决定了原子核对其价电子吸引能力的大小。正是由原子对价电子占有方式的不同,当原子形成材料时,产生了离子键、共价键、金属键、分子键等。不同的结合键对材料性能有着根本的影响,可据此将材料分成金属、无机非金属、高分子材料三大类。

　　2) 原子的空间排列

　　在组成元素相同、结合键类型相同的情况下,原子排列方式的不同会形成完全不同的材料。根据材料的结构基元(原子、分子、离子或络合离子等)在三维空间的排列特点,材料的结构类型分为晶体、非晶体与准晶体三种(表 0-2)。

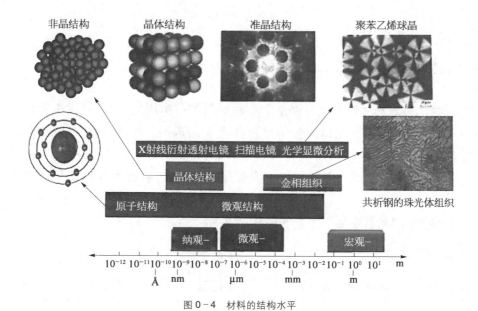

图 0 - 4　材料的结构水平

表 0 - 2　晶体、非晶体与准晶体的概念及特点

	晶　体	非　晶　体	准　晶　体
定义	构成材料的结构基元(原子、分子、离子、原子集团或络合离子等)在三维空间按周期性重复排列	构成材料的结构基元(原子、分子、离子、原子集团或络合离子等)在三维空间呈无序排列,又称为无定形体	准晶体是介于晶体和非晶体之间的固体;具有完全有序的结构,有晶体定义所不允许的五重旋转对称,但不具有晶体的平移周期性
特点	(1) 规则外形和宏观对称性 (2) 均匀性 (3) 各向异性 (4) 稳定性 (5) 固定熔点	(1) 各向同性 (2) 介稳性 (3) 连续性 (4) 无固定熔点	(1) 硬度高,耐磨 (2) 有一定弹性 (3) 无黏着力,低导热性
类型	(1) 晶态金属 (2) 晶态陶瓷 (3) 晶态高聚物	(1) 玻璃 (2) 金属玻璃 (3) 非晶态高聚物	(1) $Al-Mn$ 合金 (2) $Al_{65}Cu_{23}Fe_{12}$ (3) $Cd_{57}Yb_{10}$ (4) $Al_{70}Pd_{21}Mn$ (5) $Ti-V-Ni$

3) 材料的显微组织

显微组织是借助于显微镜观察到的材料的微观组成与形貌。组成元素相同、结合键相同、原子排列方式相同的材料,其性能也会因组织不同而差别很大。

组织对材料的强度、塑性等有重要影响,比原子结合键及原子排列方式更易随加工工艺而变化,因此组织是一个非常敏感而重要的结构因素。

0.5　材料的基本加工工艺

人类社会的发展历史就是制造和利用材料的技术历史,材料技术主要包括制备技术(如粉体制备技术和高分子材料合成等)、成型与加工技术(如凝固成型、塑性加工和连接技术等)、改质改性技术(如各种热处理和三束改性技术等)、防护技术(如涂镀层处理技术等)、评价表征技术、模拟仿真技术及检测与监控技术七类。

不同类材料的基本加工工艺如图 0-5 所示。

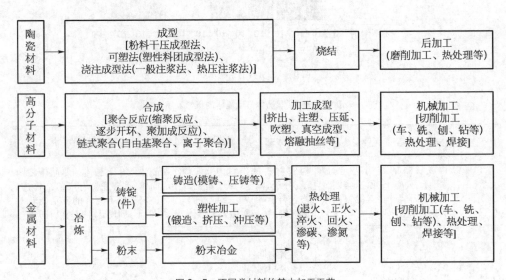

图 0-5　不同类材料的基本加工工艺

0.6　本课程的学习内容及任务

课程绪论部分主要介绍了:材料的发展与人类文明,材料的分类,材料科学的研究内容,材料的基本加工工艺介绍等。

本课程除绪论外,由 13 个章节组成,主要学习内容分成四个部分。

第一部分——工程材料的基础理论,涵盖:工程材料的分类与性能(第 1 章),金属的结构与结晶(第 2 章);二元合金相图及其应用(第 3 章),钢的热处理(第 4 章)。

第二部分——常用工程材料,涵盖:钢铁(第 5 章),有色金属及其合金(第 6 章);非金属(第 7 章)。

第三部分——工程材料成型技术,涵盖：液态金属铸造成型(第 8 章),固态金属塑性成型(第 9 章)；金属连接成型(第 10 章)。

第四部分——工程材料的应用及成型工艺的选择,涵盖：机械零件的失效与选材(第 11 章),毛坯的选择(第 12 章)。

本课程的学习目标与任务如下。

(1) 建立工程材料和材料成型工艺的完整概念,培养良好的工程意识。

(2) 掌握必要的材料科学及有关成型技术的基础理论。

(3) 熟悉各类常用结构工程材料,包括金属材料、高分子材料、陶瓷材料等的成分、结构、性能、应用特点及牌号表示方法；掌握强化金属材料的基本途径；了解新型材料的发展及应用。

(4) 掌握各种成型工艺方法的工艺特点及应用范围；掌握零件(毛坯)的结构工艺性,具有设计毛坯和零件结构的初步能力。

(5) 掌握选择零件材料及成型工艺的基本原则和方法步骤,了解失效分析方法及其应用,了解表面处理技术的应用；初步具有合理选择材料、成型工艺(毛坯类型)及强化(或改性、表面技术应用等)方法并正确安排工艺路线(工序位置)的能力。

(6) 了解与本课程有关的新材料、新技术、新工艺。

在学习本课程前,学生应先学完工程力学,参加过金工实习,对机械工程材料的加工及应用有一定的感性认识。本课程理论性和实践性都很强,基本概念多、与实际联系密切,在学习时应注意联系物理、化学、工程力学及金属工艺学等课程的相关内容,并结合生产实际,注重分析、理解前后知识的整体联系及综合应用。运用归纳、小结、绘制思维导图的方法去梳理、概括各部分内容,将分散的内容集中、繁杂的内容高度概括,以达到条理、系统、精炼且便于记忆的目的,还要注意把握重点,以点带面,提高学习效率。同时,在学习过程中要注意理论联系实际,主动将课堂上学习的基本理论与金工实习、专业认知实习中的具体实际建立联系,要重视综合实验与生产实践。

习题

1. 结合自己身边的材料,谈谈材料对社会发展的作用。
2. 举例说明材料科学家对科技进步的贡献。
3. 材料科学与材料工程有什么区别?

第一部分

工程材料的基础理论

第 1 章　工程材料的分类与性能

1.1　工程材料的分类及概述

材料是人类文明和物质生活的基础,是组成所有物体的基本要素。狭义的材料仅指可供人类使用的材料,是指那些能够用于制造结构、零件或其他有用产品的物质。人类使用的材料可以分为天然材料和人造材料。天然材料是所有材料的基础,在科学技术高速发展的今天,人们仍在大量使用水、空气、土壤、石料、木材、生物、橡胶等天然材料。随着社会的发展,人们对天然材料进行各种加工处理,使它们更适合人类使用,这就是人造材料。在我们生活、工作所见的材料中,人造材料占有相当大的比例。工程材料属于人造材料,它主要是指用于机械工程、建筑工程及航空航天等领域的材料,按应用领域,可分为机械工程材料、建筑材料、生物材料、信息材料、航空航天材料等。工程材料按其性能特点可分为结构材料和功能材料两大类。结构材料以力学性能为主,兼有一定的物理、化学性能;功能材料以特殊的物理、化学性能为主,如那些要求具有声、光、电、磁、热等功能和效应的材料(本书主要介绍结构材料)。工程材料按其化学组成可分为金属材料、高分子材料、无机非金属材料、复合材料等。

金属材料是工业上所使用的金属及合金的总称。金属材料包括钢铁、非铁金属及其合金(有色金属及其合金)。由于金属材料具有良好的力学性能、物理性能、化学性能及加工工艺性能,并能采用比较简单、经济的方法制造零件,因此是目前应用最广泛的材料。

高分子材料包括塑料、橡胶、合成纤维、胶黏剂、涂料等。人们将那些力学性能好,可以代替金属材料使用的塑料称为工程塑料。高分子材料因其资源丰富、成本低、加工方便等优点,发展极其迅速,已成为国家建设和人民生活中必不可少的重要材料。

无机非金属材料主要指水泥、玻璃、陶瓷材料和耐火材料等。这类材料不可燃,不老化,而且硬度高,耐压性能良好,耐热性和化学稳定性高,资源丰富,在电力、建筑、机械等行业中有广泛的应用。随着技术的进步,无机非金属材料特别是陶瓷材料在结构和功能方面发生了很大变化,应用领域不断扩展。

复合材料是指由两种或两种以上组分组成、具有明显界面和特殊性能的人工合成的多相固体材料。复合材料的组成包括基体和增强材料两个部分。它能综合金属材料、高分子材料、无机非金属材料的优点,通过材料设计使各组分的性能互相补充并彼此关联,从而获得新的性能。复合材料范围广,品种多,性能优异,具有很大的发展前景。

工程材料的性能一般可分为两类:一类是工艺性能,是指材料在加工过程中所表现出来的性能;另一类是使用性能,是指在使用过程中所表现出来的性能,如物理性能(如导电性、导热性、磁性、热膨胀性、密度等)、化学性能(如耐蚀性、抗氧化性等)、力学性能等。力学性能是机械零件在设计选材与制造中应主要考虑的性能。要正确地选择和使用材料必须首先了解材料的性能。

1.2　工程材料的力学性能

工程材料的力学性能是指材料在外加载荷作用下所表现出来的性能,主要包括强度、塑性、硬度、韧性、疲劳强度等。用来表征材料力学性能的各种临界值或规定值,统称为力学性能指标。材料力学性能的优劣就是用这些指标的具体数值来衡量的。

材料的力学性能不仅是设计和制造机械零件的主要依据,也是评价金属材料质量的重要依据。

根据外力的性质和作用方式不同,一般可将载荷分为静载荷、冲击载荷和交变载荷。静载荷指大小和作用方向不变或者变动非常缓慢的载荷,如汽车在静止状态下,车身自重引起的对车架的压力就属于静载荷;冲击载荷是指以较高速度作用于零部件上的载荷,即突然增大或变动很大的载荷,如当汽车在颠簸不平的道路上行驶时,车身对悬架的冲击即为冲击载荷;交变载荷指大小与方向随时间发生周期性变化的载荷,又称循环载荷,如运转中的发动机曲轴、齿轮等零部件所承受的载荷均为交变载荷。载荷按其作用形式的不同,又可分为压缩载荷、拉伸载荷、扭转载荷、剪切载荷和弯曲载荷等,如图 1-1 所示。

在外载荷作用下,材料几何尺寸和形状的变化称为变形。变形一般可分为弹性变形和塑性变形。所谓弹性变形,是指构件随着外力的作用而产生变形,并随着外力卸除后恢复原状。材料在外力作用下发生形状和尺寸的变化,外力卸除后又恢复原来形状和尺寸的特性称为弹性。而塑性变形则是指构件在外力作用下

产生变形后,不能随着外力的卸除
而消失的变形,也称为永久变形。

　　材料的力学性能主要取决于材
料本身的化学成分、组织结构、冶金
质量、表面和内部的缺陷等内在因
素,但一些外在因素(如载荷性质、
温度、环境介质等)也会影响到材料
的力学性能。因此,力学性能不仅
是验收、鉴定材料性能的重要依据,
也是零件设计和选择材料的重要
依据。

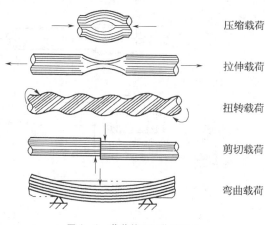

压缩载荷

拉伸载荷

扭转载荷

剪切载荷

弯曲载荷

图 1-1　载荷的不同作用形式

1.2.1　强度与塑性

　　材料的强度与塑性是材料最重要的力学性能指标。

　　强度是指材料在载荷作用下,抵抗塑性变形或断裂的能力。根据所加载荷形
式的不同,强度可分为抗拉强度、抗压强度、抗弯强度、抗剪强度和抗扭强度等。
材料的塑性是指材料在断裂之前产生永久变形的能力,通常采用断后伸长率和断
面收缩率两个指标来表征。

　　材料的抗拉强度和塑性指标可以通过拉伸试验获得。拉伸试验的方法是用
静拉力对标准试样进行轴向拉伸,同时连续测量力和试样相应的伸长量,直至试
样断裂。根据测得的数据,可求出材料有关的力学性能。通常,采用拉伸试验来
测定材料的强度与塑性等各种力学性能指标。

　　1) 拉伸试验

　　根据国家标准《金属材料　拉伸试验　第 1 部分:室温试验方法》(GB/T
228.1—2021)的规定,将材料制成标准拉伸试样,如图 1-2 所示,将试样装在材
料拉伸试验机上,缓慢地加载进行拉伸,试样逐渐伸长,直至断裂。国家标准对拉
伸试样的形状、尺寸及加工要求均有明确规定,通常采用圆柱形拉伸试样。$L_0 =$
$10d_0$ 时称为长试样, $L_0 = 5d_0$ 时称为短试样。在拉伸试验过程中,自动记录装置
可给出能反映静拉伸载荷 F 与试样轴向伸长量 ΔL 对应关系的 $F\text{-}\Delta L$ 曲线。低碳
钢的拉伸力-伸长 $(F\text{-}\Delta L)$ 曲线如图 1-3 所示。

　　将载荷 F 除以试样原始横截面面积 S_0,得到应力 $R(R = F/S_0)$,单位为
MPa。其中: F 的单位为 N, S_0 的单位为 mm^2。将伸长量 ΔL 除以试样原始长度
L_0,得到应变 $e(e = \Delta L/L_0)$。以 R 为纵坐标, e 为横坐标,绘出应力-应变曲线,即

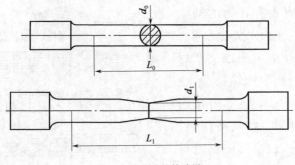

图 1-2　标准拉伸试样

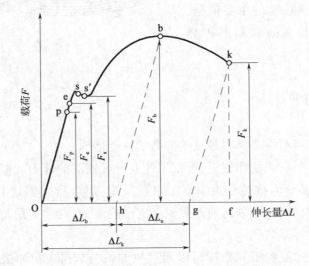

图 1-3　低碳钢的拉伸载荷-伸长量(F-ΔL)曲线

R-e 曲线,如图 1-4 所示。

　　R-e 曲线与 F-ΔL 曲线形状差别不大。由于 R-e 曲线已消除了试样尺寸对试验结果的影响,从而能直接反映出材料的性能,也便于材料之间力学性能指标的比较。

　　由图 1-3 中的曲线可以看出,拉伸过程中明显地表现出以下几个变形阶段。

　　(1) 弹性变形阶段(Op 段,pe 段)。

　　在 Op 段,试样的变形量与外加载荷成正比。如果卸除载荷,试样立即恢复原状。在 pe 段,试样仍处于弹性变形阶段,但载荷与变形量不再成正比。

　　(2) 屈服阶段(es 段,ss′段)。

　　此阶段试样不仅产生弹性变形,还发生塑性变形。即载荷卸掉以后,一部分变形可以恢复,还有一部分变形不能恢复。在 ss′段,会出现平台或锯齿线,这时载荷不增加或只有较少增加,试样却继续伸长,这种现象称为屈服,s 点称为屈服点。

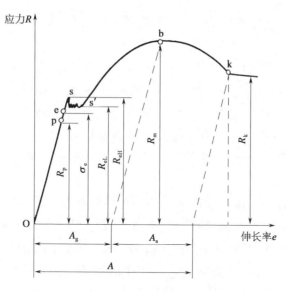

图 1-4　低碳钢的应力-应变($R-e$)曲线

（3）强化阶段（s'b 段）。

要使试样继续发生变形，必须不断增加载荷，随着试样塑性变形的增大，材料的变形抗力也逐渐增加，b 点即为试样抵抗外加载荷的最大能力。

（4）颈缩阶段（bk 段）。

当载荷增加到最大值后，试样发生局部收缩，称为"颈缩"，此时变形所需载荷也逐渐降低。至 k 点，试样断裂。

也就是说，逐渐加大拉伸载荷 F，试样将出现弹性变形、微量永久变形、屈服变形、均匀变形、（大量永久变形）颈缩与断裂几个阶段。

做拉伸试验时可以观察到，低碳钢等材料在断裂前有明显的塑性变形，这种断裂称为塑性断裂，塑性断裂的断口呈"杯锥"状，这种材料称为塑性材料。铸铁、玻璃等材料在断裂前未发生明显的塑性变形，为脆性断裂，断口是平整的，这种材料则称为脆性材料。有些脆性材料不仅没有屈服现象，也不产生颈缩现象，如高碳钢和铸铁等材料。

2）材料强度

根据材料的变形特点，表征材料强度的指标主要有屈服强度和抗拉强度；表征材料刚度的指标为弹性模量。

（1）屈服强度。

金属材料产生屈服时对应的最低应力称为屈服强度，用符号 R_{eL} 表示，单位为 MPa：

$$R_{eL} = F_s / S_0$$

式中，F_s 为试样发生屈服变形时的载荷（N）；S_0 为试样原始横截面面积（mm^2）。

机械零件经常因过量的塑性变形而失效，一般来说不允许零件发生明显的塑性变形。正因为如此，工程中常根据 R_{eL} 确定材料的许用应力。

弹性模量 E 为弹性变形的应力与应变的比值，表示金属材料抵抗弹性变形的能力。弹性零件的工作应力不能大于其弹性极限，否则将导致零件失效或损坏。因此弹性极限是弹性零部件（钢板弹簧、螺旋弹簧等）设计和选材的主要依据。

除退火和热轧的低碳钢和中碳钢等少数材料在拉伸过程中有屈服现象以外，工业上使用的大多数材料都没有屈服现象。因此，需采用规定塑性延伸强度 R_p，R_p 是指规定残余伸长下的应力。国家标准 GB/T 228.1—2021 中规定：当试样卸除载荷后，其标距部分的残余伸长达到规定的原始标距百分比时的应力，即作为规定塑性延伸强度 R_p，并附角标说明规定残余伸长率。例如 $R_{p0.2}$ 表示规定残余伸长率为 0.2%时的应力。

（2）抗拉强度。

抗拉强度指试样在拉伸过程中所能承受的最大应力值，用符号 R_m 表示，单位为 MPa：

$$R_m = F_b/S_0$$

式中，F_b 为试样断裂前所承受的最大载荷（N）；S_0 为试样原始横截面面积（mm^2）。

抗拉强度 R_m 是设计和选材的主要依据之一，是工程技术上的主要强度指标。一般来说，在静载荷作用下，只要工作应力不超过材料的抗拉强度，零件就不会发生断裂。

在工程上，屈强比 R_{eL}/R_m 是一个很有意义的指标。其比值越大，越能发挥材料的潜力。但是为了使用安全，该比值也不宜过大，适当的比值一般为 0.65～0.75。另外，比强度 R_m/ρ 也常被提及，它表征了材料强度与密度之间的关系。在考虑工程材料轻量化的问题时，常常用到这个指标。

3）材料的塑性指标

工程上广泛应用的表征材料塑性好坏的力学性能指标主要有断后伸长率和断面收缩率。

（1）断后伸长率。

断后伸长率指试样拉断后，标距伸长量与原始标距的百分比，用符号 A 表示，即

$$A = \frac{L_1 - L_0}{L_0} \times 100\%$$

式中，L_1 为试样断裂后的标距（mm）；L_0 为试样的原始标距（mm）。

（2）断面收缩率。

断面收缩率指试样拉断后，横截面面积的缩减量与原始横截面面积之比，用符号 Z 表示，即

$$Z = \frac{S_0 - S_1}{S_0} \times 100\%$$

式中，S_1 为试样断裂处的最小横截面面积（mm^2）；S_0 为试样的原始横截面面积（mm^2）。

断后伸长率 A 表示材料的伸长变形能力，断面收缩率 Z 则代表材料的收缩变形能力。由上述公式可知，A、Z 值越大，材料的塑性越好。材料具有一定的塑性，可以提高零件使用的可靠性，这样零件在使用过程中偶然过载时，若发生一定的塑性变形，也不至于突然断裂，造成事故。对于金属材料来讲，具有一定的塑性才能顺利地进行各种变形加工。材料的塑性越好，就越易于进行压力加工，例如铜、铝、低碳钢的加工成型。

长试样（$L_0 = 10d_0$）的断后伸长率写成 A 或 A_{10}；短试样（$L_0 = 5d_0$）的断后伸长率须写成 A_5。同一种材料 $A_5 > A$，所以，对不同材料，值和值不能直接比较。一般把 $A > 5\%$ 的材料称为塑性材料，$A < 5\%$ 的材料称为脆性材料。铸铁是典型的脆性材料，而低碳钢是黑色金属中塑性最好的材料。

1.2.2　硬度

硬度是材料抵抗局部变形或破坏的能力，特别是抵抗塑性变形、压痕或划痕的能力。它是衡量材料软硬程度的一项性能指标，也是评定材料力学性能的重要指标之一。硬度是强度的局部反映，一般来说强度越高，硬度也越高。硬度试验已成为产品质量检查、制定合理工艺的重要试验方法之一。在产品设计的技术条件中，硬度也是一项主要的指标。

生产中，测定硬度的方法最常用的是压入硬度法，是用一定载荷将一定几何形状的压头压入被测试的金属材料表面，根据压头压入程度来测量硬度值。同样的压头在相同载荷作用下压入金属材料表面时，压入程度越大，材料的硬度值越低；反之，硬度值就越高。测试硬度的方法很多，最常用的有布氏硬度试验法、洛氏硬度试验法和维氏硬度试验法。

1) 布氏硬度

布氏硬度指在布氏硬度试验机上测得的材料的硬度。布氏硬度试验是用一定大小的载荷 F，把直径为 D 的硬质合金球压入被测试样表面，如图 1-5 所示，保持规定时间后卸除载荷，移去压头，用读数显微镜测出压痕平均直径 d。用载荷 F 除以压痕的表面积所得的商，即为被测材料的布氏硬度值。布氏硬度的单位为 MPa，但习惯上只写明硬度值而不标出单位。在实际测试时，布氏硬度值一般不用计算，而是在测出 d 值之后，根据 d 值查表得到硬度值。

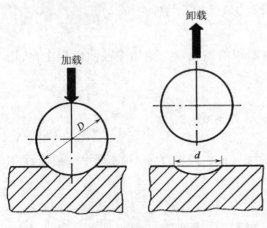

图 1-5 布氏硬度试验原理

用硬质合金球作为压头所测得的布氏硬度用符号 HBW 表示，适用于测量硬度值不超过 650 的材料。布氏硬度试验因压痕面积较大，能反映出一定范围内被测金属的平均硬度，所以试验结果较精确。但因压痕偏大，适用于测量组织粗大或组织不均匀的材料(如铸铁)，常用于测定退火、正火、调质钢、铸铁以及非铁金属等原材料或半成品的硬度，一般不宜用于测试成品或薄片金属的硬度。布氏硬度的表示方法规定为：符号 HBW 前面的数值为硬度值，符号后面按以下顺序排列，以表示试验条件——压头球体直径(单位：mm)、试验载荷(单位：kgf，1 kgf ≈ 9.807 N)、试验载荷保持时间(单位：s，10~15 s 不标注)。如 500 HBW5/750 表示用直径 5 mm 的硬质合金球在 750 kgf(7 355 N)的载荷下保持 10~15 s，测得的布氏硬度值为 500。

2) 洛氏硬度

洛氏硬度试验法是目前工厂中应用最广泛的试验方法。它是用一个锥顶角为 120° 的金刚石圆锥体或直径为 1.587 5 mm 或 3.175 mm 的硬质合金球或淬火钢球为压头，在规定载荷作用下压入被测金属表面，通过测定压痕深度来确定硬度值。为了能用同一硬度计测定从极软到极硬材料的硬度，可采用不同的压头和载荷，从而组成多种不同的洛氏硬度标尺，国家标准规定了 A、B、C、D、E、F、G、H、K、15 N、30 N、45 N、15 T、30 T、45 T 共 15 种标尺，其中 A、B、C、D 标尺应用最广。图 1-6 所示为洛氏硬度试验示意图。其中 h_0 为施加主试验力前在初试验力下的压痕深度，单位为 mm；如 h_1 为试样在主试验力下的压痕增量，单位为 mm；e 为去除主试验力后，试样在初始试验力下的残余压痕深度增量，用 0.002 mm 为单位

表示。洛氏硬度的计算公式为

$$HR(A、C、D) = 100 - e$$

$$HRB = 130 - e$$

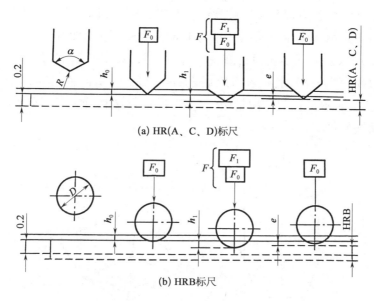

(a) HR(A、C、D)标尺

(b) HRB标尺

图 1-6　洛氏硬度试验示意

国家标准规定 HR 之前的数字为硬度值,符号后为标尺类型,例如 50 HRC 表示标尺 C 下测定的洛氏硬度值为 50。表 1-1 列出了常用四种洛氏硬度标尺的试验条件和应用范围。

表 1-1　常用四种洛氏硬度标尺的试验条件和应用范围

硬度代号	压头类型	总试验力 F/N	洛氏硬度范围	应 用 范 围
HRA	120°金刚石圆锥体	588.4	20~88	碳化物、硬质合金等
HRB	1.587 5 mm 球	980.7	20~100	非铁金属,退火、正火钢等
HRC	120°金刚石圆锥体	1 471	20~70	淬火钢、调质钢等
HRD	120°金刚石圆锥体	980.7	40~77	薄钢板、中等厚度表面硬化零件

洛氏硬度试验法的优点是操作迅速简便,由于压痕较小,故对工件损伤较小,并可在工件表面或较薄的金属上进行试验。其缺点是因压痕较小,对于组织比较粗大且不均匀的材料,测得的硬度不够准确。

3）维氏硬度

洛氏硬度试验虽可采用不同的标尺来测定由极软到极硬金属材料的硬度,但不同标尺的硬度值间没有简单的换算关系,使用上很不方便。为了能在同一硬度标尺上测定极软到极硬金属材料的硬度值,特制定了维氏硬度试验法。

维氏硬度的试验原理和布氏硬度试验基本相同。图 1-7 所示为维氏硬度试验原理示意图。用一个相对面间夹角为 136° 的金刚石正四棱锥体压头,在规定载荷 F 作用下压入被测试样表面,保持一定时间后卸除载荷,测量压痕对角线长度 d,进而计算压痕表面积,最后求出压痕表面积上的平均压力,即为金属的维氏硬度,用符号 HV 表示。在实际测量中,并不需要进行计算,而是根据所测 d 值直接查表得到所测硬度值。

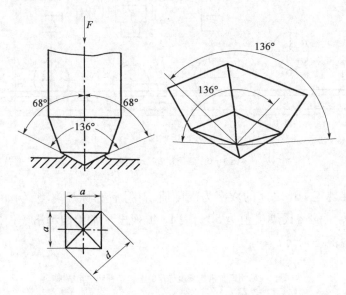

图 1-7　维氏硬度试验原理示意

维氏硬度表示方法为：符号 HV 前面为硬度值,HV 后面数值依次表示载荷和载荷保持时间(保持时间为 10~15 s 时不标注),单位一般不标注。例如 640HV30 表示在 294 N（30 kgf）载荷作用下保持 10~15 s 测定的维氏硬度值为 640；640HV30/20 表示在 294 N（30 kgf）载荷作用下,保持 20 s 测定的维氏硬度值为 640。

维氏硬度试验法加载小,压入深度浅,适用于测试零件表面淬硬层及化学热处理的表面层(如渗碳层、渗氮层等),当试验力小于 1.961 N 时,又称显微维氏硬度试验法;同时维氏硬度是一个连续一致的标尺,硬度值不随载荷变化而变化。但维氏硬度试验法测定较麻烦,工作效率不如测洛氏硬度高。

1.2.3　冲击韧性

　　强度、塑性、硬度是在静载荷作用下测得的材料性能指标。但在实际工作条件下,很多零件经常承受冲击载荷或交变载荷。如压力机的冲头、发动机的活塞销、连杆、变速器齿轮等在工作过程中往往受到以一定速度作用于机件上的冲击载荷。冲击载荷的加速度高、作用时间短,使材料在受冲击时,应力分布和变形很不均匀,容易产生损坏甚至失效,其破坏能力远大于静载荷,因此,在设计和制造工作中还应当考虑到材料在冲击载荷和交变载荷下表现出来的力学性能,即冲击韧性。

　　通常采用的试验方法是用一次摆锤冲击试验来测定材料的冲击韧性。冲击试验的原理如图 1-8 所示。把准备好的标准冲击试样放在试验机的机架上。试样缺口背向摆锤[图 1-8 (a)],将摆锤抬到一定高度 H,使其具有势能,然后释放摆锤,将试样冲断,摆锤继续上升到一定高度 h,在忽略摩擦和阻尼等的条件下,摆锤冲断试样所做的功称为冲击吸收能量,以 K 表示。

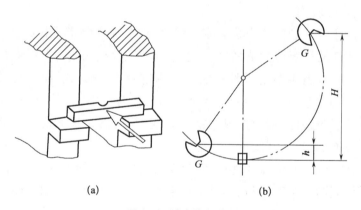

(a)　　　　　　　　　　　　(b)

图 1-8　冲击试验原理

　　材料的冲击韧性 a_K 计算式为

$$a_K = \frac{K}{A}$$

式中,K 为冲击吸收能量[1](J);A 为试样缺口处的截面面积(cm^2)。

　　标准试样缺口有 U 型和 V 型两种型式。根据试样缺口型式的不同,U 型缺口试样测得的冲击韧性用 a_{KU} 表示,V 型缺口测得的冲击韧性用 a_{KV} 表示。影响冲

---

[1]　GB/T 229—2020 中分别用 KU 和 KV 表示 U 型缺口和 V 型缺口试样的冲击吸收能量。

击韧性的因素包括工件表面质量、材料内部质量、加载速度及工作温度等。

对一般常用钢材来说，K 值或 a_K 值越大，表示材料的韧性越好，并据此可将材料分为脆性材料和韧性材料。脆性材料在断裂前无明显的塑性变形，断口较平整，呈晶状或瓷状，有金属光泽；韧性材料在断裂前有明显的塑性变形，断口呈纤维状，无光泽。

1.2.4 疲劳强度

承受交变应力的零件，在工作应力低于材料屈服强度的情况下长时间工作时，会产生裂纹或突然断裂，这种现象称为疲劳失效或疲劳破坏。

疲劳失效通常没有明显的征兆，具有较大的突发性和危害性，无论是何种材料，在失效前都不会出现明显的塑性变形，而且引起疲劳失效的应力很低，故疲劳失效的危险性很大，特别是对于很多重要机件（如汽车半轴、发动机曲轴等），往往会造成灾难性事故和严重后果。据统计，机械零件失效中有80%以上属于疲劳破坏，疲劳失效也是机械零件中最常见的一种失效形式。因此，对材料疲劳失效的预防是十分必要的。

材料抵抗疲劳断裂的能力称为疲劳强度，疲劳强度是指材料经受无数次应力循环而不被破坏的最大应力值，它可以通过疲劳试验绘制疲劳曲线进行测定。

疲劳破坏的原因主要是零件表面或者内部存在着缺陷（如划痕、硬伤、夹渣等），或者横截面面积发生突变及尖角部位在工作时产生应力集中等，致使局部应力超过材料的屈服强度，从而造成局部永久变形；或者是存在的微小裂纹随应力交变循环次数增加，致使裂纹加大乃至断裂。

为了提高零件的疲劳强度，防止疲劳断裂的发生，主要从以下三个方面考虑：一是提高零件表面的加工质量，尽量减少各种表面缺陷和表面损伤；二是在零件结构设计阶段就充分考虑尽量避免尖角、缺口和截面突变，防止应力集中引起疲劳裂纹；三是采用各种表面强化处理工艺，如化学热处理、表面淬火、喷丸、滚压等，以形成表面残余压应力，从而提高疲劳强度，预防疲劳破坏。

1.3 工程材料的其他性能

1.3.1 物理性能

材料的物理性能是指材料的固有属性，如密度、熔点、导热性、导电性、热膨胀性、磁性和色泽等。常用金属材料的物理性能见表 1 - 2。

表 1 - 2　常用金属材料的物理性能

金属	元素符号	密度/ (×10³ kg/m³)	熔点/ ℃	热导率/ [W/(m·K)]	线膨胀系数/ (×10⁻⁶ K⁻¹)	电阻率/ (×10⁻⁶ Ω·m³)	磁导率/ (H/m)
银	Ag	10.49	960.8	418.6	19.7	1.5	抗磁
铝	Al	2.69	660.1	221.9	23.6	2.7	21
铜	Cu	8.96	1 083	393.5	17.0	1.67	抗磁
铬	Cr	7.19	1 903	67	6.2	12.9	顺磁
铁	Fe	7.84	1 538	75.4	11.8	9.7	铁磁
镁	Mg	1.74	650	153.4	24.3	4.5	12
锰	Mn	7.43	1 244	7.81	37	185	顺磁
镍	Ni	8.90	1 453	92.1	13.4	6.5	铁磁
钛	Ti	4.51	1 677	15.1	8.2	42.1~47.8	182
锡	Sn	7.30	231.9	62.8	2.3	11.5	2
钨	W	19.30	3 380	166.2	4.6	5.1	1~1.3
铅	Pb	11.34	327	34.8	29	7	抗磁

注：表中的热导率是指在 0~100 ℃ 的范围内。

1）密度

材料的密度是指单位体积物质的质量，用符号 ρ 表示，单位为 kg/m³。实际生产中，各种零部件的选材必须首先考虑材料的密度，如汽车发动机工作环境要求采用质量小、运动时惯性小的活塞，因此活塞多采用低密度的铝合金材料制作。在航空航天领域中，密度更是选用材料的关键性能指标之一。

对于金属材料，按照密度的大小可分为轻金属和重金属。通常来说，密度小于 $5×10^3$ kg/m³ 的金属称为轻金属，如铝、镁、钛及其合金；密度大于 $5×10^3$ kg/m³ 的金属则称为重金属，如铁、铅、钨等，具体数值可参见表 1 - 4。对于非金属材料，其密度相对来说更小，陶瓷的密度为 $2.2×10^3 \sim 2.5×10^3$ kg/m³，塑料的密度则多在 $1.0×10^3 \sim 1.5×10^3$ kg/m³ 之间。

2）熔点

熔点是指材料由固态向液态转变的温度。熔点是制订金属的冶炼、铸造、锻造和焊接及热处理等热加工工艺规范的一个重要参数。

纯金属及其合金都具有固定的熔点。金属可分为低熔点金属（熔点低于700 ℃）和难熔金属（熔点高于700 ℃）。难熔金属钨（W）、钼（Mo）、铬（Cr）、钒（V）等常用来制造耐高温的零件，如发动机排气阀等，铅（Pb）、锡（Sn）、锌（Zn）等低熔点金属常用来制造熔丝、易熔安全阀等零件。非金属材料中，陶瓷材料的熔点一般都显著高于金属及合金的熔点，各种类型的高温陶瓷在航空航天领域得到了广泛应用。而高分子材料、复合材料一般没有固定的熔点。

3）导热性

材料导热性是指材料传导热量的能力。常用热导率（又称导热系数）λ 来表示，单位为 W/(m·K)。热导率越大，材料的导热性越好。导热性是金属材料的重要性能之一。

纯金属的导热性以银为最好，通常来说，金属越纯，其导热性越好；合金的导热性比纯金属的要差，但金属与合金的导热性远远好于非金属材料，如塑料的热导率只有金属的1%左右。

在进行热加工和热处理时，必须考虑金属材料的导热性。通常，导热性好的材料其散热性能也好。应选用导热性好的材料来制造散热器、热交换器与活塞等零件。反之，氮化硅、氧化硅等导热性差的陶瓷材料，可用于制造汽车排气歧管的陶瓷衬管和柴油机分隔燃烧室镶块等零部件。

4）导电性

材料传导电流的能力称为导电性。导电性常用电阻率 ρ 和电导率 δ 表示，两者互为倒数，电阻率 ρ 的单位为 $\Omega \cdot cm$。显而易见，电导率大的金属材料，其电阻值小。

纯金属中，银（Ag）的导电性最好，合金的导电性较纯金属差。生产中最常用的导电材料是纯铜、纯铝，在高频电路中则采用具有优良导电性的镀银铜线。非金属材料中，高分子材料都是绝缘体，陶瓷材料和固态玻璃一般是良好的绝缘体，但某些具有特殊功能的陶瓷（如压电陶瓷）却是具有一定导电性的半导体材料。

5）热膨胀性

材料的热膨胀性是指材料随着温度的变化产生膨胀、收缩的特性。常用线膨胀系数 α_L 和体膨胀系数 α_V 来表示。一般来说，陶瓷的线膨胀系数最低，金属次之，高分子材料最高。

用膨胀系数大的材料制造的零件，在温度变化时尺寸和形状变化较大。生产中，在热加工和热处理时充分考虑材料的热膨胀性的影响，可减少工件的变形和开裂。此外，对于一些有尺寸精度要求的零部件，设计选材时也要充分考虑材料的热膨胀性。

6）磁性

材料能被磁场吸引或被磁化的性能称为磁性或导磁性。常用磁导率 μ 来表示,单位是 H/m。具备显著磁性的材料称为磁性材料,目前生产中应用较多的磁性材料有金属和陶瓷两类。

金属磁性材料又分为铁磁材料、顺磁材料和抗磁材料。铁、钴、镍等金属及其合金为铁磁材料,铁磁材料在外磁场作用下能被强烈地磁化,主要用于制造变压器、继电器的铁芯和发电机、电动机等的零部件;锰、铬等材料在外磁场中呈现十分微弱的磁性,称为顺磁材料;铜、锌等材料能抗拒或削弱外磁场的磁化作用,称为抗磁材料。要求不易磁化或能避免电磁干扰的零件多采用抗磁材料制作,如各种仪表壳等。

陶瓷磁性材料统称为铁氧体,常用于制作电视机、电话机及录音机的永磁体。

需要注意的是,材料的磁性受温度影响,只存在于一定的温度范围内,在高于一定温度时,磁性就会消失。如铁在 770 ℃ 以上就会失去磁性,这一磁性转换温度称为居里点。

1.3.2　化学性能

材料的化学性能是指材料抵抗周围介质侵蚀的能力。

对于金属材料来说,化学性能一般指耐蚀性和抗氧化性;对于非金属材料,化学性能还包括化学稳定性、抗老化能力和耐热性等。

1）耐蚀性

材料在常温下抵抗周围介质(如大气、燃气、水、酸、碱、盐等)腐蚀的能力称为耐蚀性。

金属材料在介质中一般会因发生化学反应而产生化学腐蚀,或者原电池反应而产生电化学腐蚀。因此,对金属制品的腐蚀防护十分重要。对于易腐蚀的零部件,一方面要采用耐蚀性好的不锈钢、铝合金等材料制造;另一方面,也要采用适当的涂料进行涂覆,起到耐腐蚀、填平锈斑的作用。

非金属材料一般都具有优良的耐蚀性,如陶瓷、塑料等。被誉为“塑料王”的聚四氟乙烯,不仅耐强酸、强碱等强腐蚀剂,甚至在沸腾的王水中也能保持非常稳定的性能。

2）抗氧化性

材料在高温下抵抗氧化的能力称为抗氧化性,又称为热稳定性。在钢中加入Cr、Si 等合金元素,可大大提高钢的抗氧化性。在高温下工作的发动机气门、内燃机排气阀等轿车零部件,就是采用抗氧化性好的 4Cr9Si2 等材料来制造的。

1.3.3　工艺性能

工业上使用的大多数零件是采用金属材料制造的。金属材料的工艺性能是指金属材料在加工过程中对各种不同加工方法的适应能力,也就是采用某种加工方法制成成品件的难易程度。工艺性能与金属的物理性能、化学性能和力学性能有关,也与环境温度、受力状态和成型条件等工艺状况有关。

金属材料的工艺性能包括铸造性能、锻造性能、焊接性能,以及切削加工性和热处理工艺性。在设计零件和选择工艺方法时,都要考虑金属材料的工艺性能。例如:灰铸铁的铸造性优良,这是其广泛用来制造铸件的重要原因,但它的可锻性很差,不能进行锻造,其焊接性也较差。又如:低碳钢的焊接性优良,而高碳钢很差,因此焊接结构广泛采用的是低碳钢。

材料的工艺性能及其成型加工方法将在后面章节中详细介绍。

习　题

一、名词解释
1. 塑性。
2. 屈服强度。
3. 塑性变形。
4. 弹性变形。
5. 抗拉强度。

二、简答题
1. 由拉伸实验可得哪些力学性能指标? 在工程上这些指标是怎样定义的?

2. 有一低碳钢拉伸试样,$d_0 = 10.0$ mm,$L_0 = 50$ mm,拉伸实验测得 $F_s = 20.5$ kN,$F_m = 31.5$ kN,$d_u = 6.25$ mm,$L_u = 66$ mm,试确定钢材的 R_{eL}、R_m、Z、A。

3. 绘制低碳钢的应力-应变曲线,并分析其变形的几个阶段,阐述曲线关键转折点的含义。

4. 布氏硬度、洛氏硬度与维氏硬度的压头类型分别有什么不同?

5. 工程材料有哪些物理性能和化学性能?

6. 什么是材料的工艺性能?

第2章 金属的结构与结晶

在已经发现的118种元素中有81种元素是金属元素。通常应用的金属不可能是绝对纯的,一般把没有特意加入其他元素的工业纯金属称为纯金属,实际上它们往往含有微量的杂质元素。

纯金属的强度较低,很少单独作为工程材料应用,而常用的是它们的合金。纯金属主要作为合金的基础金属及合金元素来使用。常用的纯金属有Fe、Cu、Al、Mg、Ti、Cr、W、Mo、V、Mn、Zr、Nb、Co、Ni、Zn、Sn、Pb等。因为它们是合金的基本材料,是进一步研究合金的基础,所以必须首先研究纯金属的结构与结晶。

2.1 纯金属的常见晶体结构

2.1.1 晶体学基本知识

1) 晶体与非晶体

固态物质按其原子(或分子)的聚集状态不同可分为晶体和非晶体两大类。在自然界中,除少数物质(如普通玻璃、石蜡、松香等)是非晶体外,绝大多数固态无机物(包括金属和合金等)都是晶体。所谓晶体是指原子(或分子)在其内部按一定的几何规律作周期性重复排列的一类物质,这是晶体与非晶体的根本区别。

晶体有固定的熔点,且在不同方向上性能不同即具有各向异性。而非晶体无固定的熔点,各个方向上原子聚集密度大致相同,表现出各向同性。另外,晶体和非晶体在一定条件下可以相互转化。

2) 晶格、晶胞和晶格常数

实际晶体中,各类质点(包括离子、电子等)虽然都在不停地运动,但是,通常在讨论晶体结构时,常把构成晶体的原子看成是一个个刚性的小球,这些原子小球按一定的几何形式在空间紧密堆积,如图2-1(a)所示。

为了便于描述晶体内部原子排列的规律,将每个原子视为一个几何质点,并用一些假想的几何线条将各质点连接起来,便形成一个空间格架,这种抽象的用于描述原子在晶体中排列方式的几何空间格架称为晶格,如图2-1(b)所示。

由于晶体中原子作周期性规则排列,因此可以在晶格中选择一个能够完全反映晶格特征的最小几何单元来表示原子排列规律,这个最小的几何单元称为晶胞。

为研究晶体结构,在晶体学中还规定用一些参数来表示晶胞的几何形状及尺寸。这些参数包括晶胞的棱边长度 a、b、c 和棱边夹角 α、β、γ,如图2-1(c)所示。晶胞的各棱边长度称为晶格常数,其度量单位为 nm。当三个晶格常数 $a=b=c$,三个夹角 $\alpha=\beta=\gamma=90°$ 时,这种晶胞组成的晶格称为简单立方晶格。

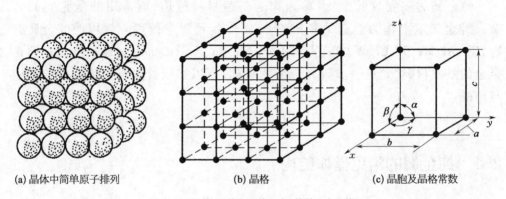

(a) 晶体中简单原子排列   (b) 晶格   (c) 晶胞及晶格常数

图2-1　晶体、晶格和晶胞示意(简单立方晶格)

3) 晶系

按照六个晶胞常数组合的可能方式或根据晶胞自身的对称性,可将晶体结构分为七个晶系。布拉维证明,七个晶系中存在七种简单晶胞(晶胞原子数为1)和七种复合晶胞(晶胞原子数为2以上),共14种晶胞,如图2-2所示。

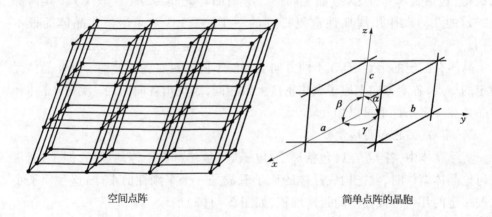

空间点阵   简单点阵的晶胞

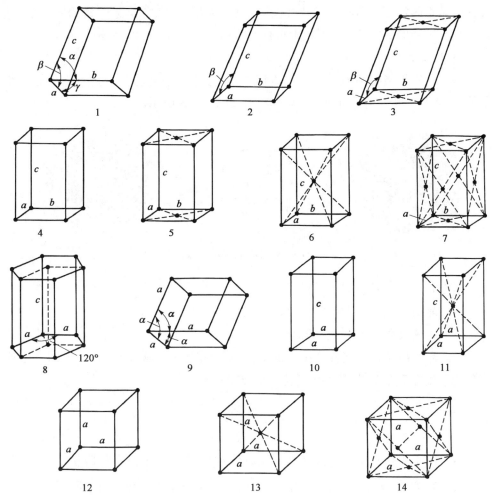

1—三斜简单晶胞；2—单斜简单晶胞；3—单斜底心晶胞；4—正交简单晶胞；5—正交底心晶胞；6—正交体心晶胞；7—正交面心晶格；8—六方晶胞；9—菱形晶胞；10—四方简单晶胞；11—四方体心晶胞；12—立方简单晶胞；13—立方体心晶胞；14—立方面心晶胞。

图 2-2　14 种空间点阵的晶胞

2.1.2　三种典型的晶体结构

　　工业上常用的金属中，除少数具有复杂晶体结构外，绝大多数金属都具有比较简单的晶体结构。其中最常见的金属晶体结构有三种类型：体心立方结构、面心立方结构和密排六方结构。室温下有 85%～90% 的金属元素是这三种晶体类型。

　　不同的金属晶体结构类型性能不同，而具有相同晶体结构类型的不同金属，其性能也不相同，这是由于它们具有不同的晶胞特征。可用以下的主要几何参数来表征晶胞的特征：晶胞的形状及大小、原子半径、晶胞中实际所含的原子数、晶胞中原子排列的紧密程度（可用致密度与配位数表示）。

1）体心立方晶格

体心立方晶格的晶胞是一个立方体,在立方体的中心和 8 个角点上各有一个原子,中心与 8 个角点上的原子紧密接触,如图 2-3 所示。

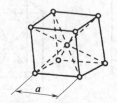

图 2-3 体心立方晶胞示意

体心立方晶格具有以下特性：

（1）晶格常数：$a = b = c$,通常只用 a 表示。

（2）各棱夹角：$\alpha = \beta = \gamma = 90°$。

（3）晶胞原子数：立方体中心的 1 个原子属于该晶胞专有,角点上的 8 个原子都与其相邻 7 个晶胞所共有,晶胞原子总数为

$$1 + 8 \times \frac{1}{8} = 2$$

（4）原子半径：体心立方晶胞中立方体对角线为其中原子相距最近的方向,对角线长度为 $\sqrt{3}\, a$,在该方向上有 2 个原子,即 4 个原子半径,因此原子半径为

$$r = \frac{\sqrt{3}}{4}a$$

常见的属于体心立方晶胞的金属有 α - Fe、Mo、W、V、Cr、Li、Na、Ti、Nb 等,通常用 BCC 表示体心立方晶格。

2）面心立方晶格

面心立方晶格的晶胞也是一个立方体,立方体 8 个角点和 6 个面中心各有一个原子,这些原子紧密接触,如图 2-4 所示。

面心立方晶格具有以下特性：

（1）晶格常数：$a = b = c$,通常只用 a 表示。

（2）各棱夹角：$\alpha = \beta = \gamma = 90°$。

（3）晶胞原子数：立方体面心的 1 个原子被与其相邻的另外 1 个晶胞所共

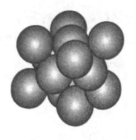 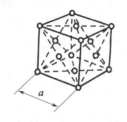 

图 2-4　面心立方晶胞示意

有,8 个角点上的每个原子都与其相邻 7 个晶胞所共有,晶胞原子总数为

$$6 \times \frac{1}{2} + 8 \times \frac{1}{8} = 4$$

（4）原子半径:面心立方晶胞中立方体 6 个面中的对角线为其中原子相距最近的方向,对角线长度为 $\sqrt{2}\,a$,在该方向上有 2 个原子,即 4 个原子半径,因此原子半径为

$$r = \frac{\sqrt{2}}{4}a$$

常见的属于面心立方晶胞的金属有 Au、Ag、Cu、Al、Ni、Pb、γ-Fe、β-Co 等,通常用 FCC 表示面心立方晶格。

3）密排六方晶格

密排六方晶格的晶胞是一个六方柱体,由六个呈长方形的侧面和两个呈六边形的底面所组成。如图 2-5 所示,六方柱体的每个角点上及上、下底面的中心各有 1 个原子,在上下两面中间有 3 个原子,这些原子紧密接触。

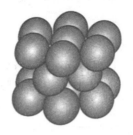 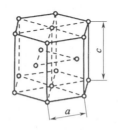 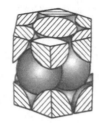

图 2-5　密排六方晶胞示意

密排立方晶格具有以下特性:

（1）晶格常数:c/a 的值通常为 1.58~1.89,并且当 $c/a = 1.63$ 时,各个原子排列最紧密,此时的晶胞为最理想的密排立方晶胞。

（2）各棱夹角:两相邻侧棱之间的夹角为 120°,底面与侧面间的夹角为 90°。

（3）晶胞原子数：正六棱柱的各个角点上的原子被与该晶胞相邻的其余 5 个晶胞所共有，上、下两面的中心的 2 个原子分别被与其相邻的另外 1 个晶胞所共有，上、下两面中间的 3 个原子被该晶胞所专有，晶胞原子总数为

$$12 \times \frac{1}{6} + 2 \times \frac{1}{2} + 3 = 6$$

（4）原子半径：密排立方晶胞中正六棱柱的上（下）面的对角线为其原子排列最紧密的方向，长度为 $2a$，且在该方向上有 4 个半径，因此原子半径为

$$r = \frac{1}{2}a$$

常见的属于密排立方晶胞的金属有 Mg、Zn、Be、Cd 等，通常用 HCP 表示密排立方晶格。

2.1.3　晶体中原子排列的紧密程度

配位数和致密度两个参数能够说明晶体中原子排列的紧密程度。

1）配位数

配位数是指晶格中与任意一个原子相邻且距离相等的原子数目。

从配位数的定义可知，晶格的配位数越大，其原子排列越紧密；晶格的配位数越小，原子排列越松散。

（1）体心立方晶格的配位数。

在图 2-6(a)所示的体心立方晶格中，如果以立方体中心原子为参照原子来分析，观察晶体结构可知，立方体 8 个角点上的原子与该中心原子距离相等，所以体心立方晶格的配位数为 8。

（2）面心立方晶格的配位数。

在图 2-6(b)所示的面心立方晶格中，如果以立方体中任意一面的中心原子为参照原子来分析，观察晶体结构可知，与其相邻且距离相等的原子有两部分，第一部分是原子所处平面的 4 个角点上的原子，第二部分是与该平面垂直的 2 个平面上的各 4 个原子，共有 12 个，所以面心立方晶格的配位数为 12。

（3）密排立方晶格的配位数。

在图 2-6(c)所示的面心立方晶格中，如果以上面（或下面）的中心原子为参照原子来分析，观察晶体结构可知，与其相邻且距离相等的原子也分为两部分，第一部分是该立方平面的 6 个角点的原子，第二部分是该面上方和下方的位于密排立方晶体结构中心的各 3 个原子，共 12 个，所以密排立方晶体的配位数也是 12。

(a) 体心立方晶格

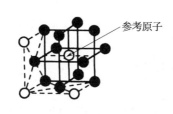
(b) 面心立方晶格

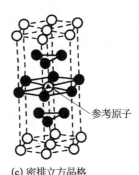
(c) 密排立方晶格

图 2-6　三种晶体结构的配位数示意

2) 致密度

致密度是指金属晶胞中原子所占有的总体积与该晶胞体积之比。致密度能够直观地说明晶体中原子排列的紧密程度,根据致密度的定义,可以得到金属晶胞致密度的计算公式为

$$晶胞的致密度 = \frac{晶胞中的原子数目 \times 原子体积}{晶胞体积}$$

对于体心立方晶体,

$$致密度 = \frac{2 \times \frac{4}{3}\pi r^3}{a^3} \times 100\% = \frac{2 \times \frac{4}{3}\pi\left(\frac{\sqrt{3}}{4}a\right)^3}{a^3} \times 100\% = 68\%$$

对于面心立方晶体,

$$致密度 = \frac{4 \times \frac{4}{3}\pi r^3}{a^3} \times 100\% = \frac{4 \times \frac{4}{3}\pi\left(\frac{\sqrt{2}}{4}a\right)^3}{a^3} \times 100\% = 74\%$$

对于密排立方晶体,

$$致密度 = \frac{6 \times \frac{4}{3}\pi r^3}{6 \times \frac{\sqrt{3}}{4}a \times a \times c} \times 100\% = \frac{6 \times \frac{4}{3}\pi\left(\frac{1}{2}a\right)^3}{6 \times \frac{\sqrt{3}}{4}a \times a \times 1.633a} \times 100\% = 74\%$$

根据以上计算结果可以得到以下结论:

(1) 体心立方晶体的致密度<面心立方晶体的致密度=密排立方晶体的致密度。

(2) 在金属晶体内部,除去原子所占空间,其余部分为原子之间的空隙,不同类型晶体结构的空隙大小不一样,体心立方晶体为32%,面心立方晶体和密排立方晶体为26%。

2.2 金属的实际晶体结构

如果一块晶体,其内部的晶格位向完全一致时,称这块晶体为单晶体或理想单晶体。在工业生产中,只有经过特殊制作才能获得内部结构相对完整的单晶体。

2.2.1 多晶体和亚结构

一般所用的工业金属材料,即使体积很小,其内部仍包含许许多多的小晶体,每个小晶体内部的晶格位向是一致的,而各个小晶体彼此间位向都不同,如图2-7(a)所示。把这种外形不规则的小晶体称为晶粒。晶粒与晶粒间的界面称为晶界。这种实际上由多个晶粒组成的晶体称为多晶体结构。由于实际的金属材料都是多晶体结构,一般测不出其像在单晶体中那样的各向异性,测出的是各位向不同的晶粒的平均性能,即实际金属不表现各向异性,而显示出各向同性。

晶粒的尺寸通常很小,如钢铁材料的晶粒一般在 $10^{-3} \sim 10^{-1}$ mm,故只有在金相显微镜下才能观察到。在金相显微镜下所观察到的工业纯铁的晶粒和晶界,如图2-7(b)所示。这种在金相显微镜下所观察到的金属组织,称为显微组织或金相组织。

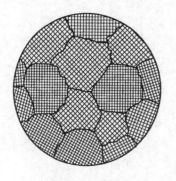
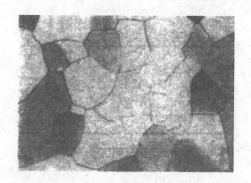

(a) 金属的多晶体结构示意   (b) 工业纯铁的显微组织

图2-7 金属的实际晶格结构

每个晶粒内部,实际上也并不像理想单晶体那样位向完全一致,而是存在着许多尺寸更小,位向差也很小,一般是 1°~2°,最大到2°的小晶块。它们相互镶嵌成一颗晶粒,这些在晶格位向上彼此有微小差别的晶内小区域称为亚结构(或称为亚晶粒、镶嵌块)。因其组织尺寸较小,需在高倍显微镜或电子显微镜下才能观察到。

2.2.2　晶体中的缺陷

实际金属由于结晶或其他加工等条件的影响,内部原子排列并不像理想晶体那样规则和完整,存在大量的晶体缺陷。这些缺陷的存在,会对金属性能产生显著的影响。根据晶体缺陷存在形式的几何特点,通常将它们分为点缺陷、线缺陷和面缺陷三类。

1)点缺陷——空位和间隙原子

在实际晶体中,晶格的某些结点并未被原子占有,这种空着的位置称为空位。同时又可能在晶格空隙处出现多余的原子,这种不占正常晶格位置,而处在晶格空隙之间的原子称为间隙原子,如图 2-8 所示。

空位和间隙原子的存在,使其周围原子离开了原来的平衡位置,产生晶格畸变,从而导致某些性能改变。空位和间隙原子的运动是金属中原子扩散的主要方式之一。

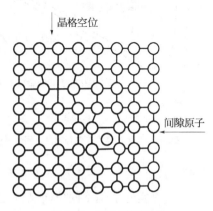

图 2-8　晶格点缺陷示意

2)线缺陷——位错

晶体中,某一列或若干列原子发生有规律的错排现象,称为位错。位错有刃型位错和螺型位错,这里我们只介绍刃型位错。

图 2-9 所示为简单立方晶格晶体中刃型位错的几何模型。由图可见,在 ABCD 水平面上,多出了一个垂直原子面 HEFC,这个多余的原子面像刀刃一样切入晶体,使晶体上下两部分原子产生错排现象,因而称为刃型位错。多余原子面

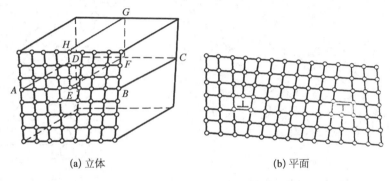

(a) 立体　　　　　　　　　(b) 平面

图 2-9　刃型位错的几何模型

底边 EF 称为刃型位错线。在位错线附近,由于错排而产生了晶格畸变,使位错线上方附近的原子受压应力,下方的相邻原子受拉应力。离位错线越远,晶格畸变越小,应力也就越小。

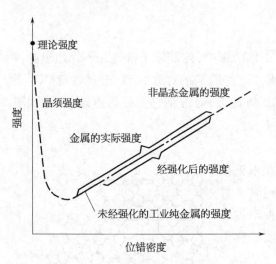

图 2-10　金属强度与位错密度之间关系的示意

晶体中位错的数量通常用单位体积内位错线长度即位错密度 ρ 来表示。位错密度的变化及位错在晶体内的运动,对金属的性能、塑性变形及组织转变等都有着显著影响。图 2-10 所示为金属强度与位错密度之间关系的示意图。从图中可看出退火态时($\rho = 10^6 \sim 10^8 \, \mathrm{cm}^{-2}$)的强度最低,而其他状态无论位错密度减小还是增大其强度都高于退火态。冷变形后的金属,由于位错密度增大,均提高了强度。而金属晶须,因位错密度极低而达到很高的强度。

3)面缺陷——晶界和亚晶界

晶界实际上是不同位向晶粒之间原子无规则排列的过渡层,如图 2-11 所示。试验证明,晶粒内部的晶格位向也不是完全一致的,每个晶粒皆是由许多位向差很小的小晶块互相镶嵌而成的,这些小晶块称为亚组织。亚组织之间的边界称为亚晶界。亚晶界实际上是由一系列刃型位错所形成的小角度晶界,如图 2-12 所

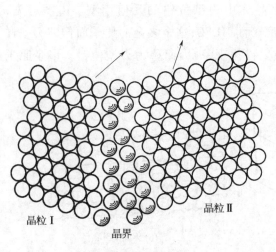

图 2-11　晶界的过渡结构示意

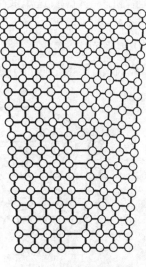

图 2-12　亚晶界结构示意

示。晶界和亚晶界处表现出较高的强度和硬度。晶粒越细小,晶界和亚晶界越多,它对塑性变形的阻碍作用就越大,金属的强度、硬度越高。晶界还具有耐蚀性低、熔点低、原子扩散速度较快的特点。

2.3　金属的结晶与同素异构转变

自然界中的物质通常具有三种状态——气态、液态和固态。金属与其他物质一样也具有三种状态,并且这三种状态在一定条件下可以相互转换,如图 2 - 13所示。固态晶体的原子是有规则的周期排列,呈长程有序。而液态则是无规则排列,但它不是完全毫无规则的混乱排列,在液态金属内部的短距离小范围内,原子为近似于固态结构的规则排列,即存在近程有序的原子集团。它们只是在若干个原子间距范围内呈规则排列,且可瞬时出现又瞬时消失,所以液态是近程有序无规则排列,并有相界面与外界分开。气态则是完全无规则的混乱排列,无相界面。

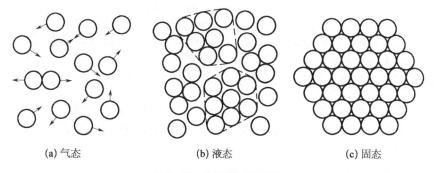

(a) 气态　　　　　　　(b) 液态　　　　　　　(c) 固态

图 2 - 13　金属三态结构示意

2.3.1　纯金属的结晶

物质由液态转变为固态的过程称为凝固,如果凝固形成晶体,则又称为结晶。由于金属固态下为晶体,所以由液态的金属转变为固态金属晶体的过程称为结晶。纯金属的结晶是在恒温下进行的,其结晶过程可用冷却曲线来描述。

2.3.1.1　纯金属的冷却曲线

冷却曲线一般用热分析法来绘制。以工业纯铁为例,介绍冷却曲线的绘制过程。首先将纯铁加热到熔点(1 538 ℃)以上呈液态,然后以非常缓慢的冷却速度冷却到室温,每隔一定的时间记录一次温度值直到室温,于是就建立起温度-时间

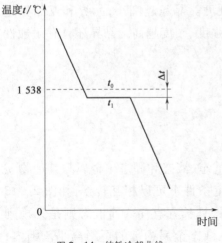

图 2-14　纯铁冷却曲线

的关系曲线,此即纯铁的冷却曲线,如图 2-14 所示。

从曲线看出,液态金属随冷却时间延长,温度不断降低。但冷却到某一温度时,温度不再随时间的延长而变化,于是在曲线上出现了一个温度水平线段,线段所对应的温度就是纯铁的结晶温度(1538 ℃)。结晶时出现恒温的主要原因是,在结晶时放出的结晶潜热与液态金属向周围散失的热量相等。结晶完成后,由于金属散热的继续,温度又重新下降直到室温。

曲线上出现的温度水平线段对应的温度值称为理论结晶温度,用 t_0 表示。但实际生产中,液态结晶为固相时均有较大的冷却速度,因而液态金属的实际结晶温度(用 t_1 表示)均在 t_0 温度以下。理论结晶温度与实际结晶温度之差称为过冷度,用"Δt"表示,即

$$t_0 - t_1 = \Delta t$$

Δt 与冷却速度、金属纯度等因素有关。因此实际液态金属的结晶总是在有过冷的条件下才能进行。

2.3.1.2　结晶过程

纯金属结晶时,首先在液态金属中形成的细小晶体称为晶核,它不断吸附周围原子而长大。同时在液态金属中又会产生新的晶核,直到全部液态金属结晶完毕,最后形成许许多多外形不规则、大小不等的小晶体。因此,液态金属的结晶过程包括晶核的形成与长大两个基本过程,如图 2-15 所示。

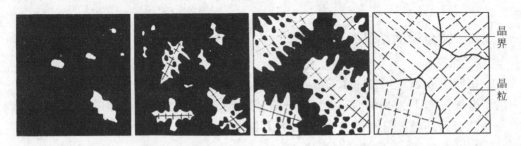

图 2-15　纯金属结晶过程示意

1) 晶核的形成

实验证实,当液态金属非常纯净时,其内部的微小区域内也存在一些原子排

列规则、极不稳定的原子集团。当液态金属冷却到结晶温度以下时,这些微小的原子集团变成稳定的结晶核心——晶核,称为自发形核。形成晶核的另一种形式,是当液态金属中有杂质时(自带或人工加入),这些杂质在冷却时就会变成结晶核心并在其表面发生非自发形核。

　　2)晶核的长大

　　晶核的长大即液态金属中的原子向晶核表面转移的过程。一般来说,由于形成晶核时晶体中的顶角、棱边散热条件优于其他部位而长得较快、较大,长出一次晶轴,后又在一次晶轴上长出二次晶轴,如此不断长大与分枝,直到液态金属全部消失,最后形成一个像树枝状的晶体,简称枝晶,如图 2-16 所示。

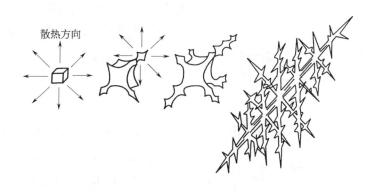

图 2-16　树枝状晶体长大示意

　　综上所述,纯金属的结晶总是在恒温下进行的,结晶时总有结晶潜热放出,结晶过程总是遵循形核和长大规律,在有过冷度的条件下才能进行结晶。

2.3.1.3　结晶后的晶粒大小

　　1)晶粒大小与性能的关系

　　金属结晶后,由许许多多大小不等、外形各异的小晶粒构成多晶体。晶粒大小对金属的力学性能及其他性能会产生影响。在一般情况下,晶粒越小,其强度、塑性、韧性也越大。

　　2)晶粒大小的控制

　　结晶后晶粒大小与晶体的长大速度、形核速度有关。若结晶时有较大的过冷度、形核率的增大速度比晶核的长大速度快则晶粒细。在生产中,常采用以下方法获得细晶粒。

　　(1)提高结晶时的冷却速度、增大过冷度,但这种方法对铸锭或大铸件应用较困难。

　　(2)进行变质处理。对于大体积的液态金属,在浇注前人工加入少量的变质剂(人工制造的晶核),从而形成大量非自发结晶核心而得到细晶粒组织,这种方法称为变质处理。变质处理在冶金和铸造中的应用十分广泛,如铸造铝硅合金中加入钠盐,铸铁中加入硅铁等。

(3)液态金属结晶时采用机械振动、超声波振动、电磁搅拌等方法,造成枝晶破碎,使晶核的数量增加,从而细化组织。

2.3.2　金属的同素异构转变

大多数金属从液态结晶成为固态晶体后,其晶体结构不再随温度的变化而变化。但有些金属(如铁、钛等)在固态下其晶体结构随着温度的变化而变化。从图 2-17 所示的工业纯铁冷却曲线可以看到晶体结构与温度的变化关系为

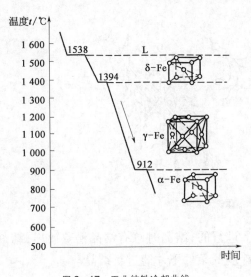

图 2-17　工业纯铁冷却曲线

$$\delta-\text{Fe} \underset{\text{体心立方}}{\overset{1\,394\,℃}{\rightleftharpoons}} \gamma-\text{Fe} \underset{\text{面心立方}}{\overset{912\,℃}{\rightleftharpoons}} \alpha-\text{Fe}\atop\text{体心立方}$$

固态金属在一定温度下由一种晶体结构转变成另一种晶体结构的过程称为金属的同素异构转变(也称为同素异晶转变)。由于纯铁具有同素异构转变性质,因而才有可能对钢和铸铁进行各种热处理,以改变其组织和性能。同素异构转变是一种固态下的结晶,因此,转变时有较大的过冷度、应力与变形。

习　题

一、名词解释

1. 固溶强化。

2. 过冷度。

3. 合金。

4. 结晶。

二、简答题

1. 纯金属的晶格类型主要有哪三种?

2. 过冷度与冷速有何关系？过冷度对金属结晶后的晶粒大小有何影响？

3. 晶粒大小对金属的力学性能有何影响？为什么？简述在凝固阶段晶粒细化的途径。

4. 什么是同素异晶转变？请绘出纯铁的冷却曲线，并指出同素异晶转变温度和晶格类型。

第3章 二元合金相图及其应用

　　碳钢和铸铁是现代机械制造工业中应用最广泛的金属材料,它们是由铁和碳为主构成的铁碳合金。合金钢和合金铸铁实际上是有目的地加入一些合金元素的铁碳合金。为了合理地选用钢铁材料,必须掌握铁碳合金的成分、组织结构与性能之间的关系。

　　工业生产中广泛应用合金材料。合金优异的性能与合金的成分、晶体结构、组织形态密切相关。我们需要了解合金性能与这些因素之间的变化规律。相图是研究这些规律的重要工具。工业生产中研究元素对某种金属材料的影响,确定熔炼、铸造、锻造、热处理工艺参数,往往都是以相应的合金相图为依据的。相图中,有二元合金相图、三元合金相图和多元合金相图,作为相图基础和应用最广的是二元合金相图。

3.1 合金的相结构

　　纯金属具有较好的导电、导热等性能,但其力学性能一般较差,且价格较高,故除了作为要求导电性高的电气材料外,在工业上很少将其作为结构材料应用,大量使用的是合金。

3.1.1 基本概念

　　合金在结晶之后既可获得单相的固溶体组织,也可得到单相的化合物组织(这种情况少见),但更为常见的是得到由固溶体和化合物或几种固溶体组成的多相组织(图3-1)。那么,一定成分的合金在一定温度下将形成什么组织呢? 利用合金相图可以回答这一问题。

图3-1　多相固态合金显微组织(25%Pb+15%Sn+60%Bi)

在深入叙述相图之前,先介绍几个名词术语的含义。

1）合金

合金是指通过熔化或其他方法使两种或两种以上的金属或非金属元素结合在一起所形成的具有金属特性的物质,如碳素钢就是铁与碳组成的合金。

2）组元

通常把组成合金的最简单、最基本、能够独立存在的物质称为组元。组元大多数情况下是元素,如铁碳合金的组元就是铁和碳元素。既不分解也不发生任何化学反应的稳定化合物也可称为组元,如 Fe_3C 就可视为一组元。

3）合金系

由两个或两个以上组元按不同比例配制成的一系列不同成分的合金,称为合金系,或简称为系,如 Pb – Sn 系、Fe – Fe_3C 系等。

4）相

合金中结构相同、成分和性能均一的组成部分称为相。合金中的相,按结构可分为固溶体和金属化合物。

5）组织

组织是指用肉眼或显微镜所观察到的不同相或相的形状、分布及各相之间的组合状态。它是决定合金性能的基本因素。组织可分为宏观组织与显微组织。尤其是显微组织,由于不同合金形成条件不同,各种相将以不同的数量、形状、大小互相结合。在显微镜下可观察到不同组织特征的形貌。在工业生产中,可通过控制和改变合金相的种类、大小、形态、分布及合金相的不同组合,来改变组织,从而调整合金的性能。

6）相图

用来表示合金系中各个合金的结晶过程的简明图解称为相图。相图上所表示的组织都是在十分缓慢冷却的条件下获得的,都是接近平衡状态的组织。相平衡是指在合金系中,参与结晶或相变过程的各相之间的相对质量和相的浓度不再改变时所达到的一种平衡状态。

根据合金相图,不仅可以看到不同成分的合金在室温下的平衡组织,而且还可以了解它从高温液态以极缓慢冷却速度冷却到室温所经历的各种相变过程,同时相图还能预测其性能的变化规律。所以相图已成为研究合金中各种组织形成和变化规律的重要工具。由图 3 – 2 可以看出:Pb – Sn 二元合金相图中,含 40%（质量分数）Sn、60%（质量分数）Pb 的合金,在室温下的平衡组织为 α 固溶体和β 固溶体。此合金系所有成分的合金在各种温度下的存在状态及在加热和冷却过程中的组织变化,都可通过此相图表示出来。

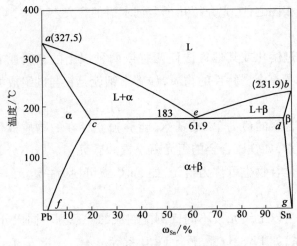

图 3-2　Pb-Sn 二元合金相图

3.1.2　固态合金的相结构

根据构成合金的各组元之间相互作用的不同,固态合金的相结构可分为固溶体和金属化合物两大类。

1) 固溶体

合金在固态下,组元间仍能互相溶解而形成的均匀相称为固溶体,其可分为有限固溶体和无限固溶体两类。形成固溶体后,晶格保持不变的组元称为溶剂,晶格消失的组元称为溶质。固溶体的晶格类型与溶剂组元相同。

根据溶质原子在溶剂晶格中所占据位置的不同,可将固溶体分为置换固溶体和间隙固溶体两种。

(1) 间隙固溶体。

溶质原子位于溶剂晶格的间隙处形成的固溶体称为间隙固溶体,如图 3-3(a) 所示。由于晶格间隙通常都很小,所以都是原子半径较小的非金属元素(如碳、氮、氢、硼、氧等)溶入过渡族金属中,形成间隙固溶体。间隙固溶体对溶质溶解都是有限的,所以都是有限固溶体。

(2) 置换固溶体。

溶质原子代替溶剂原子占据溶剂晶格中的某些节点位置而形成的固溶体,称为置换固溶体,如图 3-3(b) 所示。形成置换固溶体时,溶质原子在溶剂晶格中的溶解度主要取决于两者晶格类型、原子直径的差别和它们在周期表中的相互位置。

(3) 固溶体的性能。

由于溶质原子的溶入造成固溶体晶格产生畸变,使合金的强度与硬度提高,

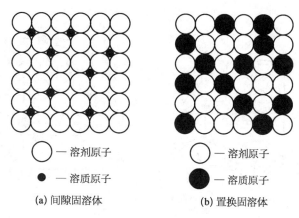

图 3-3　固溶体的两种类型

而塑性和韧性略有下降。这种通过溶入原子,使合金强度和硬度提高的方法称为固溶强化。在工业生产上,固溶强化是提高材料力学性能的重要途径之一。

　　2) 金属化合物

　　金属化合物(又称中间相)是指合金组元之间相互作用形成具有金属特征的物质。金属化合物的晶格类型和性能不同于组元,具有熔点高、硬度高、脆性大的特点。它在合金中能提高其强度、硬度,但降低其塑性、韧性。因此,通常将金属化合物作为重要的强化相来使用。

　　常见的金属化合物有正常价化合物、电子化合物、间隙化合物三大类。前两种是非铁合金(非铁金属)中重要的强化相,而后者是钢中的重要强化相。

　　间隙化合物是由原子直径较大的过渡族金属元素为溶剂与原子直径较小的非金属元素 (C、N、B……) 为溶质相互作用形成的。按间隙化合物的晶体结构复杂程度不同,可将它划分为两类,一类是具有简单晶体结构的间隙化合物,也称为间隙相,如 VC、WC、TiC 等;另一类是具有复杂晶体结构的间隙化合物,如 Fe_3C,它具有由许多八面体及每个八面体中心的一个碳原子共同构成的复杂晶体结构(如图 3-4 所示)。从表 3-1 可以看出,间隙相与具有复杂晶体结构的间隙化合物相比,具有更高的熔点、硬度,而且非常稳定。

表 3-1　各种碳化物性能比较

碳化物类型	间　隙　相							复杂结构间隙化合物	
成分	TiC	ZrC	VC	NbC	NaC	WC	MoC	$Cr_{23}C_6$	Fe_3C
硬度(HV)	2 850	2 840	2 010	2 050	1 550	1 730	1 480	1 650	800
熔点/℃	3 410	3 805	3 023	3 770 ±125	4 150 ±140	2 867	2 960 ±50	1 520	1 227

46

工程材料与成型技术基础

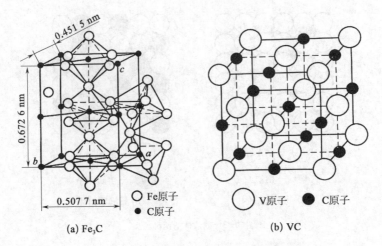

(a) Fe₃C   (b) VC

图 3-4　金属化合物的晶体结构示意

如果金属化合物呈细小颗粒均匀分布在固溶体的基体相上,则将使合金的强度、硬度、耐磨性明显提高,这一现象称为弥散强化。

3) 机械混合物

由两种以上组元、固溶体或金属化合物机械混合在一起形成的多相组织称为机械混合物,其性能取决于各组元、各相的数量、形态、大小和分布状况。

合金的组织是由合金相组成的,既可以是固溶体,也可以是金属化合物,但绝大多数合金的组织是由固溶体与金属化合物组成的复合组织。通过调整固溶体中溶质含量和金属化合物的数量、大小、形态、分布及调整固溶体与金属化合物的比例,就可以改变其组织,从而改变合金的性能以满足工业生产的实际需要。

3.2　二元合金相图及杠杆定律

与纯金属相比,合金的结晶过程比较复杂。和纯金属的结晶过程相同,合金的结晶过程也是在过冷条件下进行的,结晶过程也遵循形核与晶核长大的基本规律。但由于合金成分包含的组元多,因此其结晶过程比纯金属的结晶过程复杂得多,两者有很多不同之处。例如,纯金属的结晶过程是在一定的温度下恒温进行的,而合金是在一定的温度范围降温进行的;纯金属的结晶过程是由一个液相转变成一个固相的过程,而合金的结晶过程是由一个液相转变成一个或几个固相的过程;纯金属在结晶过程中液相和固相没有成分变化,而合金在结晶过程中液相和固相(固溶体)的成分是在一定范围内变化的。

由于在结晶过程中,随着温度的变化,合金的相结构和成分不断发生着变化,因此合金的结晶过程常用合金相图来表达。

合金相图又称为合金状态图,它表明了在平衡状态下(即在极缓慢的加热或冷却的条件下),合金的相结构随温度、成分发生变化的情况,故也称为合金平衡相图。合金相图对于研究合金成分和组织-性能之间的关系,以及生产上的合理选材起着重要作用,是制订合金冶炼、锻造、锻压、焊接和热处理等工艺的重要依据。

从理论上讲,利用热力学定律及其参数便可以计算出合金的性能与成分、温度之间的关系,从而建立合金的相图,但是到目前为止还做不到。现有的相图都是根据成分、温度、结构等参数的不同造成其物理化学性能不同的原理,利用实验方法得到的。常用的实验方法有磁性分析法、电阻分析法、X 射线分析法、热分析法和热膨胀法,每种方法都有其特点和适用的场合,在实际工程和研究中往往将它们配合使用,并且往往以合金所表现出来的最显著的宏观性能来决定使用哪种方法。

3.2.1　二元合金相图的建立

二元合金相图是以温度为纵坐标、材料成分为横坐标绘制的平面图形。截至目前,绝大多数二元合金相图不是直接计算得到的,而是统计多个实验结果的数据,然后将它们绘制在二维坐标系中并连接成光滑的曲线得到的,常用的试验方法是热力分析法。下面以 Cu - Ni 合金为例来说明二元合金相图的建立过程。

(1)选择元素含量不同的 Cu - Ni 合金,见表 3 - 2。

表3-2　Cu - Ni 合金元素含量表

序　号	元素与含量	序　号	元素与含量
1	100%Cu	4	40%Cu+60%Ni
2	80%Cu+20%Ni	5	20%Cu+80%Ni
3	60%Cu+40%Ni	6	100%Ni

(2)利用热力分析法测出 6 种合金的结晶开始温度和终了温度,将它们绘制在温度-时间坐标系中,如图 3 - 5(a)所示。

(3)绘制温度-成分坐标系,使其与温度-时间坐标系对齐,如图 3 - 5(b)所示,将 Ni 的成分标注在横坐标轴上(图中为 20、40、60、80),并过这些点作向上的竖直线。

(4)通过温度-时间坐标系中的结晶开始温度点和终了温度点向右作水平

线,每条水平线都与温度-成分坐标系中竖直成分线有两个交点。

(5) 将竖直成分线上意义相同的交点连接起来,最终结果如图 3 - 5 所示。图 3 - 5(b)中结晶开始温度点连接而成的曲线称为液相线,结晶终了温度点连接而成的曲线称为固相线。

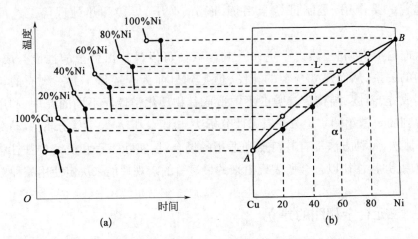

图 3 - 5　Cu - Ni 二元合金相图的建立过程

3.2.2　相图分析

相,即在金属或合金中成分相同、结构相同并与其他部位有明显界限区分的均匀组成部分。在图 3 - 5 所示的二元合金相图中,共有两个单相区(L 和 α)和一个双相区(L+α),以及两条相线(AB 上弧线和 AB 下弧线)。

(1) L 相:液相,由铜和镍组成的液体,在高温下才能存在。

(2) α 相:固相,由铜和镍互相溶解而组成的固溶体。

(3) L+α 相:固液共存相,既有固相的物质,又有液相的物质。

(4) AB 上弧线:液相线,表示合金结晶的开始温度,在它之上的合金的状态为液相。

(5) AB 下弧线:固相线,表示合金结晶的终了温度,在它之下的合金的状态为固相。

在相图中,可以清晰地看出不同成分的合金在不同温度下所处的状态,以及改变合金温度对其状态的影响。处在单相区内的合金,其成分和数量相对来说比较容易确定,而在双相区内两项的成分和相对数量就比较难以确定,只有充分了解了合金在两相区中的成分和数量,以及温度改变时合金状态的变化规律,才能更好地掌握合金的性能,杠杆定理便是用来解决这个问题的。

3.2.3　杠杆定律

合金在缓慢冷却的过程中,其固相和液相的成分及其含量一直在不断变化,杠杆定理能够表示出在某一温度时合金中的成分及各成分的含量。

固溶体合金的结晶以含 Ni 为 X%（质量分数）的合金为例,从高温液态缓慢地冷却到室温的结晶过程如图 3 - 6 所示。

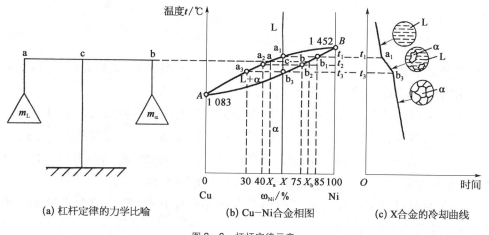

图 3 - 6　杠杆定律示意

(a) 杠杆定律的力学比喻　　(b) Cu–Ni 合金相图　　(c) X 合金的冷却曲线

通过 X% 成分作垂线,与液相线、固相线的交点分别为代 a_1、b_3。当 X% 成分的液态合金缓冷到 t_1 温度时,开始从液相 L 结晶出固相 α。随着温度的降低,剩余液相 L 不断减少,结晶出的固相不断增多。当温度一直降到 t_3 时,所有液相均转变成为 α 单相固溶体合金直到室温。

实践证明,在两相区(L+α)内结晶过程中,剩余液相 L 的成分与结晶出的固相 α 的成分是不断变化的。在某一温度下,液相与固相成分的确定方法:在相图中,首先画出在某一温度下的水平线段,分别与液相线、固相线交点的横坐标投影,就是在该温度下平衡的两个相的成分。显然,当温度变化时($t_1 \rightarrow t_3$),它们的成分也在变化。剩余液相 L 的成分沿液相线变化($a_1 \rightarrow a_3$),结晶出固相 a 的成分沿固相线变化($b_1 \rightarrow b_3$)。当温度降到 X% 温度以下时,形成具有 X% 成分的单相固溶体 α 的合金。

在双相区内,在某一温度下平衡的两个相(液相 L+固相 α),它们的相对量可由杠杆定律求出,如图 3 - 6(a)所示。设合金总质量为 m、液相质量为 m_L、固相质量为 m_α,则有

$$m_L + m_\alpha = m$$

$$m_L X_a + m_\alpha X_b = mX$$

由上两式可求得

$$m_L(X - X_a) = m_\alpha(X_b - X)$$

因为

$$X - X_a = \text{ac}, X_b - X = bc$$

$$m_L \cdot ac = m_\alpha \cdot bc$$

所以,可得液相和固相在合金中所占的相对质量分数分别为

$$m_L/m = \text{bc/ab} \times 100\%$$

$$m_\alpha/m = \text{ac/ab} \times 100\%$$

由上式看出,求出的两相相对量关系与杠杆定律很相似,故称为杠杆定律,它只适用于两个平衡相的相对量的计算。

从合金结晶过程可以看出,固溶体合金的结晶与纯金属的结晶是不同的:

（1）固溶体合金的结晶不是在恒温下进行的,而是在一个温度范围内进行;

（2）在结晶过程中,随着温度的降低,剩余液相不断减少,结晶出的固相不断增多,最后结晶出一个以任何比例互溶的无限固溶体合金;

（3）结晶过程中平衡的两个相的成分是不断变化的,液相成分沿液相线变化,固相成分沿固相线变化;

（4）结晶过程中,在某一温度下平衡的两个相的相对量可由杠杆定律求出。

3.3 常见的二元合金相图

二元合金相图有多种不同的基本类型。实用的二元合金相图大都比较复杂,复杂的相图总是可以看作是由若干基本类型的相图组合而成的。常见的相图有匀晶相图、共晶相图和包晶相图,图3-7所示为常见的二元合金相图。

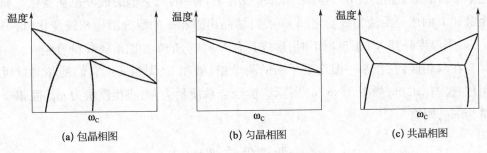

(a) 包晶相图   (b) 匀晶相图   (c) 共晶相图

图3-7 所示为常见的二元合金相图

3.3.1　匀晶相图

匀晶相图,即组成二元合金的组元在固态和液态时均能无限互溶的合金的相图。常见的 Cu - Ni、Ag - Au、Fe - Cr、Fe - Ni、Cr - Mo、Mo - W 等合金的相图都是二元匀晶相图。

1) 相图分析

以 Cu - Ni 合金的相图为例来分析匀晶相图。在图 3 - 8(a)中,左、右两条竖直线为温度轴线,A、B 两点分别为纯铜和纯镍的熔点,最底部的横线为铜和镍的含量线,中间两条线 AI_1B(固相线)和 $A\alpha_4B$(液相线)将相图分为三个区域:L 相区(液相线以上)内合金中各种成分均为液态;α 相区(固相线以下)内合金中各种成分均为单相 α 固溶体;液相线以下、固相线以上为 L+α 相共存区(L+α 区),处于此区域内的合金正在进行结晶过程,既有液相又有 α 固溶体。

相图中液相线表示的是合金在缓慢加热时熔化的终了温度,也是合金在缓慢冷却时结晶的开始温度;固相线表示的是合金在加热时开始熔化的温度,也是合金缓慢冷却时结晶的终了温度。

2) 结晶过程分析

以镍的含量为 I% 的合金为例来分析合金的匀晶反应的结晶过程,如图 3 - 8 所示。

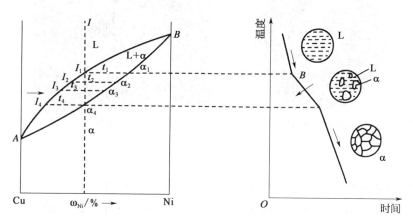

图 3 - 8　Cu - Ni 合金的匀晶相图

当合金的温度在 t_1 点以上时,合金为单一的液相 L,降低合金温度至 t_1 点时,由于此时的温度达到了合金液相结晶温度,此时便会开始从液相中产生 α 相;继续冷却,当合金的温度处在 $t_1 \sim t_2$(液相线与固相线之间)时,便会在合金内部发生匀晶转变现象,不断地从液相中析出固相 α,合金处于固液共存区,即

L十α相区。在这个时间段内,合金中液相成分的数量沿液相线变化不断减少,α固相成分的数量沿固相线变化不断增多。继续冷却合金至t_2点温度,此时合金中的液相全部转化为α相,匀晶转变结束。合金最终的组元为均匀的单相α固溶体。

3)晶内偏析

固溶体合金在结晶过程中,只有在冷却极其缓慢、使原子能进行充分扩散的条件下,固相的成分才能沿着固相线均匀地变化,最终获得与原合金成分相同的均匀α固溶体。

但在实际生产过程中,液态金属往往以较大的冷却速度进行结晶,而在固态时原子的扩散又很困难,使固溶体内部的原子扩散来不及充分进行,因此合金的结晶过程并非均匀进行,而是按照树枝的方式进行的。即温度较高时合金中先结晶出枝干,α相中Ni的含量较高;温度降低后结晶出枝间,α相中Ni的含量较低。先结晶出固溶体的成分(含高熔点组元Ni)与后结晶出的固溶体成分是不同的。结晶后这种在一个晶粒内部化学成分不均匀的现象称为晶内偏析。由于这种晶内偏析呈树枝状分布,故又称为枝晶偏析。枝晶偏析示意图与所形成的偏析组织分别如图3-9(a)和图3-9(b)所示。枝晶偏析会造成材料的塑性和韧性下降,且容易引起晶内腐蚀,以及给热加工带来不便。

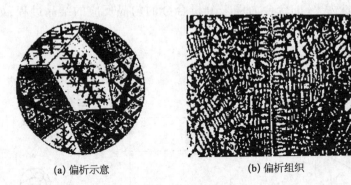

(a)偏析示意   (b)偏析组织

图3-9 枝晶偏析示意和偏析组织

消除晶内偏析的有效方法是均匀化退火,即将合金的温度加热到固相线以下100~200℃并且保温较长时间,促使金属原子能够进行充分的扩散,从而达到使成分较均匀的目的。

3.3.2 共晶相图

共晶反应即在一定温度下,一定成分的液相同时结晶出两个成分和结构都不相同的新固相的转变过程。

1）相图分析

共晶相图如图 3 - 10 所示，A 点为 Pb 的熔点（327 ℃），B 点为 Sn 的熔点（232 ℃），AEB 线为液相线，$ACEDB$ 为固相线。相图中共有 L、α、β 三种相：L 相在液相之上为液相区；α 相位于靠近纯组元 Pb 的封闭区域内，是 Sn 溶解在 Pb 中所形成的固溶体；β 相位于靠近纯组元 Sn 的封闭区域内，是 Pb 溶解在 Sn 中所形成的固溶体。每两个单相区之间的部位为两相区，分别是 L+α、L+β 和 α+β。CF 线和 DG 线分别是 Sn 在 Pb 中和 Pb 在 Sn 中的溶解度曲线（即饱和浓度线），称为固溶线。从相图中可以看出，温度越低，固溶体的溶解度也越低。

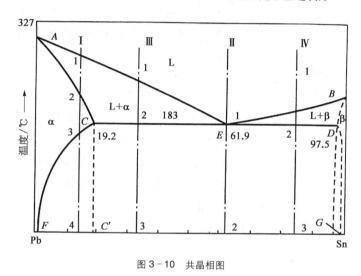

图 3 - 10 共晶相图

水平线 CED 称为相图中的共晶线。从图中可以看出，共晶线所对应的温度是 183 ℃，位于点 E 的成分能够同时结晶出点 C 和点 D 的两种固溶体，分别是 α 固溶体和 β 固溶体，即

$$L_E \rightleftharpoons \alpha_C + \beta_D$$

此时便产生了共晶反应（也称共晶转变）。

共晶反应所形成的两相混合物称为共晶体或共晶组织。合金发生共晶反应时的温度称为共晶温度，共晶温度和共晶成分所处的点称为共晶点，能够产生共晶成分的合金称为共晶合金。

在研究中，将成分位于共晶点以左的合金称为亚共晶合金，位于共晶点以右的合金称为过共晶合金。凡具有共晶成分的合金液体在冷却到共晶温度时都将发生共晶反应。发生共晶反应时，L、α、β 三个相平衡共存，它们的成分固定，但各自的重量不断变化。因此，水平线 CED 是一个三相区。

2）结晶过程分析（Crystallizing Process）

（1）合金 I 成分。

从图 3 - 11 中可以看出，液态合金冷却时，在 2 点所对应的温度前所发生的为匀晶反应，结晶产物为单相 α 固溶体，将其称为一次相（或初生相）；温度继

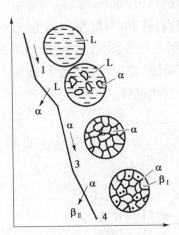

续降低到 2 点所对应的温度时，β 固溶体被 Sn 过饱和，由于晶体的晶格不稳定，此时便会出现第二相 β 相，将这种由固相析出新固相称为二次相（或次生相）。二次相的产生过程称为二次析出，产物二次 β 为细粒状物质，用 $β_{II}$ 表示。温度继续下降，α 相和 $β_{II}$ 的成分分别沿 CF 线与 DG 线变化，并且 $β_{II}$ 的相对重量增加，室温下 $β_{II}$ 的相对重量的百分比可以表示为

$$ω_{βII} = F4/FG$$

图 3 - 11　合金 I 的冷却曲线和组织转变示意

合金 I 的室温组织为 $α+β_{II}$，图 3 - 11 所示为其冷却曲线和组织转变示意图。

对于成分 Sn 含量大于 D 点的合金，其结晶过程与上述合金 I 相似，室温组织为 $β+α_{II}$。

（2）共晶合金的结晶过程（合金 II 成分）。

当合金冷却到点 E 时，发生共晶反应

$$L_E \rightleftharpoons α_C + β_D$$

此时析出的产物为 $α_C$ 和 $β_D$，反应终了后所获得的产物为 α+β 的共晶组织。

在上述过程中，伴随着元素的扩散现象，成分均匀的液态合金同时结晶析出两种固相成分，且两种成分的差异很大。现假设最先析出的固相物质为 Pb 含量较多的 α 相晶核，在它不断长大的过程中，其周围的液体必定会出现 Pb 多 Zn 少的现象，促使 β 相晶核的形成，而 Zn 的不断消耗，又促使周围液体中 α 相晶核的形成和长大，两者相互促进，所得到的共晶组织呈片、针、棒或点球等形状，且晶粒较细。研究中将共晶组织中的相称为共晶相，如共晶 α、共晶 β。利用杠杆定理可以求出共晶反应刚结束时刻两相的相对重量百分比：

$$\begin{cases} Q_α = \dfrac{ED}{CD} \times 100\% = \dfrac{97.5 - 61.9}{97.5 - 19.2} \times 100\% \approx 45.5\% \\ Q_β = 100\% - Q_α = 100\% - 45.5\% = 54.5\% \end{cases}$$

需要说明的是，此时用的是 α+β 两相区的上沿，而不是三相区。

在共晶转变结束后，如果温度继续下降，两共晶相的成分分别沿 *CF* 和 *DG* 线变化，分别从共晶 α 和共晶 β 中析出 $β_{II}$ 和 $α_{II}$，$α_{II}$ 与共晶 α 结合，$β_{II}$ 与共晶 β 结合，共晶组织细，使得二次相较难分辨，所以最终的室温组织仍为 α+β 共晶体。共晶合金的冷却曲线和组织转变过程如图 3-12 所示。

（3）亚共晶和过共晶合金的结晶过程（合金Ⅲ成分和合金Ⅳ成分）。

液态合金在 1 到 2 点时发生匀晶转变，产物为一次 α 相。此时，随着合金的不断冷却，一次 α 相的成分沿 *AC* 线变化到 *C* 点，液相的

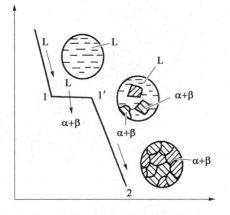

图 3-12　共晶合金的冷却曲线和组织转变示意

成分沿 *AE* 线变化到 *E* 点，当温度刚到达 2 点时，利用杠杆定理可以求得两相的相对重量百分比为

$$\begin{cases} Q_L = \dfrac{C2}{CE} \times 100\% \\ Q_α = \dfrac{2E}{CE} \times 100\% \end{cases}$$

在 2 点时，剩余液态合金中具有 *E* 点成分的合金转变为共晶组织，发生的共晶反应为

$$L_E \rightleftharpoons α_C + β_D$$

并且共晶体的总重量与共晶反应前液态合金的重量相等，也就是说

$$Q_E = Q_L = \frac{C2}{CE} \times 100\%$$

在共晶反应结束时刻，α、β 两相的相对重量百分比为

$$\begin{cases} Q_α = \dfrac{2D}{CE} \times 100\% \\ Q_β = \dfrac{C2}{CD} \times 100\% \end{cases}$$

在共晶转变结束后，如果温度继续下降，那么将从一次 α 相和共晶 β 相中析出 $β_{II}$，从共晶 β 中析出 $α_{II}$。共晶组织中的二次相同样也不能作为独立组织看待，但是一次 α 相晶粒较粗大，所以析出的 $β_{II}$ 分布于一次 α 相上时不能将其忽

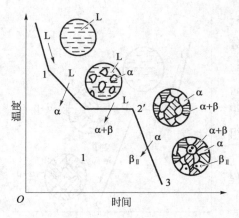

图 3 - 13　亚共晶合金的冷却曲线和组织转变示意

略,所以亚共晶合金的室温组织为 α+(α+β)+β$_{II}$。图 3 - 13 示为亚共晶合金的冷却曲线及组织转变示意图。

过共晶合金的冷却曲线及结晶过程,其分析方法和步骤与上述亚共晶合金基本相图,只是先共晶为 β 固溶体,所以合金 IV 的最终组织为 α+(α+β)+α$_{II}$。

3) 比重偏析

亚共晶或过共晶合金结晶时,若初晶的比重与剩余液相的比重相差很大,则比重小的初晶将上浮,比重大的初晶将下沉。这种由于比重不同而引起的偏析,称为比重偏析或区域偏析。

比重偏析的存在,也会降低合金的力学性能和加工工艺性能。为了减少或避免比重偏析的出现,在生产上常用的方法有:① 加快铸件的冷却速度,使偏析相来不及上浮或下沉;② 对于初晶与液相比重差不太严重的合金,可在浇注时加以搅拌;③ 在合金中加入某些元素,使其形成与液相比重相近的化合物,并首先结晶成树枝状的骨架悬浮于液相中,从而阻止随后结晶的偏析相的上浮或下沉。例如:在锡基滑动轴承合金中加入铜,使其形成 Cu_6Sn_5 的骨架,就可以消除该合金的比重偏析。

3.3.3　包晶相图

包晶反应,即当合金凝固到一定温度时,已结晶出来的一定成分的(旧)固相与剩余液相(有确定成分)发生反应生成另一种(新)固相的恒温转变过程。

1) 相图分析

发生包晶反应所产生的相图称为包晶相图,Pt - Ag、Ag - Sn 等合金具有包晶相图,现以 Pt - Ag 合金相图为例来介绍包晶相图。

如图 3 - 14(a)所示,相图中的水平线 *PDC* 称为包晶线,*D* 点为包晶体,相图上共有 L、α、β 三个单相区和 L+α、L+β 和 a+β 三个两相区,与包晶线成分所对应的合金在包晶线温度下发生包晶反应:

$$L_C + \alpha_P \rightleftharpoons \beta_D$$

上述反应的过程如下:液相 L 包含着固相 α,新相 β 在 L 与 α 的界面上形成新的晶核,在原子扩散的作用下相 L 和 α 两侧长大。

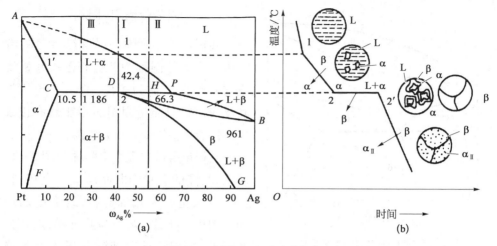

图 3－14　包晶相图及组织转变过程

2）结晶过程分析

Ⅰ合金成分处于点 D 时,其结晶过程如图 3－14(b)所示。在液态合金由 1 点冷却到 2 点的过程中,结晶出 α 固溶体,到达 2 点时,α 相的成分沿 AP 线变化到 P 点,液相成分沿 AC 线变化到 C 点,此时 C 点成分的液相 L 包着先析出的 P 点成分的 α 相发生包晶反应,生成 D 点成分 β 相,这个过程一直在消耗着 α 相,直至将其全部消耗完。如果继续冷却,那么将从 β 相中析出 $α_Ⅱ$,最终室温下的组织为 $β+α_Ⅱ$。

Ⅱ合金成分处于 P、D 点之间,其在 2 点之前结晶出 α 相,降低合金的温度至 2 点时,发生包晶反应,待反应结束液相 L 被消耗完时还有 α 相剩余,继续冷却 α 相和 β 相都会发生二次析出产物,分别为 $α_Ⅱ$ 和 $β_Ⅱ$,最终的室温组织为 $α+β+α_Ⅱ+β_Ⅱ$。

Ⅲ合金成分位于 C、D 点之间,其也是在 2 点发生包晶反应,反应结束后 α 相被消耗完,而 L 相还有剩余,此时若继续冷却,液相 L 便会向 β 相转变,当温度达到 3 点以下时,便会从 β 相中析出 $α_Ⅱ$ 相,所以最终的室温组织为 $β+α_Ⅱ$。

3.3.4　共析相图

除了常见的匀晶相图、共晶相图和包晶相图外,还有共析相图。

共析反应,即自某一种均匀一致的固相中同时析出两种化学成分和晶格结构完全不同的新固相的转变过程。

共析反应也称为共析转变,其方程式为

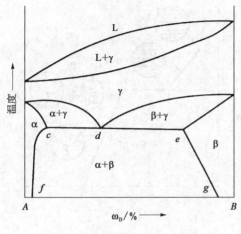

图 3-15　共析反应的二元合金相图

固相⇌固相+固相

共析反应的产物为共析组织,具有共析反应的相图称为共析相图。共析反应与共晶反应极为相似,唯一不同的是其反应产物只能是固相而不能是液相或固液混合物,它属于二次结晶。

共析反应的二元合金相图如图 3-15 所示,相图的形状与共晶反应完全相同,共析组织也是两相混合物,组织更加均匀。图中水平线 cde 称为共析线,点 d 为共析点,当固溶体冷却到共析线上 d 点成分时,合金发生共析反应

固相 ⇌ 固相 + 固相

$$\gamma_d \rightleftharpoons \alpha_c + \beta_e$$

在共析线上,γ、α、β 三相共存。

3.4　合金的性能与相图的关系

合金的成分、组织、结晶等因素决定了合金的性能;另一方面,这些参数与二元合金相图有十分紧密的关系。由此可知,合金的相图与合金的性能也有着必然的关系。

3.4.1　机械性能与相图的关系

如果合金的组织为两相机械混合物,那么其性能与合金成分呈正(或反)比例关系,并且数值为两相性能的算术平均值。各参数满足关系式:

$$\begin{cases} \sigma_{混} = \sigma_\alpha \times Q_\alpha + \sigma_\beta \times Q_\beta \\ HB_{混} = HB_\alpha \times Q_\alpha + HB_\beta \times Q_\beta \end{cases}$$

式中,Q_α 和 Q_β 是两相的相对质量百分比。

如果合金的组织为固溶体,那么随着溶质元素含量的增加,发生固溶强化现象,合金的强度和硬度也增大。如果是无限互溶的合金,那么当溶质含量为 50%

左右时,合金的强度和硬度最高,此时合金的性能与成分之间的关系如图 3－16
(a)曲线所示。如果合金有稳定的化合物,那么在其成分曲线上必定会出现拐点,
如图 3－16(b)所示的拐点。图中出现拐点的原因如下:共晶合金和共析合金晶
粒较细,造成了合金的性能在共晶和共析成分附近偏离比例指向位置。合金的电
导率变化与上述力学性能相反。

3.4.2　铸造性能与相图的关系

　　图 3－17 所示为合金铸造性能与相图的关系,从图中可以看出,合金的液相
线和固相线间的距离(水平距离和竖直距离)越大,合金的流动性能越差,偏析现
象越严重,合金的铸造性能就比较差。另外,在所有合金中共晶合金的铸造性能
是最好的,如果条件允许,一般的铸造合金要尽量选取共晶合金。

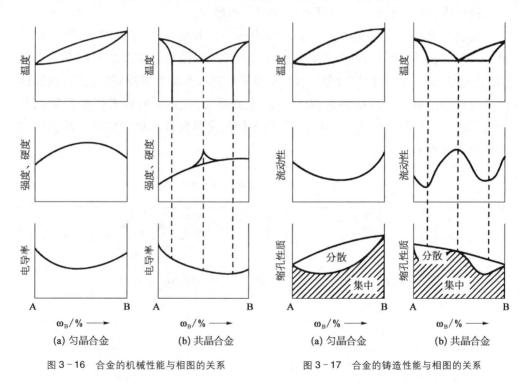

图 3－16　合金的机械性能与相图的关系　　　　　图 3－17　合金的铸造性能与相图的关系

3.5　铁碳合金相图

　　钢铁是现代机械制造工业中重要的物质基础,是国民经济中重要的金属材

料。常见的碳钢和铸铁等材料的基本组元都是铁与碳,所以将它们统称为铁碳合金。只有充分了解铁碳合金的成分、组织、温度之间的关系,才能选择合适的材料并确定其加工工艺。铁碳合金相图便是研究这些关系的理论基础和重要工具。

3.5.1　铁碳合金的基本相及组织

铁碳合金在液态时,铁和碳可以无限互溶;在固态时根据碳的质量分数不同,碳可以溶解在铁中形成固溶体,也可以与铁形成化合物,或者形成固溶体与化合物组成的机械混合物。因此,铁碳合金在固态下有以下几种基本相(铁素体、奥氏体和渗碳体)与组织(珠光体和莱氏体)。

1)铁素体

铁素体即碳溶于 $\alpha-Fe$ 中所形成的间隙固溶体。

铁素体的符号为 F 或 α,其晶格类型为体心立方晶格,原子间隙小,溶碳能力很差,碳的最大质量分数约为 0.021 8%(727 ℃时),碳容量随着温度的下降而逐渐减小,在 600 ℃时碳的质量分数仅约为 0.005 7%;当温度下降到室温时,碳的质量分数仅为铁素体总质量的 0.000 8%。也就是说,在室温时铁素体的性能几乎与纯铁相同,强度高、硬度低,但与纯铁所不同的是其塑性和韧性较好。其各项力学性能指标见表 3-3。

表 3-3　铁素体各项力学性能指标

力 学 性 能	指　　标
抗拉强度	180~280 MPa
屈服点	100~170 MPa
断后伸长率	30%~50%
断面收缩率	70%~80%
冲击韧性	160~200 J/cm^2
硬度	约 80 HBW

铁素体具有铁磁性转变的性能,当温度低于 700 ℃时,其具有铁磁性;当温度高于 700 ℃时,铁磁性消失。

铁素体的显微组织为明亮多边的晶粒,与纯铁相似,如图 3-18 所示。

2）奥氏体

奥氏体即碳溶解在 γ-Fe 中所形成的间隙固溶体。

奥氏体的符号为 A 或 γ。与铁素体相比，奥氏体的溶碳能力稍大一些，在 1 148 ℃时，碳在 γ-Fe 中的最大溶解度达到最大值，为 2.11%，随着温度的下降，其溶解度也逐渐减小，在 727 ℃时仅为 0.77%。奥氏体性能数值如下：抗拉强度 R_m = 400 MPa，断后伸长率 A = 40%~50%，硬度 = 160~200 HBW。

奥氏体的塑性、韧性、强度、硬度都较高，当铁碳合金处于平衡状态时，高温下存在的基本相便是奥氏体。奥氏体同样也是大多数钢在进行锻压和轧制等工艺时所要求的组织。

奥氏体为面心立方结构，显微组织为层片状组织，如图 3-19 所示。

3）渗碳体

渗碳体是铁与碳形成的具有复杂晶体结构的间隙化合物，可用 Fe_3C 化学式表示。Fe_3C 中的碳含量为 6.69%，熔点很高，约 1 227 ℃，硬度可高达 800 HBW，塑性与韧性几乎为零，脆性大。Fe_3C 是钢中的强化相，它的形态、大小、数量与分布对铁碳合金性能有很大影响。

如果铁碳合金中的碳原子含量超过碳元素在铁元素中的溶解度，那么此时多余的碳原子在 Fe-Fe_3C 二元合金系中将会以 Fe_3C 的形式存在，即以渗碳体的形式存在，所以渗碳体既是铁碳合金中的组元，又是其基本相和基本组织。渗碳体的显微组织如图 3-20 所示。

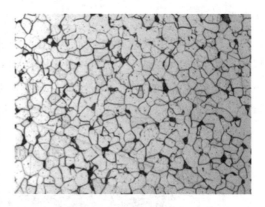

图 3-18 铁素体的显微组织

图 3-19 奥氏体的显微组织

图 3-20 渗碳体的显微组织

4）珠光体

珠光体即由铁素体和渗碳体组成的机械混合物。

珠光体的符号为 P,其平均含碳量为 0.77%。因为珠光体是由铁素体和渗碳体混合而成的,所以其各项性能介于硬的渗碳体和软的铁素体之间,强度较好,硬度适中,脆性小,抗拉强度 $R_m = 750$ MPa,硬度约为 18 HBS,伸长率 $A = 20\% \sim 25\%$,冲击韧性 $a_K = 30 \sim 40$ J/cm^2。

珠光体的显微组织如图 3-21 所示。

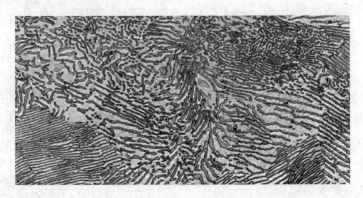

图 3-21　珠光体的显微组织

5）莱氏体

在温度高于 727 ℃时,莱氏体为由奥氏体和渗碳体组成的机械混合物,用符号 Ld 表示,其含碳量为 4.3%。

含碳量为 4.3% 的金属液体在 1 148 ℃发生共晶反应所生成的便是莱氏体。在温度低于 727 ℃时,莱氏体由珠光体和渗碳体组成,称其为变态莱氏体,用符号 L'd 表示。莱氏体的塑性差,硬度高,其显微组织如图 3-22 所示。

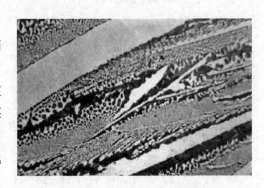

图 3-22　莱氏体的显微组织

3.5.2　铁碳合金相图分析

在铁碳合金中,铁与碳可形成一系列的化合物,如 Fe_3C、Fe_2C 等。其中 Fe_3C 中碳的质量分数为 6.69%。当碳的质量分数超此数值时铁碳合金脆性太大,而没有实用价值。因此,铁碳合金相图实质上仅研究 $Fe-Fe_3C$ 相图这一部分。经简化后 $Fe-Fe_3C$ 相图如图 3-23 所示。

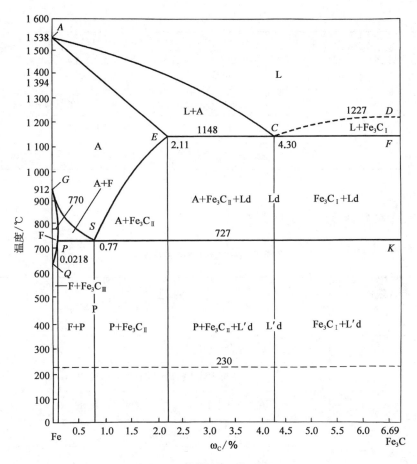

图 3-23　简化后 Fe-Fe₃C 相图

1）相图中的特性点

相图中各特性点的含义见表 3-4。

表 3-4　铁碳合金相图中的特性点

符　号	温度/℃	ω_C/%	说　　明
A	1 538	0	纯铁的熔点
C	1 148	4.30	共晶点
D	1 227	6.69	渗碳体的熔点
E	1 148	2.11	碳在 γ-Fe 中的最大溶解度
F	1 148	6.69	渗碳体的成分
G	912	0	α-Fe$\leftrightarrow\gamma$-Fe 转变温度（A_3）

符　号	温度/℃	ω_C/%	说　　明
K	727	6.69	渗碳体的成分
P	727	0.021 8	碳在 α-Fe 中的最大溶解度
S	727	0.77	共析点(A_1)
Q	600 ℃	0.005 7	600 ℃时碳在 α-Fe 中的溶解度

2）相图中的特性线

相图中各特性线的意义见表 3-5。

表 3-5　铁碳合金相图中的特性线

特性线	特 性 线 含 义
ACD	铁碳合金的液相线
AECF	铁碳合金的固相线
GS	冷却时,从奥氏体中析出铁素体的开始线,用 A_3 表示
ES	碳在奥氏体中的溶解度曲线,常用 A_{cm} 表示
PQ	碳在铁素体中的溶解度曲线
ECF	共晶转变线,L$\leftrightarrow$A+Fe$_3$C
PSK	共析转变线,A$\leftrightarrow$F+Fe$_3$C,常用 A_1 表示

（1）ACD 线——液相线,表示铁碳合金开始结晶时的温度或者完全熔化时的温度,位于该线以上的合金呈液态。

（2）AECF 线——固相线,表示铁碳合金开始熔化时的温度或者完全结晶时的温度,位于该线以下的合金为固相。

（3）GS 线——合金在缓慢冷却过程中从奥氏体中开始析出铁素体的临界温度线,通常称为 A_3 线。

（4）ES 线——碳在奥氏体中的溶解度线。碳在奥氏体中的最大溶解度位于点 E 处,其所对应的温度和碳含量分别为 1 148 ℃与 2.11%,而位于 S 点成分的合金在 727 ℃时,碳含量为 0.77%,所以如果合金的碳含量大于 0.77%,那么其在从 1 148 ℃缓慢冷却至 727 ℃的过程中均将从奥氏体中析出渗碳体。为了和前述的渗碳体区别开来,将此处所生成的渗碳体表示为 Fe_3C_{II},称为二次渗碳体。ES 线

又称为 A_{cm} 线,表示从奥氏体中开始析出 Fe_3C_{II} 的临界温度线。

(5) PQ 线——碳在铁素体中的溶解度曲线。碳在铁素体中的最大溶解度位于点 P 处,其所对应的温度和碳含量分别为 727 ℃ 与 0.021 8%,而在室温时仅为 0.000 8%,所以如果合金的含碳量大于 0.000 8%,那么其在从 727 ℃ 缓慢冷却至室温的过程中均将从铁素体中析出渗碳体。为了和前述的渗碳体区别开,将此处所生成的渗碳体表示为 Fe_3C_{III},称为三次渗碳体。Fe_3C_{III} 的含量一般较少,往往予以忽略。

Fe_3C_I、Fe_3C_{II} 和 Fe_3C_{III} 没有本质区别,其含碳量、晶体结构和性质完全相同,仅仅是来源、形态和分布位置不同而已。

(6) ECF 线——共晶线,其所对应的温度为 1 148 ℃,所有碳含量位于此线范围内的铁碳合金(ω_C = 2.11% ~ 6.69%),当温度缓慢冷却到 1 148 ℃ 时均会发生共晶反应 $L \leftrightarrow A + Fe_3C$,反应产物是由奥氏体和渗碳体组成的莱氏体。

(7) PSK 线——共析转变线,其所对应的温度为 727 ℃,所有碳含量超过 0.021 8% 的铁碳合金在温度缓慢冷却到 727 ℃ 时均会发生共析反应 $A \leftrightarrow F + Fe_3C$,反应产物是铁素体和渗碳体组成的珠光体。$PSK$ 线又称为 A_1 线。

ECF 线和 PSK 线为两条恒温转变曲线,是构成铁碳合金相图的重要组成部分。

3) 相图中的相区

铁碳合金相图中共有以下相区。

(1) 四个单相区:ACD 线以上的液相区 L,$AESGA$ 线围绕而成的奥氏体相区,$GPQG$ 线围绕而成的铁素体相区,DFK 垂直线所代表的渗碳体相区。

(2) 五个双相区:$ACEA$ 线围绕而成的 L+A 相区,$DCFD$ 围绕而成的 L+Fe_3C_I 相区,$EFKSE$ 线围绕而成的 A+Fe_3C 相区,$GSPG$ 线围绕而成的 A+F 相区,$QPSKQ$ 线围绕而成的 F+Fe_3C 相区。

(3) 两个三相区:ECF 线为 L、A、Fe_3C 三相区,PSK 线为 A、F、Fe_3C 三相区。

3.5.3　典型铁碳合金结晶过程分析

1) 合金的分类

根据含碳量和组织的不同,可以将铁碳合金分为三类,见表 3-6。

2) 典型铁碳合金的结晶过程分析

为了认识钢和白口铸铁组织的形成规律,以下选择几种典型的合金,分析其平衡结晶过程及组织变化。图 3-24 为 6 种典型的铁碳合金结晶过程分析图,图中 Ⅰ ~ Ⅵ 分别是钢和白口铸铁的典型合金所在位置。

表 3 - 6   铁碳合金的分类

合 金 名 称		含 碳 量	组 织 物
工业纯铁		$\omega_C < 0.0218\%$	铁素体和极少数的三次渗碳体
钢	亚共析钢	$0.0218\% \leqslant \omega_C < 0.77\%$	铁素体和珠光体
	共析钢	$\omega_C = 0.77\%$	珠光体
	过共析钢	$0.77\% < \omega_C < 2.11\%$	珠光体和二次渗碳体
白口铸铁	亚共晶白口铸铁	$2.11\% \leqslant \omega_C < 4.3\%$	珠光体、二次渗碳体和莱氏体
	共晶白口铸铁	$\omega_C = 4.3\%$	莱氏体
	过共晶白口铸铁	$4.3\% < \omega_C < 6.69\%$	一次渗碳体和莱氏体

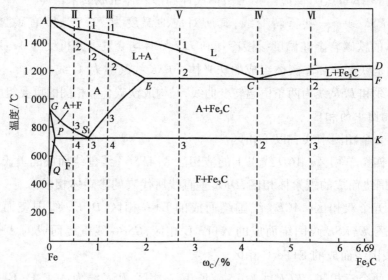

图 3 - 24   6 种典型的铁碳合金结晶过程分析

（1）共析钢的结晶过程分析。

图 3 - 24 中,合金 I 是共析钢,其冷却曲线和结晶过程如图 3 - 25 所示。S 点成分的液态钢合金缓慢冷却至 1 点温度时,其成分垂线与液相线相交,于是从液相中开始结晶出奥氏体。在 1~2 点温度之间时,随着温度的下降,奥氏体量不断增加,其成分沿 AE 线变化,而液相的量不断减少,其成分沿 AC 线变化。当温度降至 2 点时,合金的成分垂线与固相线相交,此时合金全部结晶成奥氏体,在 2、3 点之间是奥氏体的简单冷却过程,合金的成分、组织不发生变化。当温度降至 3 点（727 ℃）时,将发生共析反应。

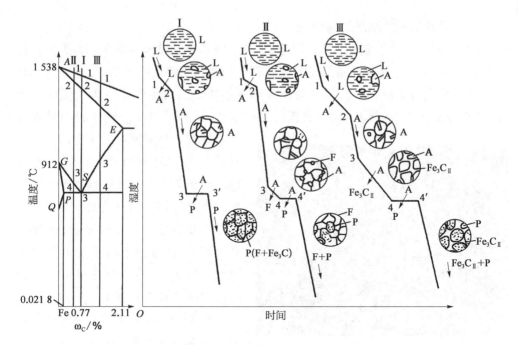

图 3-25　钢部分的典型铁碳合金的冷却曲线和结晶过程示意

随着温度继续下降,铁素体的成分将沿溶解度曲线 PQ 变化,并析出三次渗碳体(数量极少,可忽略不计,对此问题,后面各合金的分析处理皆相同)。因此,共析钢的室温平衡组织全部为珠光体(P),其显微组织如 3.5.1 节中图 3-21 所示。

(2)亚共析钢的结晶过程分析。

图 3-24 中,合金 II 是亚共析钢,其冷却曲线和结晶过程如图 3-25 所示。亚共析钢在 3 点温度以上的结晶过程与共析钢相似。当缓慢冷却到 3 点温度时,合金的成分垂线与 GS 线相交,此时由奥氏体析出铁素体。随着温度的下降,奥氏体和铁素体的成分分别沿 GS 和 GP 线变化。当温度降至 4 点(727 ℃)时,铁素体的成分变为 P 点成分(ω_C = 0.021 8%),奥氏体的成分变为 S 点成分(ω_C = 0.77%),此时,剩余奥氏体发生共析反应转变成珠光体,而铁素体不发生变化。从 4 点温度继续冷却至室温,可以认为合金的组织不再发生变化。因此,亚共析钢的室温组织为铁素体和珠光体(F + P)。

图 3-26 是 ω_C = 0.4%的亚共析钢的室温平衡组织,其中白色块状为 F,暗色的片层状为 P。

图 3-26　ω_C = 0.4%的亚共析钢的室温平衡组织(500 倍放大)

（3）过共析钢的结晶过程分析。

图 3-24 中，合金Ⅲ是过共析钢，其冷却曲线和结晶过程如图 3-25 所示。过共析钢在 1~3 点温度间的结晶过程与共析钢相似。当缓慢冷却至 3 点温度时，合金的成分垂线与 ES 线相交，此时由奥氏体开始析出二次渗碳体。随着温度的下降，奥氏体成分沿 ES 线变化，且奥氏体的数量越来越少，二次渗碳体的相对数量不断增加。当温度降至 4 点（727 ℃）时，奥氏体的成分变为 S 点成分（$\omega_C = 0.77\%$），此时，剩余奥氏体发生共析反应转变成珠光体，而二次渗碳体不发生变化。从 4 点温度继续冷却至室温，合金的组织不发生再发生变化。因此，过共析钢的室温组织为二次渗碳体和珠光体（$Fe_3C_{\text{Ⅱ}}$+P）。

图 3-27 是 $\omega_C = 1.2\%$ 的过共析钢的室温平衡组织，其中 $Fe_3C_{\text{Ⅱ}}$ 呈白色的细网状，它分布在片层状 P 的周围。

图 3-27　$\omega_C = 1.2\%$的过共析钢的室温
平衡组织（500 倍放大）

（4）共晶白口铸铁的结晶过程分析。

图 3-24 中，合金Ⅳ是共晶白口铸铁，其冷却曲线和结晶过程如图 3-28 所示。共晶铁碳合金冷却至 1 点共晶温度（1 148 ℃）时，将发生共晶反应，生成莱氏体（Ld），在 1~2 点温度间，随着温度降低，莱氏体中奥氏体的成分沿 ES 线变

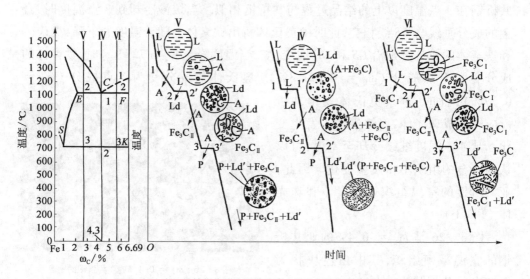

图 3-28　白口铸铁部分的典型铁碳合金的冷却曲线和结晶过程示意

化,并析出二次渗碳体(它与共晶渗碳体连在一起,在金相显微镜下难以分辨)。随着二次渗碳体的析出,奥氏体的含碳量不断下降,当温度降至 2 点(727 ℃)时,莱氏体中的奥氏体的 $\omega_C = 0.77\%$,此时,奥氏体发生析反应转变为珠光体,于是莱氏体也相应转变为低温莱氏体 Ld′($P + Fe_3C_{II} + Fe_3C$)。因此,共晶白口铸铁的室温组织为低温莱氏体(Ld′)。

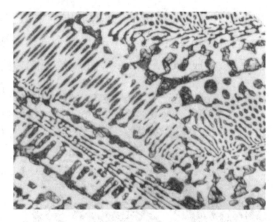

图 3-29　共晶白口铸铁的室温平衡组织(500 倍放大)

图 3-29 为共晶白口铸铁的室温平衡组织,其中珠光体呈黑色的斑点状或条状,渗碳体为白色的基体。

(5) 亚共晶白口铸铁的结晶过程分析。

图 3-24 中,合金 V 是亚共晶白口铸铁,其冷却曲线和结晶过程如图 3-28 所示。1 点温度以上为液相,当合金冷却至 1 点温度时,从液体中开始结晶出初生奥氏体。在 1、2 点温度间,随着温度的下降,奥氏体不断增加,液体的量不断减少,液相的成分沿 AC 线变化。奥氏体的成分沿 AE 线变化。当温度至 2 点(1 148 ℃)时,剩余液体发生共晶反应,生成 Ld(A+Fe_3C),而初生奥氏体不发生变化。在 2、3 点温度间,随着温度降低,奥氏体的含碳量沿 ES 线变化,并析出二次渗碳体。当温度降至 3 点(727 ℃)时,奥氏体发生共析反应,转变为珠光体(P),从 3 点温度冷却至室温,合金的组织不再发生变化。因此,亚共晶白口铸铁室温组织为 P + Fe_3C_{II} + Ld′。

图 3-30 是 $\omega_C = 3.0\%$ 的亚共晶白口铸铁的室温平衡组织,其中黑色带树枝状特征的是 P,分布在 P 周围的白色网状的是 Fe_3C_{II},具有黑色斑点状特征的是 Ld′。

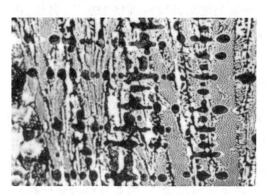

图 3-30　$\omega_C = 3.0\%$ 的亚共晶白口铸铁的室温平衡组织(100 倍放大)

(6) 过共晶白口铸铁的结晶过程分析。

图 3-24 中,合金 VI 是亚共晶白口铸铁,其冷却曲线和结晶过程如图 3-28 所示。1 点温度以上为液相,当合金冷却至 1 点温度时,从液体中开始结晶出一次渗

碳体。在 1、2 点温度间，随着温度的下降，一次渗碳体不断增加，液体的量不断减少，当温度至 2 点(1 148 ℃)时，剩余液体的成分变为 C 点成分(ω_C=4.3%)，发生共晶反应，生成 Ld（A+Fe$_3$C），而一次渗碳体不发生变化。从 2、3 点温度间，莱氏体中的奥氏体的含碳量沿 ES 线变化，并析出二次渗碳体。当温度降至 3 点(727 ℃)时，奥氏体的奥氏体的 ω_C = 0.77%，此时，奥氏体发生共析反应转变为珠光体，从 3 点温度冷却至室温，合金的组织不再发生变化。因此，过共晶白口铸铁的室温组织为 Fe$_3$C$_I$ +Ld′。

图 3-31 是 ω_C = 5.0% 的过共晶白口铸铁的室温平衡组织，图中白色带状的是 Fe$_3$C$_I$，具有黑色斑点状特征的是 Ld′。

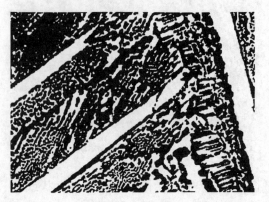

图 3-31　ω_C = 3.0% 的亚共晶白口铸铁的室温平衡组织(400 倍放大)

3.5.4　含碳量对铁碳合金组织与性能的影响

1) 含碳量对铁碳合金平衡组织的影响

利用杠杆定理可以求出铁碳合金的含碳量与缓慢冷却至室温后的相和组织物之间具有定量的关系，结果如图 3-32 所示。铁碳合金在室温下只有铁素体和渗碳体两个相，并且渗碳体的含量随着含碳量的增加而呈线性增加趋势；另外，从组织和组织组成物的角度考虑，随着含碳量的增加，在组织中的渗碳体数量增多的同时，其形态也在不断发生变化，分布在铁素体基体内的片状共析渗碳体变为分布在奥氏体晶界上的过共析钢的二次渗碳体，所以在最终形成莱氏体时，渗碳体是合金的基体。

2) 含碳量对铁碳合金力学性能的影响

随着含碳量的增加，亚共析钢中的珠光体的含量也增加，因为珠光体具有强化合金的作用，所以亚共析钢的强度和硬度增大，但是塑性和韧性下降。当含碳量达到 0.77% 时，铁碳合金中的组织组成物全部为珠光体，因此铁碳合金的性能在宏观上表现为珠光体的性能；当铁碳合金的含碳量超过 0.9% 时，在奥氏体的晶界上形成了由过共析钢中的二次渗碳体组成的连续网状形状，由此带来的结果是钢的强度下降，硬度仍然呈直线上升；当铁碳合金的含碳量大于 2.11% 时，便会生成以渗碳体为基体的莱氏体，使铁碳合金的性能表现为硬而脆。含碳量对铁碳合金力学性能的影响如图 3-33 所示。

钢铁 分类	工 业 纯 铁	钢		白口铸铁	
		共析钢		共晶白口铸铁	
		亚共析钢	过共析钢	亚共晶白口铸铁	过共晶白口铸铁
含碳量/% 0	0.0218	0.77	2.11	4.3	6.69

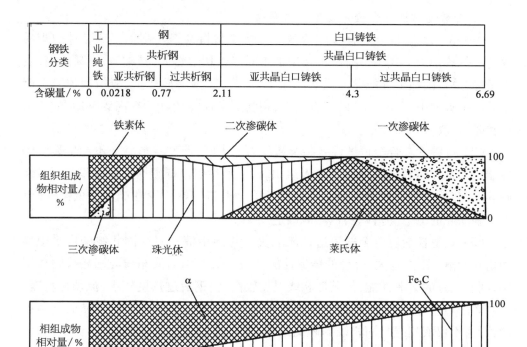

图 3－32　铁碳合金的含碳量与缓慢冷却至室温后的相和组织物之间的关系

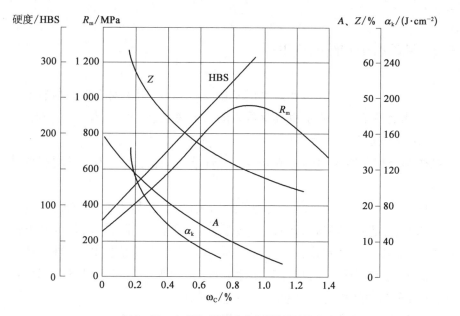

图 3－33　含碳量对铁碳合金力学性能的影响

3）含碳量对铁碳合金工艺性能的影响

（1）切削加工性能。合金的切削加工性能是指其经切削加工成工件的难易程度。低碳钢中 F 较多，塑性好，切削加工时产生切削热大，易黏刀，不易断屑，表面粗糙，故切削加工性能差。高碳钢中 Fe_3C 多，刀具磨损严重，故切削加工性能也差。中碳钢中 F 和 Fe_3C 的比例适当，切削加工性能较好。在高碳钢中 Fe_3C 呈球状时，可改善切削加工性能。

（2）可锻性。合金可锻性是指金属压力加工时，能改变形状而不产生裂纹的性能。当钢加热到高温得到单相 A 组织时，可锻性好。低碳钢中铁素体多可锻性好，随着碳的质量分数增加合金可锻性下降。白口铸铁无论在高温或低温，因组织是硬而脆的 Fe_3C 基体，所以不能锻造。

（3）铸造性能。合金的铸造性能取决于相图中液相线与固相线的水平距离和垂直距离。距离越大，合金的铸造性能越差。低碳钢的液相线与固相线距离很小，则有较好的铸造性能，但其液相线温度较高，使钢液过热度较小，流动性较差。随着碳的质量分数增加，钢的结晶温度间隔增大，铸造性能变差。共晶成分附近的铸铁，不仅液相线与固相线的距离最小，而且液相线温度也最低，其流动性好，铸造性能好。

（4）焊接性。随着钢中碳的质量分数增加，钢的塑性下降，焊接性下降。所以，为了保证获得优质焊接接头，应优先选用低碳钢（碳的质量分数小于0.25%）。

3.5.5　铁碳合金相图的应用

铁碳合金相图是研究钢和铸铁的基础，在实际应用中对于钢铁材料的应用及热加工和热处理工艺的制定也具有重要的指导意义。

1）在材料选用方面的应用

铁碳合金相图所表明的是成分、组织、性能之间的规律，为钢铁材料的选用提供了依据。

一般工业纯铁的质地特别软，韧性特别大，力学性能不受热处理的影响，可用于建筑工程，制造防锈材料、镀锌板、镀锡板、电磁铁芯等；另外，根据其电磁性好的性能，工业纯铁还经常作为电磁材料来使用，有高的感磁性和低的抗磁性。

低碳钢强度和硬度低，塑性和韧性较好，常用来制造机械设备零部件和建筑结构，如卡车车厢地板、汽车门窗、家用电器等。

中碳钢热加工及切削性能良好，常用来制造较高强度的运动零件，如空气压缩机，泵的活塞，蒸汽透平机的叶轮，重型机械的轴、蜗杆、齿轮等，以及表面耐磨的零件,如曲轴、机床主轴、滚筒、钳工工具等。

　　高碳钢常用来制造各种工具、器具。如果需要有足够的硬度和一定的耐磨性,那么可以选取 $\omega_c = 0.7\% \sim 0.9\%$ 的钢来制造;如果需要有很高的硬度和耐磨性,那么可以选取 $\omega_c = 1.0\% \sim 1.3\%$ 的钢来制造。

　　白口铸铁的力学性能在宏观上表现为硬且脆,给切削加工和锻造加工带了困难,所以白口铸铁的应用受到了一定的限制。但是白口铸铁的抗磨损能力很强,可以用来制造不受冲击载荷的需要耐磨的零部件,如球磨机的铁球、拔丝模等,也可以作为可锻铸铁的毛坯。

　　2)在热处理工艺方面的应用

　　钢铁的正火、回火、淬火和退火等热处理的加热温度都是根据铁碳合金相图确定的。铁碳合金相图对于制定热处理工艺有着特别重要的意义,这将在本书第 4 章中详细阐述。

　　3)在铸造工艺方面的应用

　　根据铁碳合金相图可以确定合金的浇注温度。浇注温度一般在液相线以上 $50 \sim 100 \,^{\circ}\!C$。从相图上可看出,纯铁和共晶白口铸铁的铸造性能最好。因为它们的凝固温度区间很小,所以其流动性好,分散缩孔少,可以获得致密的铸件,因此铸铁在生产上总是选在共晶成分附近。在铸钢生产中,碳含量规定为 $0.15\% \sim 0.6\%$,因为这个范围内钢的结晶温度区间较小,铸造性能较好。

　　4)在锻造工艺方面的应用

　　因为钢加热成单相奥氏体状态时塑性好,强度低,便于塑性变形,所以一般锻造加工都是在奥氏体状态下进行的。锻造时必须根据铁碳合金相图确定合适的温度,始轧和始锻温度不能过高,以免产生过烧;也不能过低,以免产生裂纹。

　　5)在焊接工艺方面的应用

　　在对零部件进行焊接时,焊缝的温度一般要高于零件其他部位的温度。从铁碳合金相图可知,不同加热温度所获得的高温组织不同,随后缓冷所获得的室温组织也不同,从而使零件的不同部位表现出不同的性能,这就要求在焊接后采用热处理的方法来消除这种差异。

　　需要说明的是,在利用铁碳合金相图解决实际工业生产中的问题时应注意以下两点:

　　(1)铁碳合金相图的前提条件是理想状况,即合金以十分缓慢的速度冷却到室温,但是实际工业生产中的冷却速度不可能如此缓慢,当其冷却速度较快时,可能会造成合金的临界点及其冷却后的室温组织与铁碳合金相图中有所不同。

　　(2)铁碳合金相图中的合金只有铁和碳两种元素,但实际的合金中除了含有铁和碳外还有其他金属元素或者少量的非金属元素,这些元素对相图都有影响。

习 题

一、简答题

1. 什么是固溶体？固溶体有何晶格特性和性能特点？何为固溶强化？

2. 固溶体与溶液有何异同？

3. 什么是金属化合物？金属化合物有何晶格特征和性能特点？何为弥散强化？

4. 液态金属发生结晶的必要条件是什么？

5. 什么是共晶转变、共析转变？

6. 已知 A（熔点 600 ℃）与 B（熔点 500 ℃）在液态无限互溶；在固态 300 ℃时 A 溶于 B 的最大溶解度为 30%，室温时为 10%，但 B 不溶于 A。在 300 ℃时，含 40%B 的液态合金发生共晶反应，求：

（1）作出 A - B 合金相图；

（2）分析 20%A、45%A 和 80%A 等合金的结晶过程，并确定室温下的组织组成物和相组成物的相对量。

7. 莱氏体和变态莱氏体有什么区别？

8. 根据 $Fe - Fe_3C$ 相图，分析碳的质量分数分别为 0.4%、0.77%、1.2% 的钢的结晶过程。指出这三种钢在 1 400 ℃、1 100 ℃、800 ℃时奥氏体中碳的质量分数。

9. 根据铁碳相图解释下列现象：

（1）在室温下，$\omega_C = 0.8\%$ 的碳钢比 $\omega_C = 0.4\%$ 的碳钢硬度高，比 $\omega_C = 1.2\%$ 的碳钢强度高；

（2）钢铆钉一般用低碳钢制作；

（3）绑扎物件一般用铁丝（镀锌低碳钢丝），而起重机吊重物时的钢丝绳用 ω_C 分别为 0.60%、0.65%、0.70% 的钢制成；

（4）在 1 000 ℃时，$\omega_C = 0.4\%$ 的碳钢能进行锻造，而 $\omega_C = 4.0\%$ 的铸铁不能进行锻造；

（5）钳工锯削 T8、T10 等退火钢料比锯削 10 钢、20 钢费力，且锯条易磨钝；

（6）钢适用于压力加工成型，而铸铁适于铸造成型。

10. 某锅炉钢板，图纸要求用 20 钢制作。显微组织观察发现，组织中珠光体占 30%，问钢板是否符合图纸要求？（20 钢的含碳量范围为 0.17% ~ 0.23%）

11. 根据铁碳相图，对 6 种铁碳合金：Ⅰ共析钢（$\omega_C = 0.77\%$）、Ⅱ亚共析钢

（$\omega_C = 0.45\%$）、Ⅲ过共析钢（$\omega_C = 1.2\%$）、Ⅳ共晶白口铸铁（$\omega_C = 4.3\%$）、Ⅴ亚共晶白口铸铁（$\omega_C = 3.0\%$）、Ⅵ过共晶白口铸铁（$\omega_C = 5.0\%$），在温度-时间（$T-t$）图中画出 6 种铁碳合金从液态缓冷至室温时的结晶过程，并标注出各温度段的组织。

12. 依据铁碳相图计算：

（1）室温下，含碳 0.6% 的钢中珠光体和铁素体各占多少？

（2）室温下，含碳 1.2% 的钢中珠光体和二次渗碳体各占多少？

（3）铁碳合金中，二次渗碳体和三次渗碳体的最大百分含量？

（4）用杠杆定理计算珠光体、莱氏体在其共析温度、共晶温度时相组成物的相对量。

二、作图题

在图中标出液相线、固相线、共晶线、共析线、固溶体的同素异构转变线、溶解度曲线，并逐个解释其含义；在图中标出纯铁的熔点、共晶点、共析点。

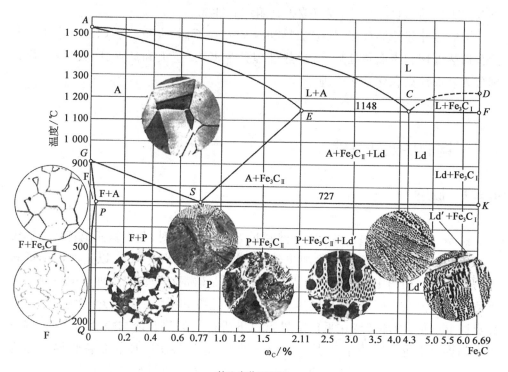

第 3 章作图题图

第4章 钢的热处理

钢的热处理是将钢在固态下以适当的方式进行加热、保温和冷却,以获得所需组织和性能的工艺过程。热处理是改善金属材料使用性能和工艺性能的一种非常重要的工艺方法,它在机械行业中占有十分重要的地位,机床、汽车、拖拉机等产品中 60%~80% 的零件需要进行热处理,而轴承、弹簧、工模具则 100% 需要热处理。

通过热处理,材料的使用性能和工艺性都能够得到大幅度的提升。例如,对 T8 钢进行淬火后,其硬度可由原来的 20 HRC 提升到 62~65 HRC;对其进行球化处理后,其切削加工性能得到大幅改善。热处理与其他工艺的不同之处在于其不改变工件的形状和尺寸,仅仅改善其组织和性能。

钢的热处理种类很多,根据加热和冷却方式不同,大致分类如下:热处理分为普通热处理和表面热处理,普通热处理分为退火、正火和淬火、回火,表面热处理分为表面淬火和化学热处理。

4.1 钢的热处理基础

4.1.1 概述

在 $Fe-Fe_3C$ 相图中,共析钢加热超过 PSK 线(A_1)时,其组织完全转变为奥氏体。亚共析钢和过共析钢必须加热到 GS 线(A_3)和 ES 线(A_{cm})以上才能全部转变为奥氏体。相图中的平衡临界点 A_1、A_3、A_{cm} 是碳钢在极缓慢地加热或冷却情况下测定的。但在实际生产中,加热和冷却并不是极其缓慢的。加热转变在平衡临界点以上进行,冷却转变在平衡临界点以下进行。加热和冷却速度越大,其偏离平衡临界点也越大。为了区别于平衡临界点,通常将实际加热时各临界点标为 Ac_1、Ac_3、Ac_{cm};实际冷却时各临界点标为 Ar_1、Ar_3、Ar_{cm},如图 4-1 所示。

尽管热处理工艺种类繁多,但其过程均由加热、保温、冷却三个阶段组成,图 4-2 所示为最基本的热处理工艺曲线形式。也可以把加热与保温阶段作为加热阶段。因此,热处理过程由加热和冷却两个阶段组成。只要弄清加热阶段和冷却

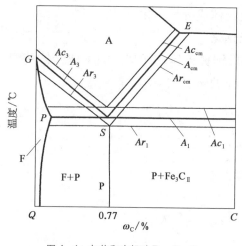

图 4 - 1　加热和冷却时 Fe - Fe₃C
相图中各临界点的位置

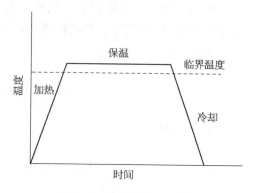

图 4 - 2　钢的热处理工艺曲线

阶段的组织变化,就可容易地理解热处理工艺的目的与作用。

4.1.2　钢在加热时的转变

4.1.2.1　共析钢的奥氏体化

从 $Fe - Fe_3C$ 相图可知,将钢加热到 A_1 线以上时,将发生珠光体向奥氏体的转变,钢在加热时获得奥氏体组织的过程称为钢的奥氏体化,可由下式表示:

$$P(F + Fe_3C) \rightarrow A$$

从上式可知,珠光体向奥氏体转变是由碳质量分数、晶格均不同的两相混合物转变成为另一种晶格单相固溶体的过程,因此,转变过程中必须进行碳原子和铁原子的扩散,才能进行碳的重新分布和铁的晶格改组,即发生相变。

奥氏体的形成是通过奥氏体(以符号"A"表示)的形核与长大过程来实现的,其转变过程分为三个阶段,如图 4 - 3 所示。第一阶段是奥氏体的形核与长大,第

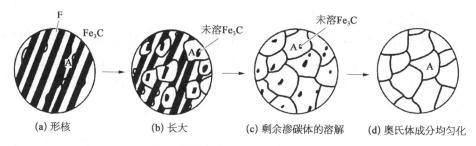

(a) 形核　　　　　　(b) 长大　　　　　(c) 剩余渗碳体的溶解　　(d) 奥氏体成分均匀化

图 4 - 3　共析钢中奥氏体形成过程示意

二阶段是剩余渗碳体的溶解,第三阶段是奥氏体成分均匀化。

4.1.2.2　亚共析钢与过共析钢的奥氏体化

亚共析钢与过共析钢的奥氏体化与共析钢奥氏体化相似。除了珠光体转变成奥氏体以外,还有先共析的铁素体和渗碳体的转变。

亚共析钢:

$$F + P \xrightarrow[(\text{I})]{A_1} A + F \xrightarrow[(\text{II})]{A_3} A$$

过共析钢:

$$FeC_3 + P \xrightarrow[(\text{I})]{A_1} A + FeC_3 \xrightarrow[(\text{II})]{A_{cm}} A$$

式中,(Ⅰ)为部分奥氏体化;(Ⅱ)为完全奥氏体化。

钢的奥氏体化的主要目的是获得晶粒细小、成分均匀的奥氏体组织。

4.1.2.3　奥氏体晶粒度及其影响因素

钢在加热时,奥氏体的晶粒大小直接影响到热处理后钢的性能。加热时奥氏体晶粒细小,冷却后组织也细小;反之,组织则粗大。钢材晶粒细化,即能有效提高强度,又能明显提高塑性和韧性,这是其他强化方法所不及的。因此,在选用材料和热处理工艺上,如何获得细的奥氏体晶粒,对工件使用性能和质量都具有重要意义。

1) 奥氏体晶粒度

晶粒度是表示晶粒大小的一种量度,采用晶粒尺寸或晶粒号来表达,将放大100 倍的金相组织与标准晶粒号图片进行比较。大小分为 8 级,1 级最粗,8 级最细。通常 1~4 级为粗晶粒度,5~8 级为细晶粒度。钢的成分不同,奥氏体晶粒的长大倾向也不同,这种倾向称为本质晶粒度。奥氏体晶粒长大倾向示意如图 4-4 所示。由图 4-4 可见,细晶粒钢在 930~950 ℃以下加热,晶粒长大倾向小,便于热处理。

2) 影响奥氏体晶粒度的因素

(1) 加热温度和保温时间。

当加热温度越高、保温时间越长时,所得到的奥氏体晶粒度就越粗大。研究表明,在每个温度下奥氏体晶粒度都有一个加速长大期,但是在晶粒长到一定尺寸后,长大过程将逐渐减慢直至停止。加热温度越高,奥氏体晶粒长大速度会随之增大。

(2) 钢中含碳量的影响。

钢中碳含量的影响。随着含碳量的增加,铁原子和碳原子的扩散速度均增

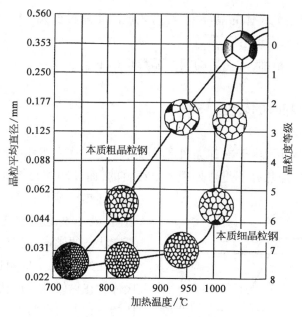

图 4－4　奥氏体晶粒长大倾向示意

加,其助长了奥氏体晶粒长大的倾向;但是在含碳量过高后,此时再对钢进行加热,其组织中会出现第二相(如二次渗碳体),随着第二相数量的增多,奥氏体晶界的迁移将受到阻碍。含碳量对晶粒度的影响可以概括为:在一定范围内的含碳量下,奥氏体晶粒长大的倾向随含碳量的增加而增大;当含碳量超过这个范围时,奥氏体晶粒长大的倾向随含碳量的增加而减小。

(3)合金元素的影响。

如果在钢中加入能够使其形成难溶化合物的合金元素(如 Nb、Ti、Zr、V、Ai、Ta 等),那么奥氏体晶粒的长大将受到很大程度的影响,使奥氏体晶粒粗化温度显著升高,即能够促使钢中形成更细小的晶粒;如果所加入的合金元素不能或者难以形成化合物(如 Si、Ni 等),那么其对奥氏体晶粒长大的影响很小。

当同时加入几种合金元素时,其相互影响十分复杂。

(4)原始组织的影响。

研究表明,原始组织越细,奥氏体起始晶粒就越细小。原始组织主要影响奥氏体起始晶粒度。

3)控制奥氏体晶粒长大的措施

(1)合理选择加热速度、加热温度和保温时间。

加热温度越高、保温时间越长,晶粒越粗大;加热速度越快,晶粒越细小。

(2)合理选择成分。

若在钢中加入一些形成碳化物(Cr、W、Mo、V、Ti……)的合金元素,则由于形成的碳化物分布在奥氏体的晶界上,可有效地阻止晶粒长大(Mn、P 除外)。

（3）合理选择原始组织。

一般原始组织越细,加热后的起始晶粒也越细。

4.1.3　钢在冷却时的转变

钢经奥氏体化后,由于冷却条件不同,其转变产物在组织和性能上有很大的差别。所以,钢的加热并不是热处理的最终目的,而冷却才是热处理的关键阶段。

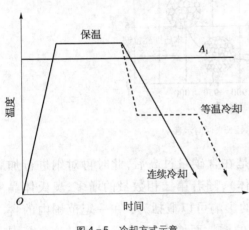

图 4-5　冷却方式示意

钢在加热后获得的奥氏体冷却到点以下时,处于不稳定状态,有自发转变为稳定状态的倾向。把处于未转变的、暂时存在的、不稳定的奥氏体称为过冷奥氏体。在热处理生产实践中,过冷奥氏体的冷却方式有两种:一种是等温冷却方式,即将过冷奥氏体迅速冷却到相变点以下某一温度进行等温转变,然后冷却到室温,如图 4-5 中虚线所示;另一种是连续冷却方式,即将过冷奥氏体以不同的冷速连续地冷却到室温使之发生转变的方式,如图 4-5 中实线所示。

4.1.3.1　过冷奥氏体的等温转变

为了研究过冷奥氏体等温转变,需要建立一个等温转变图(C 曲线)来描述过冷奥氏体在不同过冷度条件下的等温转变过程中,转变温度、转变时间、转变产物之间的关系。此图是利用过冷奥氏体在不同温度下发生等温转变时,必然会引起物理、力学、化学等一系列性能变化的这一特点,以用热分析法、膨胀法、磁性法、金相硬度法等测定等温转变过程。

1）共析钢的等温转变图

（1）共析钢等温转变图的建立。

将共析钢制成许多小圆形薄片试样(ϕ10 mm × 1.5 mm) 分成若干组,每组有若干片。首先,将每组试样在同样加热条件下进行奥氏体化。然后,将每组试片分别快速地投入到以下不同温度(如 720 ℃、700 ℃、680 ℃、650 ℃、600 ℃、550 ℃、450 ℃、300 ℃……)的恒温槽中进行等温转变。每隔一定时间从恒温槽中取出一片试样水冷后观察金相试样的组织。白色代表未转变的奥氏体(奥氏体水冷变成与它同成分的马氏体)、暗色代表奥氏体已转变成的其他产物。这样就可以记录奥氏体开始转变时间和转变终了时间,并将这些点标明在温度-时间坐标中,然后将意义相同的点连接起来,形成一个很像英文字母 C 的曲线,故称为 C 曲线,即等温转变图(图 4 - 6)。

当过冷奥氏体以极大的冷速快速冷却到室温时,则会形成碳在 α - Fe 中的过饱和固溶体,即马氏体。马氏体的开始转变温度为 Ms、转变终了温度为 Mf,把它们也画在等温转变图上。共析钢等温转变图如图 4 - 6(b)所示。

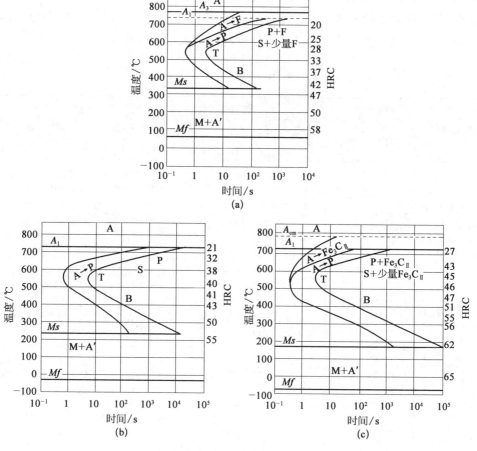

图 4 - 6 三种类型钢的等温转变图

(2)等温转变图分析。

等温转变图可以分成五个区域:曲线左面为过冷奥氏体区,曲线右面是奥氏体转变产物区,两曲线中间为过冷奥氏体+转变产物的混合区,在 Ms 与 Mf 之间为马氏体区,在 A₁ 线以上是稳定的奥氏体区。左面的过冷奥氏体区中,最不稳定、奥氏体转变较快的是鼻尖温度(550 ℃左右)。而在高温区和低温区时,过冷奥氏体较为稳定。这主要是过冷度和原子扩散这两个因素综合作用的结果。

（3）共析钢的过冷奥氏体等温转变产物分析。

由表 4-1 可以看出,过冷奥氏体在 A_1 温度以下不同温度范围内,可发生三种不同类型的转变:高温珠光体型转变、中温贝氏体型转变和低温马氏体型转变。

① 珠光体型转变。珠光体型转变发生在 A_1~550 ℃温度范围内。在转变过程中铁、碳原子都进行扩散,故珠光体转变是扩散型转变。珠光体转变是以形核和长大的方式进行的,A_1~550 ℃时,奥氏体等温分解为层片状的珠光体组织。珠光体层间距随过冷度的增大而减小。按其间距的大小,高温转变的产物可分为珠光体(以符号 P 表示)、索氏体(细珠光体,以符号 S 表示)和托氏体(极细珠光体,以符号 T 表示)三种。这三种产物的硬度随层间距的减小而增大。

表 4-1   共析钢等温转变产物及性能

转变性质	转变产物		转变温度/℃	过冷度/℃		组织形态	性　能
	名称	符号		$\Delta T = A_1 - T_n$	大小		
高温扩散型转变(Fe、C 原子扩散 A_1~550 ℃)	珠光体类型(F+Fe₃C)	P	A_1~550 ℃	727-650=77	ΔT 小	光学显微镜下呈粗层片状	片间距大于 0.3 μm,17~23 HRC
		S	650~600	727-600=127	ΔT 稍大	高倍光学显微镜下呈细层片状	片间距为 0.1~0.3 μm,23~32 HRC
		T	600~550	727-550=177	ΔT 较大	电子显微镜下呈极细层片状	片间距小于 0.1 μm,33~40 HRC
中温过渡型转变(Fe 原子不能扩散,只有 C 原子作短距离扩散)(550 ℃~Ms)	贝氏体类型(含碳过饱和的铁素体+碳化物)	B 上	550~350	727-350=377	ΔT 很大	呈羽毛状	硬度约为 45 HRC,韧性差
		B 下	350~230	727-230=497	ΔT 更大	呈针叶状	硬度约为 50 HRC,韧性高,综合力学性能高
低温非扩散型转变(Fe、C 原子不能扩散)(Ms~Mf)	马氏体(C 在 α-Fe 中过饱和的固溶体)	M	Ms~Mf 230~50	Ms~Mf 间连续冷却 727-50=677	ΔT 非常大	板条状马氏体($\omega_C<0.2\%$)	硬度为 50~55 HRC,韧性好
						片状马氏体($\omega_C>1.0\%$)双凸透镜状	硬度约为 60 HRC,脆性大

② 贝氏体型转变。贝氏体型转变发生在 550 ℃~Ms。由于贝氏体型转变的温度较低,在转变过程中铁原子扩散困难,因此,贝氏体(以符号"B"表示)的组织形态和性能与珠光体不同。根据组织形态和转变温度不同,贝氏体一般分为上贝氏体和下贝氏体两种,其显微组织如图 4-7 所示。上贝氏体在光镜下呈羽毛状,

下贝氏体在光镜下呈竹叶状。与上贝氏体相比,下贝氏体不仅硬度、强度较高,而且塑性和韧性也较好,具有良好的综合力学性能。因此,在生产中常用等温淬火来获得下贝氏体组织。

(a) 上贝氏体　　　　　　　　　　　　　　　　(b) 下贝氏体

图 4-7　共析钢等温转变产物显微组织

③ 马氏体型转变。当奥氏体被迅速过冷至马氏体点 Ms 以下时则发生马氏体(以符号"M"表示)转变。与前两种转变不同,马氏体转变是在一定温度范围内($Ms \sim Mf$)连续冷却时完成的。马氏体转变的特点在研究连续冷却时再进行分析。

2) 亚共析钢、过共析钢的等温转变图

亚共析钢、过共析钢的等温转变图如图 4-6(a)和图 4-6(c)所示。它们与共析钢的等温转变图相比:

(1) 多出一条先共析的铁素体或的析出线;

(2) 等温转变图鼻尖离纵向温度坐标轴较近,说明过冷奥氏体不稳定。

3) 影响等温转变的因素

等温转变图的形状与位置不仅对过冷奥氏体的转变速度及转变产物性能有影响,而且也对热处理工艺有重大影响。

(1) 奥氏体成分的影响。

碳是稳定奥氏体的元素,随着碳含量增加,等温转变图右移。但在过共析钢中,由于在同一奥氏体化温度下,虽然钢的碳含量增加,但奥氏体中碳含量却无增加,而未溶 Fe_3C 的数量增多,因而易形成结晶核心,促进奥氏体的转变,使等温转变图左移。因此,对碳素钢来说,奥氏体最为稳定的是共析钢。除 Co 以外的合金元素均能使等温转变图右移,有些合金元素还可使等温转变图形状发生变化。

(2) 奥氏体化条件的影响。

加热温度越高、保温时间越长、奥氏体成分越均匀,奥氏体的稳定性也越高,促使等温转变图右移。

4.1.3.2　过冷奥氏体的连续冷却转变

为了描述过冷奥氏体在连续冷却条件下的转变,需要建立一个连续冷却转变图。过冷奥氏体的连续冷却转变是指钢经奥氏体化后,在不同的冷却速度连续冷却的条件下转变温度、转变时间、转变产物之间的关系曲线。

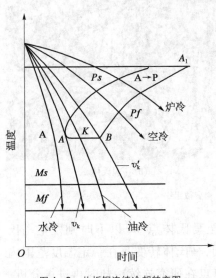

图4-8　共析钢连续冷却转变图

共析钢连续冷却转变图如图4-8所示。从图4-8可以看出,只有 P、M 转变区,无 B 转变区,Ps、Pf 为过冷奥氏体向珠光体转变的开始线和终了线。AB 线是珠光体的停止转变线。当冷却曲线与线相交时,过冷奥氏体不再发生珠光体型转变,未转变的过冷奥氏体直接冷却到 $Ms \sim Mf$ 点之间进行马氏体转变。冷却曲线与 A 点相切的冷却速度 v_k 称为上临界冷却速度,通常称为马氏体的临界冷却速度,它是获得全部马氏体的最小冷却速度。v_k 越小,越容易获得马氏体。v_k 是下临界冷却速度,它是获得全部马氏体的最小冷却速度。在 $v_k \sim v_k'$ 之间的冷却速度一般能获得马氏体与珠光体的混合组织。从图4-8还可看到连续冷却转变不是在恒温下,而是在一个温度范围内进行。由于转变温度高低不同,转变后的产物粗细也不一致。

连续冷却转变图测定困难,资料少,而等温转变图资料较多。因此,在热处理生产上,经常把冷却速度线画在等温转变图上,如图4-9所示。依据它与 C 曲线的相交位置,可粗略估计所获得的组织与性能。图中的 $v_1 < v_2 \ll v_4$。v_1 相当于炉冷,从与 C 曲线的相交位置可判断获得珠光体组织,硬度为 170~220 HBW;v_2 相当于空冷,转变产物判断为索氏体,硬度为 25~35 HRC;v_3 相当于油冷,在 $v_k \sim v_k'$ 间,得到的是马氏体+托氏体,硬度为 45~55 HRC;v_4 相当于水冷,获得的组织是马氏体+残留奥氏体,硬度为 55~65 HRC。

4.1.3.3　过冷奥氏体向马氏体的转变

1) 马氏体的形成

当过冷奥氏体在过冷度非常大的条件下,以大于 v_k 的冷速快速地连续冷却到 $Ms \sim Mf$ 时,由于转变温度很低,转变速度极快,故 Fe、C 原子已不能扩散,只能靠 Fe 原子的切变方式来完成晶格改组,使具有面心立方晶格的奥氏体改组为体心正方晶格,形成了碳过饱和溶入 α-Fe 的固溶体,称为马氏体。过冷奥氏体的成分与马氏体的成分相同。

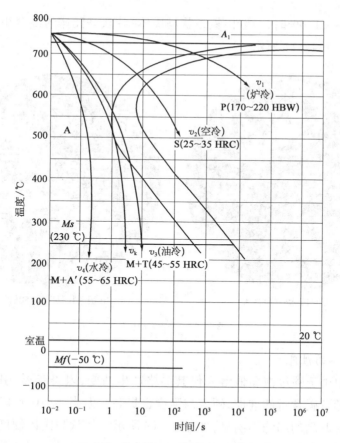

图 4-9 等温转变图在连续冷却时的应用

2）马氏体的晶格结构

马氏体中由于过饱和的碳强制地分布在晶胞某一晶轴的空隙处，使 α-Fe 的体心立方晶格歪挤成体心正方晶格，使晶轴 z 晶格常数增大为 c，如图 4-10 所示。c/a 为马氏体的正方度。随着碳含量增多，c/a 增大。马氏体的比体积明显大于奥氏体，容易产生变形与开裂。

3）马氏体的组织形态

马氏体的组织形态主要取决于奥氏体的含碳量。当奥氏体中碳的质量分数 $\omega_C > 1\%$ 时，马氏体基本为双凸透镜状的片状，又称为高碳马氏体。当 $\omega_C < 0.2\%$ 时，基本为具有椭圆形截面近于互相平行的长条状的板条状马氏体，又称为低碳马氏体。

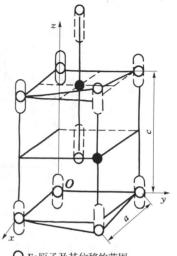

○ Fe原子及其位移的范围
● C原子可能存在的位置

图 4-10 马氏体的晶格结构

当 ω_c 在 0.2%～1.0%时,一般由板条状马氏体+片状马氏体的混合组织构成。马氏体的形态如图 4-11 所示。

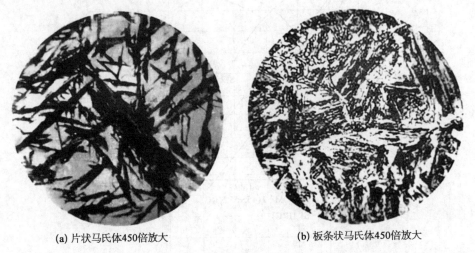

(a) 片状马氏体450倍放大   (b) 板条状马氏体450倍放大

图 4-11 马氏体的形态

4)马氏体的性能

马氏体中由于碳过饱和地溶入使其晶格产生畸变,阻碍变形,引起硬度与强度的升高。随着碳含量的增加,硬度与强度也提高。但当 $\omega_c > 0.6\%$ 以后,硬度随碳含量增加而升高的趋势不明显,如图 4-12 所示。片状马氏体硬度高,脆性大,塑性、韧性差;板条状马氏体不仅硬度较高,塑性、韧性也较好,因此具有良好的综合力学性能。

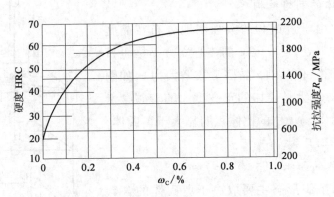

图 4-12 马氏体硬度与含碳量的关系

5)马氏体转变的特点

马氏体转变也是形核与长大的过程。但由于转变发生在温度很低、过冷度非常大的条件下,铁、碳原子扩散已不可能,所以马氏体转变有以下几个特点。

（1）无扩散型的转变。

（2）马氏体晶核的长大速度极快,高达 10^3 m/s。

（3）当连续冷却到 Ms 点时,马氏体开始转变。

当温度降至 Mf 点时,马氏体转变结束。在 $Ms \sim Mf$ 停留一段时间,马氏体量不会显著增加。因此,对于碳素钢来讲,只能在 $Ms \sim Mf$ 连续冷却,马氏体才能转变完成。Ms 点与 Mf 点的位置与冷却速度无关,主要取决于奥氏体的成分。奥氏体中含碳量与 Ms、Mf 的关系如图 4-13 所示。

（4）马氏体转变的不彻底性。

从图 4-13 可知,当 $\omega_C > 0.5\%$ 时,Mf 点降到 0 ℃以下。因此,过冷奥氏体快速冷却到室温后,并不是所有奥氏体都转变成马氏体,而有一部分残留的奥氏体没有转变。而且随着奥氏体碳含量的增加,残留奥氏体的量也增加,如图 4-14 所示。

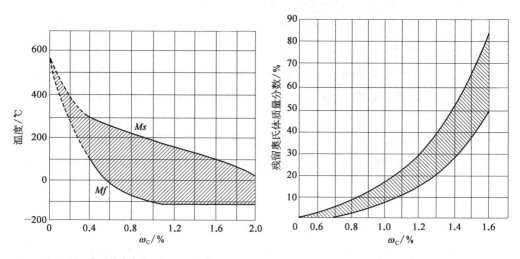

图 4-13　奥氏体中含碳量与 Ms、Mf 的关系　　　　图 4-14　残留奥氏体与含碳量的关系

由于残留奥氏体的存在,降低了钢的硬度和耐磨性,又会带来尺寸的不稳定性,影响尺寸精度。所以,对于那些精密零件与工具,常常在淬火后采用冷处理的方法(如用干冰、酒精可冷却到-78 ℃),使残留奥氏体继续转变成马氏体。

4.2　钢的普通热处理

常用热处理工艺可分为两类:预备热处理和最终热处理。预备热处理是消除坯料、半成品中的某些缺陷,为后续的冷加工和最终热处理做组织准备。最终热处理是使工件获得所要求的性能。

退火与正火主要用于钢的预备热处理,其目的是为了消除和改善前一道工序(铸、锻、焊)所造成的某些组织缺陷及内应力,也为随后的切削加工及热处理做好组织和性能上的准备。退火与正火除经常作为预备热处理工序外,对一般铸件、焊接件以及一些性能要求不高的工件,也可作为最终热处理工序。

4.2.1　退火

将钢件加热到适当温度并保温一定时间后,缓慢地冷却(炉冷)到室温的热处理工艺方法称为退火。

1) 退火的目的

(1) 降低硬度,改善切削加工性。

(2) 消除残余内应力,稳定尺寸,减小变形与开裂倾向。

(3) 细化晶粒,改善组织,消除组织缺陷,为最终热处理做好准备。

2) 退火的种类

依据退火目的与工艺特点的不同,退火可分为均匀化退火、完全退火、等温退火、球化退火、再结晶退火、去应力退火等。下面介绍常用的四种退火方法。

(1) 完全退火。

将钢件加热到 Ac_3 以上 $30\sim50$ ℃,保温足够时间后随炉冷却到 550 ℃以下,再出炉空冷的热处理称为完全退火。完全退火主要适用于亚共析钢各种铸件、锻件、热轧件及焊接件的退火。

(2) 等温退火。

将钢件奥氏体化后快冷至 Ar_1 以下某一温度进行等温转变成珠光体组织,然后空冷到室温的热处理工艺称为等温退火。等温退火可大大缩短退火时间。主要用于高碳钢、合金工具钢和高合金钢。

(3) 球化退火。

将钢件加热到 Ac_1 以上 $30\sim50$ ℃,保温一定时间后随炉冷却到 $550\sim600$ ℃出炉空冷的热处理工艺称为球化退火。它可使片状、网状的渗碳体变成球状。组织中有严重的网状 Fe_3C_{II} 时,可在球化退火前先进行一次正火用于消除网状 Fe_3C_{II}。球化退火主要适用于过共析钢。

(4) 去应力退火。

将钢件加热到以下某一温度,保温足够时间后随炉冷却至 $200\sim300$ ℃出炉空冷的热处理工艺称为去应力退火。去应力退火加热温度低,在退火过程中无组织转变,主要适用于毛坯件及经过切削加工的零件,目的是消除毛坯和零件中的残余应力,稳定工件尺寸及形状,减小零件在切削加工和使用过程中的变形和开裂倾向。

4.2.2　正火

正火是将钢件加热奥氏体化后(Ac_3 或 Ac_{cm} 以上 30~50 ℃),保温足够时间后出炉在空气中自然冷却到室温的一种热处理工艺方法。

正火的主要目的是:

(1)减少碳和其他合金元素的成分偏析。

(2)使奥氏体晶粒细化和碳化物弥散分布,以便在随后的热处理中增加碳化物的溶解量。

正火的冷却速度高于退火,获得的组织为更细的层片状珠光体和较少的先共析相组织。当碳素钢中碳的质量分数 $\omega_C > 0.6\%$ 时,正火后的组织为索氏体。

由于正火的上述特点,使它具有以下几个方面的应用:

(1)对力学性能要求不高的普通结构钢零件,也可用正火作为最终热处理。

(2)用于低碳钢调整硬度,改善切削加工性。低碳钢正火后,一般硬度可达 160~230 HBW,其切削加工性好。

(3)对于过共析钢可消除其网状二次渗碳体,为球化退火做好组织准备;退火与正火是常用的预备热处理方法,一般安排在毛坯生产之后,切削加工之前进行。

4.2.3　淬火

淬火是将钢件加热到相变点(Ac_1 或 Ac_3)以上某一温度,保温足够时间获得奥氏体后,以大于临界冷却速度冷却获得马氏体(或下贝氏体)组织的一种热处理工艺方法。

淬火的主要目的是获得马氏体或下贝氏体组织,然后再配以适当的回火工艺,用以满足零件使用性能的要求。淬火是强化钢件的重要热处理工艺方法。

1)淬火工艺

淬火工艺主要包括淬火加热温度的确定、淬火加热时间的确定与淬火冷却介质的选择等。

(1)淬火加热温度的确定。

碳素钢淬火加热温度的确定主要取决于钢的成分,一般均按 Fe－Fe$_3$C 相图中的相变点来考虑。

亚共析钢正常淬火加热温度一般选择在 Ac_3 以上 30~50 ℃,可获得晶粒细小、成分均匀的奥氏体组织,冷却后得到的也是晶粒细小的马氏体组织。若温度过高(远高于 Ac_3),由于奥氏体晶粒粗化,将导致淬火后的马氏体组织粗大而且内应力增大,氧化脱碳严重,加大了变形与开裂的倾向。若加热温度选择在 Ac_1 ~ Ac_3 ,则加热获得 A+F 的双相组织,淬火后转变成 M+F 组织。由于组织中存在硬度、强度较低的铁素体,会严重影响钢件的整体性能,造成强度和硬度不足。

共析钢、过共析钢正常淬火加热温度一般选择在 Ac_1 以上 30~50 ℃,可获得晶粒细小的奥氏体或晶粒细小的奥氏体加少量颗粒状的 Fe_3C 淬火后获得细小的马氏体或细小的马氏体和颗粒状的 Fe_3C 。颗粒状渗碳体的存在,不仅使硬度升高,而且耐磨性也提高。若加热温度选择在 Ac_{cm} 以上的高温,渗碳体全部溶解于奥氏体中使其碳含量提高,降低了 Ms 点、Mf 点,使淬火后的残留奥氏体大量增加,硬度降低。同时由于温度过高,使得奥氏体晶粒粗大,致使冷却后获得的马氏体粗大,性能变差。而且加热温度过高,氧化、脱碳、变形、开裂的倾向也增大。共析钢、过共析钢件在淬火之前,应进行正火和球化退火处理,以消除网状二次渗碳体并使渗碳体变成球状或颗粒状。

(2)淬火加热时间的确定。

淬火加热时间包括升温和保温时间。加热时间的确定原则主要是达到预定的加热温度和使获得的奥氏体均匀化,同时也要避免加热带来的内应力。在热处理实际生产中,淬火加热时间的确定主要考虑加热介质、加热速度、装炉方式、钢种及装炉量和钢件的形状、尺寸等因素,常用有关经验公式估算加热时间(见相关热处理手册)。

(3)淬火冷却介质的选择。

冷却是决定钢的淬火质量的关键。淬火时既要保证奥氏体转变为马氏体,又要在淬火过程中减少内应力、降低变形与开裂的危险性。为保证钢件的淬火质量,必须选择合理的淬火冷却介质。从图 4-15 中的等温转变图可以看出理想的淬火冷却介质在鼻尖温度(A_1 ~550 ℃)以上,冷却速度可慢一些。在鼻尖温度(650~500 ℃)附近,冷却速度一定要大于 v_k ,要快冷,以避免不稳定的奥氏体转变成其他组织。在鼻尖温度以下,特别是在马氏体转变温度区间(300~200 ℃),冷却速度要慢一些,以减少马氏体转变时产生内应力、变形与开裂的倾向。

常用的淬火冷却介质有碱水、盐水、水、油及其他类型的人工合成淬火冷却介质,见表 4-2。

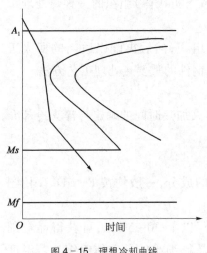

图 4-15 理想冷却曲线

表 4-2　淬火冷却介质及特性

淬火冷却介质	最大冷却速度时		平均冷却速度/(℃/s)	
	所在温度/℃	冷却速度/(℃/s)	650~500 ℃	300~200 ℃
静止自来水(20 ℃)	340	775	135	450
$\omega_{NaOH}=15\%$水溶液(20 ℃)	560	2 830	2 750	775
$\omega_{NaOH}=10\%$水溶液(20 ℃)	580	2 000	1 900	1 000
盐水自来水(20 ℃)	340	775	135	450
盐水自来水(60 ℃)	220	275	80	185
机油(20 ℃)	430	230	60	65
机油(60 ℃)	430	230	70	55

水是最廉价、冷却能力很强的淬火冷却介质,其特点是 650~500 ℃时冷却能力强,对保证工件淬硬十分有利。但是 300~200 ℃时冷却速度也大,容易使工件严重变形和开裂。碱水、盐水在 650~500 ℃、300~200 ℃冷却能力均比水强,易淬硬,但内应力大,同时也会对工件有一定的腐蚀作用。它们均适用于形状简单的碳素钢零件。

油类淬火冷却介质分为矿物油和植物油,其中植物油使用较少。油类淬火冷却介质在 650~500 ℃、300~200 ℃的冷却能力均较弱,很适合于过冷奥氏体比较稳定的合金钢零件。

为适应淬火冷却的需要,还研制了各种新型的、冷却速度介于水和油之间的淬火冷却介质,如聚乙烯醇水溶液等。

2)常用的淬火工艺方法

为了保证淬火效果,减少淬火变形和开裂,应根据工件的材料、形状尺寸和质量要求,选用不同的淬火冷却方法,常用的淬火方法有以下几种。常见淬火方法的冷却曲线如图 4-16 所示。

(1)单介质淬火。

将淬火加热后钢件在一种冷却介质中冷却,如图 4-16 线 1 所示。例如:碳钢在水中淬火;合金钢或尺寸很小的碳钢工件在油中淬火。单介质淬火操作简单,易实现机械化、自动化,应用广泛。缺点是:水淬容易变形或开裂;油淬大型零件容易产生硬度不足现象。

(2)双介质淬火。

将淬火加热后钢件先淬入一种冷却能力较强的介质中,在钢件还未到达该淬火冷却介质温度前即取出,马上再淬入另一种冷却能力较弱的介质中冷却。例如

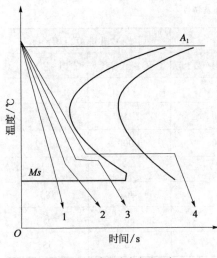

图 4 - 16 常用淬火方法示意

先水后油的双介质淬火法,如图 4 - 16 线 2 所示。

双介质淬火法的目的是使过冷奥氏体在缓慢冷却条件下转变成马氏体,减少热应力与相变应力,从而减少变形、防止开裂。这种工艺的缺点是不易掌握从一种淬火冷却介质转入另一种淬火冷却介质的时间,要求有熟练的操作技艺。它主要用于中等形状复杂的高碳钢和尺寸较大的合金钢工件。

(3) 马氏体分级淬火。

将淬火加热后的钢件,迅速淬入温度稍高或稍低于 Ms 点的盐浴或碱浴中冷却,在介质中短时间停留,待钢中内外层达到介质温度后取出空冷,以获得马氏体组织。这种工艺特点是在钢件内外温度基本一致时,使过冷奥氏体在缓冷条件下转变成马氏体,从而减少变形,如图 4 - 16 线 3 所示。这种工艺的缺点是由于钢在盐浴和碱浴中冷却能力不足,只适用尺寸较小的零件。

(4) 贝氏体等温淬火。

将淬火加热后的钢件迅速淬入温度稍高于 Ms 点的盐浴或碱浴中,保持足够长时间,直至过冷奥氏体完全转变为下贝氏体,然后在空气中冷却,如图 4 - 16 线 4 所示。下贝氏体的硬度略低于马氏体,但综合力学性能较好,因此在生产中被广泛应用,如一般弹簧、螺栓、小齿轮、轴、丝锥等的热处理。

(5) 局部淬火。

对于有些工件,如果只是局部要求高硬度,可将工件整体加热后进行局部淬火。为了避免工件其他部分产生变形和开裂,也可局部进行加热淬火冷却。

4.2.4　回火

将淬火钢重新加热到 Ac_1 点以下的某一温度,保温一定时间后冷却到室温的热处理工艺称为回火。一般淬火件必须经过回火才能使用。

1) 回火的目的

(1) 获得工件所要求的力学性能。

工件淬火后得到马氏体组织硬度高、脆性大,为了满足各种工件的性能要求,可以通过回火调整硬度、强度、塑性和韧性。

（2）稳定工件尺寸。

淬火马氏体和残留奥氏体都是不稳定组织,它们具有自发地向稳定组织转变的趋势,因而将引起工件的形状与尺寸的改变。通过回火使淬火组织转变为稳定组织,从而保证在使用过程中不再发生形状与尺寸的改变。

（3）降低脆性,消除或减少内应力。

工件在淬火后存在很大内应力,如不及时通过回火消除,会引起工件进一步的变形与开裂。

2）淬火钢回火的组织转变

钢经淬火后,获得马氏体与残留奥氏体是亚稳定相。在回火加热、保温中,都会向稳定的铁素体和渗碳体(或碳化物)的两相组织转变。根据碳钢回火时发生的过程和形成组织,一般回火分为四个转变过程。

（1）马氏体分解。

淬火钢在 100 ℃以下,内部组织的变化并不明显,硬度基本上也不下降。当回火温度大于 100 ℃时,马氏体开始分解,马氏体中碳以 ε-碳化物(Fe_2C)形式析出,使马氏体中碳的过饱和度降低,晶格畸变度减弱,内应力有所下降,析出 ε 碳化物不是一个平衡相,而是向 Fe_3C 转变的过渡相。

这一转变的回火组织是由过饱和 α 固溶体与 ε 碳化物所组成,这种组织称为回火马氏体。马氏体这一分解过程一直进行到约 350 ℃。马氏体中碳的质量分数越多,析出碳化物越多。对于 $\omega_C<0.2\%$ 的低碳马氏体,在这一阶段不析出碳化物,只发生碳原子在位错附近的偏聚。

（2）残留奥氏体的转变。

回火温度达到 200~300 ℃时,马氏体继续分解,残留奥氏体也开始发生转变,转变为下贝氏体。下贝氏体与回火马氏体相似,这一转变后的主要组织仍为回火马氏体,此时硬度没有明显下降,但淬火内应力进一步减少。

（3）碳化物的转变。

回火温度在 250~450 ℃时,因碳原子的扩散能力增大,碳过饱和 α 固溶体转变为铁素体,同时 ε 碳化物亚稳定相也转变为稳定的细粒状渗碳体,淬火内应力基本消除,硬度有所降低,塑性和韧性得到提高,此时组织由保持马氏体形态的铁素体和弥散分布的极细小的片状或粒状渗碳体组成,称为回火托氏体。

（4）渗碳体的聚集长大和铁素体再结晶。

回火温度大于 450 ℃时,渗碳体颗粒将逐渐聚集长大,随着回火温度升到 600 ℃时,铁素体发生再结晶,使铁素体完全失去原来的板条状或片状,而成为多边形晶粒,此时组织由多边形铁素体和粒状渗碳体组成,称为回火索氏体。

回火碳钢硬度变化的总趋势是随回火温度的升高而降低。

3）回火的种类与应用

根据对工件力学性能要求不同，按其回火温度范围，可将回火分为三种。

（1）低温回火。

淬火钢件在 250 ℃ 以下回火称为低温回火。回火后组织为回火马氏体，基本上保持淬火钢的高硬度和高耐磨性，淬火内应力有所降低。它主要用于要求高硬度、高耐磨性的刃具、冷作模具、量具和滚动轴承，渗碳、碳氮共渗和表面淬火的零件。回火后硬度为 58~64 HRC。

（2）中温回火。

淬火钢件在 350~500 ℃ 时回火称为中温回火。回火后组织为回火托氏体，具有高的屈强比，高的弹性极限和一定的韧性，淬火内应力基本消除。它常用于各种弹簧和模具热处理，回火后硬度一般为 35~50 HRC。

（3）高温回火。

淬火钢件在 500~650 ℃ 时回火称为高温回火。回火后组织为回火索氏体，具有强度、硬度、塑性和韧性都较好的综合力学性能。因此，它广泛用于汽车、拖拉机、机床等承受较大载荷的结构零件，如连杆、齿轮、轴类、高强度螺栓等。回火后硬度一般为 200~330 HBW。

生产中常把淬火+高温回火热处理工艺称为调质处理。调质处理后的力学性能（强度、韧性）比相同硬度的正火好，这是因为前者的渗碳体呈粒状，后者为片状。

调质一般作为最终热处理工序，但也作为表面淬火和化学热处理的预备热处理工序。调质后的硬度不高，便于切削加工，并能获得较低得表面粗糙度值。

除了以上三种常用回火方法外，某些精密的工件，为了保持淬火后的硬度及尺寸的稳定性，常进行低温（100~150 ℃）长时间（10~50 h）保温的回火，称为时效处理。

4.3　钢的表面热处理

机械中的许多零件都是在弯曲和扭转等交变载荷、冲击载荷的作用或强烈摩擦的条件下工作的，如齿轮、凸轮轴、机床导轨等，要求金属表层具有较高的硬度以确保其耐磨性和抗疲劳强度，而心部具有良好的塑性和韧性以承受较大的冲击载荷。为满足零件的上述要求，生产中采用了一种特定的热处理方法，即表面热处理。

表面热处理可分为表面淬火和表面化学热处理两大类。

4.3.1　表面淬火

表面淬火通过快速加热使钢表层奥氏体化,而不等热量传至中心,立即进行淬火冷却,仅使表面层获得硬而耐磨的马氏体组织,而心部仍保持原来塑性、韧性较好的退火、正火或调质状态的组织。表面淬火不改变零件表面化学成分,只是通过表面快速加热淬火,改变表面层的组织来达到强化表面的目的。

许多机械零件,如轴、齿轮、凸轮等,要求表面硬而耐磨,有高的疲劳强度,而心部要求有足够的塑性、韧性,采用表面淬火,使钢表面得到强化,能满足上述要求。

碳的质量分数在 0.4% ~ 0.5% 的优质碳素结构钢最适宜于表面淬火。这是由于中碳钢经过预备热处理(正火或调质)以后再进行表面淬火处理,既可以保持心部原有良好的综合力学性能,又可使表面具有高硬度和耐磨性。

表面淬火后,一般需进行低温回火,以减少淬火应力和降低脆性。

表面淬火方法很多,目前生产中应用最广泛的是感应加热表面淬火,其次是火焰加热表面淬火。

1) 感应加热表面淬火

感应加热表面淬火是利用感应电流通过工件表面所产生的热效应,使表面加热并进行快速冷却的淬火工艺。

感应加热表面淬火示意图如图 4 - 17 所示。当感应圈中通入交变电流时,产生交变磁场,于是在工件中便产生同频率的感应电流。由于钢本身具有电阻,因而集中于工件表面的电流,可使表层迅速加热到淬火温度,而心部温度仍接近室温,随后立即喷水(合金钢浸油)快速冷却,使工件表面淬硬。

所用电流频率主要有 3 种:一种是高频感应加热,常用频率为 200~300 kHz,淬硬层为 0.5~2 mm,适用于中、小模数齿轮及中、小尺寸的轴类零件;第二种是中频感应加热,常用频率为 2 500~3 000 Hz,淬硬层深度为 2~10 mm,适用于较大尺寸的轴和大、中模数的齿轮等;第三种是工频感应加热,电流频率

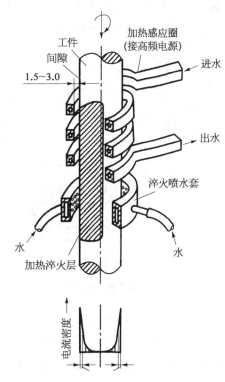

图 4 - 17　感应加热表面淬火示意

为 50 Hz,淬硬层深度可达 10~20 mm,适用于大尺寸的零件,如轮辊、火车车轮等。此外还有超音频感应加热,它是 20 世纪 60 年代后发展起来的,频率为 30~40 kHz,适用于淬硬层略深于高频,且要求淬硬层沿表面均匀分布的零件,如中、小模数齿轮及链轮、轴、机床导轨等。

感应加热速度极快,加热淬火有如下特点:表面性能好,硬度比普通淬火高 2~3 HRC,疲劳强度较高,一般工件可提高 20%~30%;工件表面质量高,不易氧化脱碳,淬火变形小;淬硬层深度易于控制,操作易于实现机械化、自动化,生产率高。

对于表面淬火零件的技术要求,在设计图样上应标明淬硬层硬度与深度、淬硬部位,有时还应提出对金相组织及限制变形的要求。

2) 火焰加热表面淬火

火焰加热表面淬火是以高温火焰作为加热源的一种表面淬火方法。常用火焰为乙炔—氧火焰(最高温度为 3 200 ℃)或煤气—氧火焰(最高温度为 2 400 ℃)。高温火焰将钢件表面迅速加热到淬火温度,随即喷水快冷使表面淬硬。火焰加热表面淬硬层通常为 2~8 mm。

火焰加热表面淬火设备简单,方法易行,但火焰加热温度不易控制,工件表面易过热,淬火质量不够稳定。火焰淬火尤其适宜处理特大或特小件、异形件等,如大齿轮、轧根、顶尖、凹槽、小孔等。

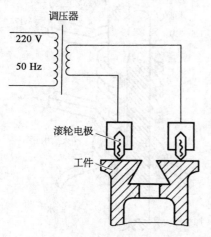

图 4-18 电接触加热原理

3) 电接触加热表面淬火

电接触加热的原理如图 4-18 所示。当工业电流经调压器降压后,电流通过压紧在工件表面的滚轮电极与工件形成回路,利用滚轮电极与工件之间的高接触电阻实现快速加热,滚轮电极移去后,由于基体金属吸热,表面自激冷淬火。

电接触加热表面淬火可显著提高工件表面的耐磨性和抗擦伤能力,设备及工艺简单易行,淬硬层薄,一般为 0.15~0.35 mm,适用于表面形状简单的零件,目前广泛用于机床导轨、气缸套等的表面淬火。

4) 激光加热表面淬火

激光加热表面淬火是 20 世纪 70 年代发展起来的一种新型的高能密度的表面强化方法。这种表面淬火方法是用激光束扫描工件表面,使工件表面迅速加热到钢的临界点以上,而当激光束离开工件表面时,由于基体金属的大量吸热,使表面获得急速冷却而自淬火,故无须冷却介质。

激光淬火淬硬层深度与宽度一般为:深度小于 0.75 mm,宽度小于 1.2 mm。激光淬火后表层可获得极细的马氏体组织,硬度高且耐磨性好。激光淬火用于形状复杂,特别是某些部位用其他表面淬火方法极难处理的(如拐角、沟槽、不通孔底部或深孔)工件。

4.3.2　化学热处理

化学热处理是将金属或合金工件置于一定温度的活性介质中加热和保温,使介质中一种或几种活性原子渗入工件表面,以改变表面层的化学成分和组织,使表面层具有不同于心部性能的一种热处理工艺。

化学热处理的种类和方法很多,最常见的有渗碳、氮化、碳氮共渗等。

1) 钢的渗碳

将钢件在渗碳介质中加热并保温使碳原子渗入表层的化学热处理工艺,称为渗碳。渗碳的目的是提高工件表面的硬度和耐磨性,同时保持心部的良好韧性。

常用渗碳材料一般是 $\omega_C = 0.1\% \sim 0.2\%$ 的低碳钢和低碳合金钢,经过渗碳后,再进行淬火与低温回火,可在零件的表层和心部分别得到高碳和低碳的组织。一些重要零件如汽车、拖拉机的变速器齿轮、活塞销、摩擦片等,它们都是在循环载荷、冲击载荷、很大接触应力和严重磨损条件下工作的,因此要求此类零件表面具有高的硬度、耐磨性及疲劳强度;心部具有较高的强度和韧性。

常用渗碳温度为 900~950 ℃,渗碳层厚度一般为 0.5~2.5 mm。气体渗碳法示意如图 4-19 所示。

低碳钢零件渗碳后,表面层碳的质量分数 $\omega_C = 0.85\% \sim 1.05\%$。低碳钢渗碳缓冷后的组织,表层为珠光体+网状二次渗碳体,心部为铁素体+少量珠光体,两者之间为过渡区,越靠近表面层铁素体越少。

对渗碳件,在设计图样上应标明渗碳淬火、回火后的硬度(表面和心部),渗碳的部位(全部或局部)及渗碳层深度等。对重要的渗碳件还应提出对其金相组织的要求。当工件上某些部位不要求渗碳时,也应在图样上标明,并采用镀铜或其他方法防止该部位

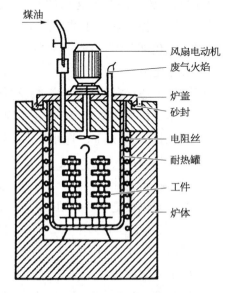

图 4-19　气体渗碳法示意

渗碳,或留出加工余量,渗碳后再切削除去。

工件经渗碳后都应进行淬火+低温回火。最终表面为细小片状回火马氏体及少量渗碳体,硬度可达 58~64 HRC,耐磨性很好;心部的组织决定于钢的淬透性,普遍的低碳钢如 15、20 钢,其心部组织为铁素体和珠光体,低碳合金钢如20CrMnTi 心部组织为回火低碳马氏体(淬透件),具有较高强度和韧性。

2)钢的氮化

氮化是在一定温度(一般在 A_{c1} 以下),使活性氮原子渗入工件表面的化学热处理工艺,也称为渗氮。氮化的目的是提高工件表面的硬度、耐磨性、疲劳强度及耐蚀性。氮化广泛应用于耐磨性和精度均要求很高的零件,如镗床主轴、精密传动齿轮;在循环载荷下要求高疲劳强度的零件,如高速柴油机曲轴;以及要求变形很小和具有一定抗热、耐蚀能力的耐磨件,如阀门、发动机气缸及热作模具等。

(1)气体氮化。

气体氮化是向密闭的渗氮炉中通入氨气,利用氨气受热分解来提供活性氮原子。氮化温度一般为 550~570 ℃,因此氮化件变形很小,比渗碳件变形小得多,同样也比表面淬火件变形小。

应用最广泛的氮化用钢是 38CrMoAl 钢,钢中 Cr、Mo、Al 等合金元素在氮化过程中形成高度弥散、硬度极高的稳定化合物,如 CrN、MoN、AlN 等。氮化后工件表面硬度可高达 950~1 200 HV(相当于 68~72 HRC),具有很高的耐磨性,因此钢氮化后,不需要进行淬火处理。

结构钢氮化前,宜先进行调质处理,获得回火索氏体组织,以提高心部的性能,同时也为了减少氮化中的变形。由于氮化层很薄,一般不超过 0.6~0.7 mm,因此氮化往往是加工工艺路线中最后一道工序,氮化后至多再进行精磨。工件上不需要氮化部分可用镀锡等保护。

对氮化工件,在设计图样上应标明氮化层表面硬度、厚度、氮化区域。重要工件还应提出心部硬度、金相组织及氮化层脆性级别等具体要求。

气体氮化的主要缺点是生产周期长,如要得到 0.3~0.5 mm 的渗层,需要20~50 h,因此成本高。此外氮化层较脆,不能承受冲击,在使用上受到一定限制。目前国内外,针对上述缺点,发展了新的氮化工艺,如离子氮化等。

(2)离子氮化。

离子氮化是把工件放在低于一个大气压的真空容器内,通入氨气或氮、氢混合气体,以真空容器为阳极,工件为阴极,在两极间加直流高压,迫使电离后的氮正离子高速冲击工件(阴极),使其渗入工件表面,并向内扩散形成氮化层。

离子氮化的优点是氮化时间短,仅为气体氮化的 1/2~1/3,易于控制操作,氮化层质量好,脆性低些,此外,省电、省气、无公害。它的缺点是工件形状复杂或截面相差悬殊时,由于温度均匀性不够,很难达到同一硬度和渗层深度。

3）钢的碳氮共渗与氮碳共渗

（1）气体碳氮共渗。

在一定温度下同时将碳氮渗入工件表层奥氏体中,并以渗碳为主的化学热处理工艺,称为碳氮共渗。

由于共渗温度（850~880 ℃）较高,它是以渗碳为主的碳氮共渗过程,因此处理后要进行淬火和低温回火处理。共渗深度一般为 0.3~0.8 mm,共渗层表面组织由细片状回火马氏体、适量的粒状碳氮化合物及少量的残留奥氏体组成。表面硬度可达 58~64 HRC。

气体碳氮共渗所用的钢,大多为低碳钢或中碳钢和合金钢,如 20CrMnTi、40Cr 等。

气体碳氮共渗与渗碳相比,具有处理温度低且便于直接淬火的特点,故变形小,共渗速度快、时间短、生产率高、耐磨性高。它主要用于汽车和机床齿轮、蜗轮、蜗杆和轴类等零件的热处理。

（2）气体氮碳共渗（软氮化）。

工件表面渗入氮和碳,并以渗氮为主的化学热处理工艺,称为氮碳共渗。常用的共渗温度为 560~570 ℃,由于共渗温度较低,共渗 1~3 h,渗层可达 0.01~0.02 mm。与气体氮化相比,渗层硬度较低,脆性较低,故又称为软氮化。

氮碳共渗具有处理温度低、时间短、工件变形小的特点,而且不受钢种限制;碳钢、合金钢及粉末冶金材料均可进行氮碳共渗处理,达到提高耐磨性、抗咬合性、疲劳强度和耐蚀性的目的。共渗层很薄,不宜在重载下工作,目前软氮化广泛应用于模具、量具、刀具及耐磨、承受弯曲疲劳的结构件。

习　题

1. 比较下列名词的区别:

（1）奥氏体、过冷奥氏体、残留奥氏体;

（2）马氏体与回火马氏体、索氏体与回火索氏体、托氏体与回火托氏体、珠光体与回火珠光体、上贝氏体与下贝氏体;

（3）淬透性与淬硬性、淬透性与实际工件的淬硬层深度;

（4）起始晶粒度、实际晶粒与本质晶粒度。

2. 什么是马氏体? 其组织有哪几种基本形态? 它们的性能各有何特点? 马氏体的硬度与奥氏体中含碳量有何关系?

3. 马氏体转变有何特点？马氏体转变点 Ms、Mf 与含碳量有何关系？残留奥氏体与含碳量有何关系？

4. 什么是钢的回火？钢回火时组织转变经历哪些过程？钢的性能与钢的回火温度有何关系？指出回火的种类、组织、性能及应用。

5. 两种碳的质量分数均为 1.2% 的碳素钢试件，分别加热到 760 ℃ 和 900 ℃，保温相同时间，达到平衡状态后，以大于临界冷速的速度快速冷却至室温。问：

（1）哪个温度的试件淬火后晶粒粗大？

（2）哪个温度的试件淬火后未溶碳化物较少？

（3）哪个温度的试件淬火后马氏体的含碳量较高？

（4）哪个温度的试件淬火后残留奥氏体量较多？

（5）哪个试件的淬火温度较为合理？为什么？

6. 将 20 钢和 60 钢同时加热到 860 ℃，并保温相同的时间，问那种钢奥氏体晶粒粗大些？

7. 指出 Φ10 mm 的 45 钢经下列温度加热并水冷后获得的组织：700 ℃、760 ℃、860 ℃。

8. 45 钢调质后的硬度为 240 HBW，若再进行 200 ℃ 回火，硬度能否提高？为什么？该钢经淬火和低温回火后硬度 57 HRC，若再进行高温回火，其硬度可否降低，为什么？

9. 一根直径为 6 mm 的 45 钢棒，先经 860 ℃ 淬火，160 ℃ 低温回火后的硬度 55 HRC，然后从一端加热，使钢棒各点达到如图所示温度，问：

（1）各点的组织是什么？

（2）从各点的图示温度缓冷到室温后的组织是什么？

（3）从各点的图示温度水冷到室温后的组织是什么？

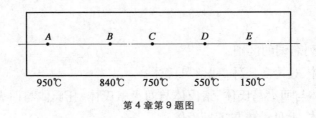

第 4 章第 9 题图

10. 为什么经调质的工件比正火的工件具有更好的机械性能（同一硬度下比较）？

11. 完全退火的主要目的是什么？共、过共析钢能否使用该工艺？球化退火的特点是什么？

12. 指出下列钢件正火的主要目的：20 钢齿轮、45 钢小轴、T12 钢锉刀。

13. 对于过共析碳钢，何时采用正火？何时采用球化退火？

14. 生产上常采用增加钢中珠光体数量的方法来提高亚共析钢的强度，为此应采用何种热处理工艺，为什么？

15. 用 T12 钢制造锉刀和用 45 钢制造较重要的螺栓，工艺路线均为：锻造→预先热处理→机加工→最终热处理→精加工。对两工件：

（1）说明预备热处理的工艺方法和作用；

（2）制订最终热处理的工艺规范（加热温度、冷却介质），并指出最终热处理的显微组织和大致硬度。

第二部分

常用工程材料

第5章 钢铁

金属材料是现代机械制造应用的最主要材料,种类很多,应用广泛,分为钢铁材料(如碳素钢、合金钢、铸铁)及各种非铁金属材料等,金属材料的分类如图5-1所示。钢铁材料是经济建设中极为重要的金属材料,也是机械制造的主体材料。下面介绍常用的钢铁材料的类别、牌号、性能特点及应用。

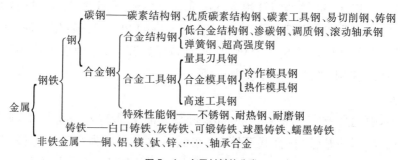

图5-1 金属材料的分类

5.1 碳钢

碳素钢又称碳钢,通常指碳的质量分数 $\omega_C < 2.11\%$ 的铁碳合金。实际使用的碳素钢,其碳的质量分数一般不超过1.4%。碳钢的主要组元为 Fe 和 C,实际工程应用中的碳钢还含有其他杂质(如 P、S、Si、Mn、H、O、N 等),它们对碳钢的性能有一定的影响。因碳钢冶炼方便,加工容易,价格便宜,性能可以满足一般工程使用要求,所以是制造各种机器零件、工程结构和量具、刀具等最主要的材料。

5.1.1 碳钢中杂质及对性能的影响

在碳钢的生产冶炼过程中,由于炼钢原材料的带入或工艺的需要,而有意加入一些物质,使钢中有些常存杂质,主要有硅、锰、硫、磷这四种,它们的存在对钢铁的性能有较大影响。

1）硅

硅在钢中是有益元素。在炼铁、炼钢的生产过程中,由于原料中含有硅及使用硅铁作为脱氧剂,使得钢中常含有少量的硅元素。在碳钢中通常 $\omega_{Si} < 4\%$,硅能溶入铁素体使之强化,提高钢的强度、硬度,而塑性和韧性降低。

2）锰

锰在钢中也是有益元素。锰也是由于原材料中含有锰及使用锰铁脱氧而带入钢中的。锰在钢中的质量分数一般为 0.25%~0.8%。锰能溶入铁素体使之强化,提高钢的强度、硬度。锰还可与硫形成 MnS,消除硫的有害作用,并能起断屑作用,可改善钢的切削加工性能。

3）硫

硫在钢中是有害元素。硫和磷也是从原料及燃料中带入钢中的。硫在固态下不溶于铁,以 FeS（熔点 1 190 ℃）的形式存在。FeS 常与 Fe 形成低熔点（985 ℃）共晶体分布在晶界上,当钢加热到 1 000~1 200 ℃进行压力加工时,由于分布在晶界上的低熔点共晶体熔化,使钢沿晶界处开裂,这种现象称为热脆。为了避免热脆,在钢中必须严格控制含硫量。

4）磷

磷在钢中也是有害元素。磷在常温固态下能全部溶入铁素体中,使钢的强度、硬度提高,但使塑性、韧性显著降低,在低温时表现尤为突出。这种在低温时由磷导致钢严重脆化的现象称为冷脆。磷的存在还使钢的焊接性变坏,因此钢中含磷量要严格控制。

5.1.2　碳钢的分类

碳钢的种类繁多,应用广泛,为便于生产、管理和选用,将碳钢加以分类和统一编号。按碳钢的用途、化学成分、有害杂质含量的不同,可将钢分为多种类型。常用的分类方法如下。

（1）按碳的质量分数分:碳钢可分为低碳钢（ $\omega_C < 0.25\%$ ）、中碳钢（ $\omega_C = 0.25\%~0.60\%$ ）、高碳钢（ $\omega_C > 0.60\%$ ）。

（2）按钢的质量分:根据冶金质量和钢中有害杂质元素硫、磷的质量分数,碳钢分为普通碳素钢（ $\omega_S \leqslant 0.055\%$, $\omega_P \leqslant 0.045\%$ ）、优质碳素钢（ $\omega_S \leqslant 0.040\%$, $\omega_P \leqslant 0.040\%$ ）、高级优质碳素钢（ $\omega_S \leqslant 0.030\%$, $\omega_P \leqslant 0.035\%$ ）和特级优质碳素钢（ $\omega_S \leqslant 0.025\%$, $\omega_P \leqslant 0.030\%$ ）。

（3）按用途分:碳素结构钢,主要用于制造各种机器零件和工程结构件,多为低碳钢和中碳钢;碳素工具钢,主要用于制造各种刀具、量具和模具,多为高碳钢。

（4）按冶金脱氧法和脱氧程度分：沸腾钢，脱氧不完全；半镇静钢；镇静钢，脱氧较完全；特殊镇静钢。

另外，工业用钢按冶炼方法的不同，可分为平炉钢、转炉钢和电炉钢等。

5.1.3　碳钢的牌号及用途

1）普通碳素结构钢

根据国家标准《碳素结构钢》（GB/T 700—2006）的规定，普通碳素结构钢的牌号由代表屈服强度的汉语拼音首位字母 Q+屈服强度的数值（单位：MPa）、质量等级符号（A、B、C、D）和脱氧方法符号四个部分按顺序排列组成。如 Q275AF 表示屈服强度为 275 MPa 的 A 级沸腾钢。A、B、C、D 表示质量等级，它反映了碳素钢结构中有害杂质（S、P）质量分数的多少，C、D 级硫、磷质量分数低、质量好，可作为重要焊接结构件。F、Z、TZ 依次表示沸腾钢、镇静钢、特殊镇静钢，一般情况下符号 Z 与 TZ 在牌号表示中可省略。

普通碳素结构钢属于低碳钢，这类钢的碳质量分数较低，而硫、磷等有害元素和其他杂质含量较多，故强度不够高，但塑性、韧性好，焊接性能优良，冶炼简便，价格便宜，应用广泛，产量占钢总产量的 70%~80%。普通碳素结构钢一般作为工程构件，广泛用于建筑、桥梁、船舶、车辆等工程，也可作为机器用钢，用于制造要求不高的机器零件。热轧空冷后一般无须进行热处理即可使用，供货方式常为板材和型材（圆钢、方钢、工字钢、角钢及建筑用的螺纹钢筋等）。

普通碳素结构钢的牌号、化学成分及力学性能见表 5-1。

2）优质碳素结构钢

优质碳素结构钢必须同时保证成分和力学性能，优质碳素结构钢碳的质量分数一般为 0.05%~0.90%。与普通碳素结构钢相比，它的硫、磷及其他有害杂质含量较少（质量分数均不大于 0.035%），因而强度较高，塑性和韧性较好，综合力学性能优于普通碳素结构钢，常以热轧材、冷轧（拉）材或锻材供应，主要作为机械制造用钢。为充分发挥优质碳素结构钢的性能潜力，一般都需经热处理来进一步调整和改善其性能。其应用最为广泛，适用于制造较重要的零件。

关于优质碳素结构钢详见国家标准 GB/T 699—2015，其基本性能和应用范围主要取决于钢中碳的质量分数，另外钢中残余锰量也有一定的影响。根据钢中锰的质量分数不同，分为普通锰含量钢（$\omega_{Mn}<0.7\%$）和较高锰含量钢（$\omega_{Mn}=0.7\%~1.2\%$）两组。由于锰能改善钢的淬透性，强化固溶体及抑制硫的热脆作用，因此较高锰含量钢的强度、硬度、耐磨性及淬透性更胜一筹，而其塑性、韧性几乎不受影响。

表 5-1 普通碳素结构钢的牌号、化学成分及力学性能

牌号	等级	化学成分的质量分数(不大于)/%					力学性能											
		C	Mn	Si	S	P	屈服强度 R_{eH}/MPa 钢材厚度(直径)/mm						抗拉强度 R_m/MPa	断后伸长率 A/% 钢材厚度(直径)/mm			
							16	>16~40	>40~60	>60~100	>100~150	>150~200		≤40	>40~60	>60~100	>100~150
Q195	—	0.12	0.50	0.30	0.035	0.035	195	185	—	—	—	—	315~430	33	—	—	—
Q215	A	0.15	1.2	0.35	0.050	0.045	215	205	195	185	175	165	335~450	31	30	29	27
	B	0.15			0.045	0.045											
Q235	A	0.22	1.4	0.35	0.050	0.045	235	225	215	215	195	185	370~500	26	25	24	22
	B	0.20			0.045	0.045											
	C	0.17			0.040	0.040											
	D	0.17			0.035	0.035											
Q275	A	0.24	1.50	0.35	0.050	0.045	275	265	255	245	225	215	410~540	22	21	20	18
	B	0.21			0.045	0.045											
	C	0.22			0.040	0.040											
	D	0.20			0.035	0.035											

优质碳素结构钢的牌号用两位数字表示,该数字表示钢的平均碳的质量分数的万分数,如牌号 40 表示其平均碳的质量分数为 0.40%。对于较高锰含量的优质碳素结构钢,则在对应牌号后加"Mn"表示,如 45Mn、65Mn 等。

常用优质碳素结构钢的牌号、化学成分及力学性能见表 5－2。

表 5－2　常用优质碳素结构钢的牌号、化学成分及力学性能

牌号	化学成分(质量分数)/%					力 学 性 能						
	C	Si	Mn	P	S	抗拉强度 R_m/MPa	下屈服强度 R_{eL}/MPa	断后伸长率 A/%	断面收缩率 Z/%	冲击吸收能量 KU/J	硬度(HBW) 未热处理钢	硬度(HBW) 退火钢
08	0.05~0.11	0.17~0.37	0.35~0.65	≤0.035	≤0.035	≥325	≥195	33	60	－	≤131	－
10	0.07~0.13	0.17~0.37	0.35~0.65	≤0.035	≤0.035	≥335	≥205	31	55	－	≤137	－
15	0.12~0.18	0.17~0.37	0.35~0.65	≤0.035	≤0.035	≥0.25	≥0.30	0.25	－	－	－	－
20	0.17~0.23	0.17~0.37	0.35~0.65	≤0.035	≤0.035	≥410	≥245	25	55	－	≤156	－
25	0.22~0.29	0.17~0.37	0.50~0.80	≤0.035	≤0.035	≥0.25	≥0.30	0.25	－	－	－	－
30	0.27~0.34	0.17~0.37	0.50~0.80	≤0.035	≤0.035	≥490	≥295	21	50	63	≤179	－
35	0.32~0.39	0.17~0.37	0.50~0.80	≤0.035	≤0.035	≥530	≥315	20	45	55	≤197	－
40	0.37~0.44	0.17~0.37	0.50~0.80	≤0.035	≤0.035	≥570	≥335	19	45	47	≤217	≤187
45	0.42~0.50	0.17~0.37	0.50~0.80	≤0.035	≤0.035	≥600	≥355	16	40	39	≤229	≤197
50	0.47~0.55	0.17~0.37	0.50~0.80	≤0.035	≤0.035	≥630	≥375	14	40	31	≤241	≤207
60	0.57~0.65	0.17~0.37	0.50~0.80	≤0.035	≤0.035	≥670	≥400	12	35	－	≤255	≤229
65	0.62~0.70	0.17~0.37	0.50~0.80	≤0.035	≤0.035	≥695	≥410	10	30	－	≤255	≤229

根据碳的质量分数、热处理和用途的不同,优质碳素结构钢还可分为以下四类:

(1) 冲压碳钢。

冲压碳钢的质量分数低、塑性好、强度低、焊接性能好,主要用于制作薄板、冲压件和焊接件,常用的钢种有 08 钢、10 钢和 15 钢。

(2) 渗碳钢。

渗碳钢 ω_C 为 0.15%～0.25%,常用的钢种有 15 钢、20 钢、25 钢等。渗碳钢属于低碳钢,其强度较低,但塑性、韧性较好,冲压性能和焊接性能良好,主要用于制造各种受力不大但要求较高韧性的零件及焊接件和冲压件,如焊接容器和焊接件、螺钉、杆件、拉杆、吊钩扳手、轴套等。

通常渗碳钢多进行表面渗碳(故称为渗碳钢)、淬火和低温回火处理,以获得表面高硬度(可达 60 HRC 以上)、高耐磨性,而心部具有一定的强度和良好韧性的"表硬里韧"的性能,可以用于制作要求表面硬度高、承受一定的冲击载荷和有摩擦、常磨损的机器零件,如凸轮、齿轮、滑块和活塞销等。

(3) 调质钢。

调质钢 ω_C 为 0.25%～0.50%,属于中碳钢,常用的牌号为 30 钢、35 钢、40 钢、45 钢等。调质钢多需进行调质处理,即通过进行淬火和高温回火的热处理工艺来获得良好的综合力学性能(强度、塑性、韧性均较高)。调质钢在机械制造中应用广泛,多用于制作比较重要的机器零件,如凸轮轴、曲轴、连杆、套筒、齿轮等;调质钢也可经表面淬火和低温回火处理,以获得较高的表面硬度和耐磨性,用于制造耐磨但受冲击载荷不大的零件,如车床主轴箱齿轮等。为了简化热处理工艺,对于一些大尺寸和(或)力学性能要求不太高的零件,通常只进行正火处理。

(4) 弹簧钢。

弹簧钢 ω_C 为 0.55%～0.90%,常用的为 65Mn。弹簧钢通常多进行淬火和中温回火的热处理工艺,以获得高的弹性极限。主要用于制造尺寸较小的弹簧、弹性零件及耐磨零件。

3) 碳素工具钢

碳素工具钢是用来制造各种刀具、量具和模具的材料。由于大多数工具要求高硬度和高耐磨性,所以碳素工具钢的碳质量分数都在 0.7%以上,其有害杂质元素较少,质量较高。它应满足刀具在硬度、耐磨性、强度和韧性等方面的要求。例如,在金属切削过程中温度会逐渐升高,要求切削刀具不仅在常温时具有高的硬度,而且在高温时仍能够保持切削所需硬度(此性能即热硬性)。

碳素工具钢是指 ω_C 为 0.7%～1.3%的高碳钢,其牌号用"T"表示,后面的数字表示碳的平均质量分数,用千分数表示。常用的碳素工具钢有 T8、T10、T10A、

T12A(牌号尾部的"A"表示高级优质)等。较高含锰量的碳素工具钢在牌号尾部加锰元素符号,如 T8Mn。随着碳的质量分数的增加,碳素工具钢的硬度和耐磨性提高而韧性下降。由于碳素工具钢的热硬性较差,热处理变形较大,仅适用于制造不太精密的模具、木工工具和金属切削的低速手用刀具(锉刀、锯条、手用丝锥)等。

　　关于碳素工具钢详见国家标准 GB/T 1299—2014,其牌号、硬度、主要特点及用途见表 5－3。

表 5－3　碳素工具钢的牌号、硬度、主要特点及用途

牌号	退火交货状态钢材硬度(HBW)(不大于)	试样淬火硬度(HRC)(不小于)	主要特点及用途
T7	187	62	亚共析钢,具有较好的塑性、韧性和强度,以及一定的硬度,能承受振动和冲击负荷,但可加工性较差。用于制造承受冲击负荷不大,且要求具有适当硬度和耐磨性及较好韧性的工具
T8	187	－	淬透性、韧性均优于 T10,耐磨性也较高,但淬火加热容易过热,变形也大,塑性和强度比较低,大、中截面模具易残存网状碳化物,适用于制作小型拉拔、拉伸、挤压模具
T8 Mn	187	62	共析钢,具有较高的淬透性和硬度,但塑性和强度较低。用于制造断面较大的木工工具、手锯锯条、刻印工具、铆钉冲模、煤矿用凿等
T9	192	62	过共析钢,具有较高的硬度,但塑性和强度较低。用于制造要求硬度较高且具有一定韧性的各种工具,如刻印工具、铆钉冲模、冲头、木工工具、凿岩工具等
T10	197	62	性能较好,耐磨性也较高,淬火时过热敏感性小,经适当热处理可得到较高的强度和一定的韧性,适合制作要求耐磨性较高而受冲击载荷较小的模具
T11	207	62	过共析钢,具有较好的综合力学性能(如硬度、耐磨性和韧性等),在加热时对晶粒长大和形成碳化物网的敏感性小。用于制造在工作时切削刃口不变热的工具,如锯、丝锥、锉刀、刮刀、扩孔钻、板牙,以及尺寸不大和断面无急剧变化的冲模及木工刀具等
T12	207	62	过共析钢,由于碳含量高,淬火后仍有较多的过剩碳化物,所以硬度和耐磨性高,但韧性低,且淬火变形大。不适于制造切削速度高和受冲击负荷的工具,用于制造不受冲击负荷、切削速度不高、切削刃口不变热的工具,如车刀、铣刀、钻头、丝锥、锉刀、刮刀、扩孔钻、板牙及断面尺寸小的冷切边模和冲孔模等
T13	217	62	过共析钢,由于碳含量高,淬火后有更多的过剩碳化物,所以硬度更高,韧性更差,又由于碳化物数量增加且分布不均匀,故力学性能较差,不适于制造切削速度较高和受冲击载荷的工具,用于制造不受冲击负荷,但要求硬度极高的金属切削工具,如剃刀、刮刀、拉丝工具、锉刀、刻纹用刀,以及坚硬岩石加工用工具和雕刻用刀具等

4）铸钢

铸钢是冶炼后直接铸造成型,冷却后即获得零件毛坯(或零件)的一种钢材。对于一些形状复杂、综合力学性能要求较高的大型零件,在加工时难以用锻轧方法成型,又不能使用性能较差的铸铁制造,此时即可采用铸钢。目前铸钢在重型机械制造、运输机械、国防工业等部门应用广泛。理论上,凡用于锻件和轧材的钢号均可用于铸钢件,但考虑到铸钢对铸造性能、焊接性能和可加工性的良好要求,铸钢的 ω_C 一般在 0.15% ~ 0.60% 之间。铸钢的浇注温度较高,因此在铸态时晶粒粗大。为了提高铸钢的性能,使用前应进行热处理改善性能(主要是退火、正火,小型铸钢件还可进行淬火、回火处理)。

铸钢的牌号由"ZG"和两组数字组成,其中"ZG"为铸钢的代号,代号后面的两组数字分别表示屈服强度 R_{eL}(MPa)和抗拉强度 R_m(MPa)。例如,ZG 270 - 500 表示屈服强度为 270 MPa、抗拉强度为 500 MPa 的铸钢。

ZG200 - 400 具有良好的塑性、韧性和焊接性,适用于受力不大,要求一定韧性的各种机械零件,如机座、变速器壳等;ZG270 - 500 的强度较高,韧性较好,各项工艺性能均较好,用途广泛,常用作轧钢机机架、轴承座、连杆、缸体等;ZG340 - 640 具有较高的强度、硬度和耐磨性,焊接性较差,常用于制造齿轮类零件。

铸钢详见国家标准 GB/T 11352—2009。常用碳素铸钢的牌号、力学性能和用途见表 5 - 4。

表 5 - 4   常用碳素铸钢的牌号、力学性能和用途

	力学性能						用途
	屈服强度 R_{eL}($R_{p0.2}$) /MPa	抗拉强度 R_m/MPa	断后伸长率 A/%	断面收缩率 Z/%	冲击吸收能量 KV/J	冲击吸收能量 KU/J	
ZG200 - 400	200	400	25	40	30	47	机座、变速器壳
ZG230 - 450	230	450	22	32	5	3	轧钢机机架、轴承座、连杆
ZG270 - 500	270	500	18	25	0	0	机油管法兰、操作杆件
ZG310 - 570	310	570	15	21	15	24	进排气歧管压板、变速叉
ZG 340 - 640	340	640	10	18	10	16	齿轮

5.2　合金钢

　　碳钢冶炼工艺简单、价格低、易于加工,因而得到了很广泛的应用,但是随着科学技术的飞速发展,现代工业生产和日常生活对钢材的要求越来越高。在不锈、耐酸、耐磨、耐热及某些特殊的领域,碳钢有时并不能很好地满足使用要求。

　　合金钢是指为改善钢的某种性能,冶炼时在碳素钢的基础上,有目的地加入一定元素的钢材,加入的元素称为合金元素。钢中加入的常用合金元素有硅(Si)、铬(Cr)、镍(Ni)、锰(Mn)、钴(Co)、钨(W)、钛(Ti)、钒(V)、硼(B)及稀土元素等。

5.2.1　合金元素在钢中的作用

　　合金元素在钢中主要以两种形式存在:合金铁素体和合金碳化物。大多数合金元素(铅除外)均能溶于铁素体,并形成合金铁素体。合金碳化物可以分为合金渗碳体和特殊碳化物。

　　合金元素能与钢的基本组元铁、碳发生作用,从而改变钢的组织和性能。其作用主要概括为以下几个方面。

　　1)合金元素对钢力学性能的影响

　　合金元素可以提高钢的力学性能,主要表现为固溶强化、第二相强化和细晶强化等。

　　大多合金元素都能溶于 $\alpha - Fe$ 形成合金铁素体,产生固溶强化作用,使钢的强度和硬度提高,塑性和韧性下降。当合金元素的质量分数超过一定数值之后,塑性和韧性会显著下降。

　　合金元素在钢中除了固溶于铁素体之外,还可与碳化合,形成合金渗碳体和特殊碳化物,如 VC、TiC、NbC 等,具有较高的硬度和稳定性,使钢的硬度、强度及耐磨性大大提高,称第二相强化。第二相强化对钢的塑性和韧性影响不大。特殊碳化物存在于晶界上,可阻碍奥氏体晶粒的长大,起到细化晶粒的作用,使钢具有较好的力学性能,特别是能显著提高钢的韧性。

　　2)合金元素对钢热处理的影响

　　合金元素对淬火、回火状态下钢的强化作用最显著。合金元素除 Co 外都能使等温转变图右移,提高奥氏体的稳定性,降低钢的临界冷却速度,提高钢的淬透性,降低淬火应力,减少工件的变形和开裂。

耐回火性是淬火钢在回火时抵抗软化的能力。大多数合金元素能减慢马氏体的分解,阻碍碳化物的聚集长大,使钢的硬度随回火加热升温而下降的程度减慢,即提高了钢的耐回火性,一些合金元素还能产生二次硬化现象和回火脆性。耐回火性较高也表明钢在较高温度下仍能保持较高的强度和硬度。所以,合金钢与碳素钢相比,有更高的使用温度和更好的综合力学性能。

各类合金钢都有第二类回火脆性,只是程度不同而已。一般认为 Mn、Si、Cr、Al、V、P 可较明显地增大回火脆性,而加入 W、Mo 可降低回火脆性。

3) 合金元素对钢工艺性能的影响

合金元素的加入使钢的铸造、锻造、焊接、加工性都有不同程度的降低,但可以明显地改善热处理的工艺性能。一般来说合金元素都会使钢的铸造性能变差,许多合金钢,特别是含有大量碳化物形成元素的合金钢,可锻性均明显下降。凡提高钢的淬透性的合金元素,都会增加焊后应力,故而合金元素含量高时,焊接性则大大降低。一般合金钢的可加工性比碳素钢差,但适当加入 S、P、Pb 等元素,能使可加工性得到改善。

5.2.2 合金钢的分类

按合金元素总的质量分数分为低合金钢($\omega_{ME} < 5\%$)、中合金钢($\omega_{ME} = 5\% \sim 10\%$)、高合金钢($\omega_{ME} > 10\%$);按钢中主要合金元素种类不同,又可分为锰钢、铬钢、硼钢、铬镍钢、铬锰钢等;按用途又可分为合金结构钢、合金工具钢、特殊性能钢;按正火后组织又可分为铁素体钢、奥氏体钢、莱氏体钢等。合金钢的分类如图 5-2 所示。

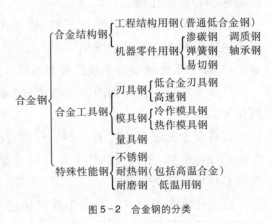

图 5-2 合金钢的分类

5.2.3 合金钢的编号

(1) 低合金高强度结构钢。

其牌号由代表屈服强度的汉语拼音字母(Q)、规定的最小上屈服强度数值、交货状态代号、质量等级符号(B、C、D、E、F)四个部分按顺序排列。例如:Q355ND,表示规定的最小上屈服强度为 355 MPa,交货状态为正火或正火轧制、质量等级为

D 的低合金高强度结构钢。

（2）合金结构钢。

其牌号由"两位数字+元素符号+数字"三部分组成。前面两位数字表示平均碳的质量分数的万分数,元素符号表示钢中所含的合金元素,元素符号后面数字表示该元素的平均质量分数。当合金的质量分数≤1.5%时不标明数字;当合金元素含量为 1.50% ~ 2.49%、2.50% ~ 3.49%、3.50% ~ 4.49%、4.50% ~ 5.49%…时,则应分别 2、3、4、…。例如:40Cr,其碳的平均质量分数为 0.40%,铬的平均质量分数 ω_{Cr} ≤1.5%。如果是高级优质钢,则在牌号的末例如:38CrMoAlA 钢则属于高级优质合金结构钢。

（3）滚动轴承钢。

在牌号前面加"G"("滚"字汉语拼音的首位字母),后面数字表示铬的平均质量分数的千分数,其碳的平均质量分数不标出。例如:GCr15 钢,就是铬的平均质量分数 ω_{Cr} = 1.5% 的滚动轴承钢。滚动轴承钢中若含有除铬外的其他合金元素时,这些元素的表示方法同一般的合金结构钢。滚动轴承钢都是高级优质钢,但牌号后不加"A"。

（4）合金工具钢。

这类钢的编号方法与合金结构钢的区别仅在于:当 ω_C <1%时,用一位数字表示碳的平均质量分数的千分数;当碳的平均质量分数≥1%时,则不予标出。例如:Cr12MoV 钢,其碳的平均质量分数为 1.45% ~ 1.70%,所以不标出;Cr 的平均质量分数为 12%,Mo 和 V 的质量分数都是小于 1.5%。又如:9SiCr 钢,其平均 ω_C = 0.90%,平均 Si 和 Cr 均小于 1.5%。不过高速工具钢例外,其平均碳质量分数无论多少均不标出。因合金工具钢及高速工具钢都是高级优质钢,所以它的牌号后面也不必再标"A"。

（5）不锈钢与耐热钢。

这类钢牌号前面数字表示碳的平均质量分数的万分数。例如:201 牌号为 12Cr17Mn6Ni5N,表示碳的平均质量分数为 0.12%;304 牌号为 06Cr19Ni10,表示碳的平均质量分数为 0.06%;316L 牌号为 022Cr17Ni12Mo2,表示碳的平均质量分数为 0.022%。

5.3　合金结构钢

合金结构钢主要用于制造机器零件及工程结构件,是应用非常广泛的一类合金钢。常用的合金结构钢主要有:低合金高强度结构钢,合金渗碳钢,合金调制钢,合金弹簧钢和滚动轴承钢。

5.3.1　低合金高强度结构钢

低合金高强度结构钢是在碳素结构钢的基础上,加入合金元素的总质量分数小于5%,用于承载大、自重轻、高强度的工程结构用的低合金钢。主要用于房屋构架、桥梁、船舶、车辆、铁道、高压容器、石油天然气管线、矿用等工程结构件。大都经过塑性变形与焊接加工,并长期暴露在一定的腐蚀介质中。

1) 性能特点

(1) 具有较高的屈服强度、塑性和韧性。

(2) 具有良好的焊接性、冷成型性,尤其是焊接性好是这类钢的重要性能。

(3) 具有较好的耐蚀性和低的韧脆转变温度。

2) 成分特点

(1) $\omega_C \leqslant 0.2\%$,主要是为了获得良好的塑性、韧性、焊接性和冷成型性能。

(2) 主加元素为 Mn,可起到强化铁素体的作用,同时加入一些细化晶粒和第二相强化的元素,如 V、Ti、Nb 等;为了提高耐大气腐蚀性,相应地加入一些如 Cu、P、Al、Cr、Ni 等合金元素;为了改善性能,在高级别屈服强度的低合金钢中加入一些 Mo、稀土等合金元素。

(3) 该类钢的 S、P 含量有五个等级(A、B、C、D、E)。

3) 热处理特点

该类钢在一般情况下不进行热处理,以热轧空冷状态供货。

低合金高强度结构钢详见 GB/T 1591—2018。常用低合金高强度结构钢的牌号性能及用途见表5-5。

表5-5　常用低合金结构钢的牌号、性能及用途(摘自 GB/T 1591—2018)

牌号	上屈服强度 R_{eH}/MPa	抗拉强度 R_m/MPa	断后伸长率 A/% (公称厚度或直径≤40 mm)	用　途
Q355	≥355	≥470~630	≥20~22	桥梁、车辆、船舶、建筑结构
Q390	≥390	≥490~650	≥20~21	桥梁、船舶、起重机、压力容器
Q420	≥420	≥520~680	≥20	桥梁、高压容器、大型船舶、电站设备
Q460	≥460	≥550~720	≥18	中温高压容器、锅炉、化工、厚壁容器

5.3.2　合金渗碳钢

合金渗碳钢是在渗碳钢的基础上,加入一定量的合金元素而形成的。其中,Cr、Ni、Mn、B 等合金元素能提高淬透性,并有强化铁素体的作用;W、Mo、V、Ti 等元素可降低钢的过热敏感性,抑制钢在高温渗碳过程中发生晶粒长大,使工件在渗碳后可直接淬火,还能在材料表面形成合金碳化物弥散质点,提高耐磨性。

合金渗碳钢表层经渗碳后硬度高而耐磨,心部有较高的强度和韧性。与碳素钢渗碳件相比,具有工艺性能好、使用性能高的特点。常用的牌号有 15Cr、20Cr、20CrMnTi 等。

为了保证渗碳零件表面得到高硬度和高耐磨性,大多数合金渗碳钢采用渗碳后淬火+低温回火。

渗碳后的钢种,表层碳的质量分数为 0.85% ~ 1.05%,经淬火和低温回火后,表层组织由合金渗碳体、回火马氏体及少量残留奥氏体组成,硬度可达 58 ~ 64 HRC,而心部的组织与钢的淬透性及零件的截面有关:当全部淬透时是低碳回火马氏体,硬度可达 40 ~ 48 HRC,未淬透的情况下是珠光体+铁素体或低碳回火马氏体+少量铁素体的混合组织,硬度约为 25 ~ 40 HRC。

5.3.3　合金调质钢

合金调质钢是指调质处理后使用的合金结构钢,其具有良好的综合力学性能。合金调质钢广泛用于制造一些重要零件,如机床的主轴、汽车底盘的半轴、柴油机连杆螺栓等。

合金调质钢的碳质量分数一般为 0.25% ~ 0.50%。碳的质量分数过低不易淬硬,回火后达不到所需要的强度;如果碳的质量分数过高,则零件韧性较差。

合金调质钢的主加元素有 Cr、Ni、Mn、Si、B 等,以增加淬透性、强化铁素体;Mo、W 的主要作用是防止或减轻第二类回火脆性,并增加回火稳定性;V、Ti 的作用是细化晶粒。

合金调质钢在锻造后为了改善切削加工性能应采用完全退火作为预备热处理。最终热处理采用淬火后进行 500 ~ 650 ℃的高温回火,以获得回火索氏体,使钢件具有高的综合力学性能。

合金调质钢常按淬透性大小分为三类,其牌号、化学成分、力学性能及用途见表 5 – 6。

表5-6　合金调质钢的牌号、化学成分、力学性能及用途（GB/T 3077—2015）

类别	牌号	化学成分（质量分数）/%								力学性能					用途
		C	Mn	Si	Cr	Ni	Mo	V	其他	R_{eL}/MPa	R_m/MPa	A/%	Z/%	KU/J	
低淬透性	40MnB	0.37~0.44	1.10~1.40	0.17~0.37	-	-	-	-	B 0.0005~0.0035	785	980	10	45	-	主轴、曲轴、齿轮、柱塞等；
	40MnVB	0.37~0.44	1.10~1.40	0.17~0.37	-	-	-	0.05~0.10	B 0.0005~0.0035	785	980	10	45	47	可代替40Cr及部分代替40CrNi做重要零件，也可代替38CrSi做重要调质件
	40Cr	0.37~0.44	0.50~0.80	0.17~0.37	0.80~1.10	-	-	-	-	785	980	9	45	47	
中淬透性	38CrSi	0.35~0.43	0.30~0.60	1.00~1.30	1.30~1.60	-	-	-	-	835	980	12	50	55	载荷大的轴类件及车辆上的重要调质件；可代替40CrNi做大截面件；做氮化零件，如高压阀门、缸套等
	35CrMo	0.32~0.40	0.40~0.70	0.17~0.37	0.80~1.10	-	0.15~0.25	-	-	835	980	12	45	63	
	38CrMoAl	0.35~0.42	0.30~0.60	0.20~0.45	1.35~1.65	-	0.15~0.25	-	Al 0.70~1.10	835	980	14	50	71	
高淬透性	37CrNi3	0.34~0.41	0.30~0.60	0.17~0.37	1.20~1.60	3.00~3.50	-	-	-	980	1 130	10	50	47	做大截面并要求高强度、高韧性的零件；做高强度零件，如航空发动轴，在<500℃工作的喷气发动机承载零件
	40CrMnMo	0.37~0.45	0.90~1.20	0.17~0.37	0.90~1.20	-	0.20~0.30	-	-	785	980	10	45	63	
	40CrNiMoA	0.37~0.44	0.50~0.80	0.17~0.37	0.60~0.90	1.25~1.65	0.15~0.25	-	-	835	980	12	55	78	

5.3.4　合金弹簧钢

　　合金弹簧钢在弹簧钢中加入合金元素即形成了合金弹簧钢,具有较高强度和疲劳极限,有足够的塑性和韧性。合金弹簧钢中主要加入 Mn、Si、Cr、W、Mo、V 等合金元素。其中,Mn、Si、Cr 为主加元素,作用是提高淬透性,同时强化铁素体;Si 能显著提高钢的弹性极限和屈强比;辅加元素为 W、Mo、V 等强碳化物形成元素,可使晶粒细化,并能提高耐回火性,还能减少 Si、Mn 带来的脱碳和过热倾向。

　　合金弹簧钢根据主加合金元素种类不同可分为两大类:Si‐Mn 系(即非 Cr 系)弹簧钢和 Cr 系弹簧钢。前者淬透性较碳素钢高,价格不是很昂贵,故应用最广,主要用于截面尺寸不大于 25 mm 的各类弹簧,60Si2Mn 是其典型代表。后者以 50CrVA 为其典型代表,淬透性较好,综合力学性能高,弹簧表面不易脱碳,但价格相对较高,一般用于截面尺寸较大的重要弹簧。

　　关于合金弹簧钢详见国家标准 GB/T 1222—2016。常用合金弹簧钢的牌号、力学性能及用途见表 5‐7。

表 5‐7　合金弹簧钢的牌号、力学性能及用途(摘自 GB/T 1222—2016)

统一数字代号	牌号	力学性能				主 要 用 途
		抗拉强度 R_m/MPa	下屈服强度 R_{eL}/MPa	断后伸长率 A/%	断面收缩率 Z/%	
A11603	60Si2Mn	≥1 570	≥1 375	≥5.0	≥20	应用广泛,主要制造各种弹簧,如汽车、机车、拖拉机的板簧、螺旋弹簧,汽车稳定杆、货车转向架的低应力弹簧,轨道扣件用弹簧
A23503	50CrV	≥1 275	≥1 130	≥10.0	≥40	适宜制作应力高、抗疲劳性能好的螺旋弹簧、汽车板簧等;也可用作较大截面的高负荷重要弹簧及工作温度小于 300 ℃ 的阀门弹簧、活塞弹簧、安全阀弹簧
A28603	60Si2CrV	≥1 860	≥1 665	≥6.0	≥20	用于制造高强度级别的变截面板簧、货车转向架用螺旋弹簧,也可制造载荷大的重要大型弹簧、工程机械弹簧等
A77552	55SiMnVB	≥1 375	≥1 225	≥5.0	≥30	制作重型、中型、小型汽车的板簧,也可制作其他中型断面的板簧和螺旋弹簧

弹簧钢的热处理取决于弹簧的加工成型方法,按照加工方法的不同,弹簧一般可分为热成型弹簧和冷成型弹簧两类。

（1）热成型弹簧。

对截面尺寸大于 10 mm 的各种大型和形状复杂的弹簧均采用热成型(如热轧、热卷),如汽车、拖拉机、火车的板簧和螺旋弹簧。其主要加工路线为:扁钢或圆钢下料→加热压弯或卷绕→淬火+中温回火→表面喷丸处理,使其组织为回火托氏体,以获得高的弹性极限和疲劳极限。喷丸可强化表面并提高弹簧表面质量,显著改善疲劳强度。近年来,热成型弹簧也可采用等温淬火获得下贝氏体,或形变热处理,对提高弹簧的性能和寿命也有较明显的作用。

（2）冷成型弹簧。

截面尺寸小于 10 mm 的各种小型弹簧可采用冷成型(如冷卷、冷轧),如仪表中的螺旋弹簧、发条及弹簧片等。这类弹簧在成型前先进行冷拉(冷轧)、淬火+中温回火或铅浴等温淬火后冷拉(轧)强化;然后再进行冷成型加工,此过程中将进一步强化金属。由于冷成型过程会产生加工硬化,冷成型弹簧屈服强度和弹性极限都很高,产生了较大的内应力和脆性,故在其后应进行低温去应力退火(一般为 200~300 ℃)。

5.3.5　滚动轴承钢

滚动轴承钢是专门用于制造滚动轴承内、外套圈和滚动体(滚珠、滚柱、滚针)的合金结构钢(也可用于制造量具、刃具、冲模及要求与滚动轴承相似的耐磨零件)。

滚动轴承在交变应力作用下,各部分之间有强烈摩擦,工作条件严苛,还会受到润滑剂的化学侵蚀。因此,要求滚动轴承钢必须具有高的硬度、耐磨性、接触疲劳强度,还要有足够的韧性、淬透性和耐蚀能力。

滚动轴承钢中应用最广的是高碳铬轴承钢,其碳的质量分数为 0.95% ~ 1.10%,铬的质量分数为 0.40% ~ 1.65%,尺寸较大的轴承可采用铬锰硅钢。高碳是为了保证轴承钢的高强度、高硬度和高耐磨性。铬元素的主要作用则是提高淬透性,并在热处理时能够形成细小而均匀的合金渗碳体来提高钢的耐磨性和疲劳强度。

滚动轴承钢的热处理工艺主要为球化退火、淬火和低温回火。球化退火是为了获得球状珠光体组织,降低锻造后钢的硬度,以利于切削加工,为淬火工序做好组织上的准备。淬火加低温回火的热处理工艺可获得极细的回火马氏体和细小均匀分布的碳化物组织,达到提高轴承的硬度和耐磨性的目的。

　　中、小型轴承多采用 GCr15(或 ZGCr15)制造,其 ω_C 达 1.0%,ω_{Cr} 达 1.5%。较大型轴承则采用 GCr15SiMn(或 ZGCr15SiMn),加入 Si、Mn 的作用是进一步提高钢的淬透性。牌号中的"G"是滚动轴承钢的代号,"ZG"为铸造滚动轴承钢。

　　滚动轴承钢详见国家标准 GB/T 18254—2016。高碳铬轴承钢的牌号、化学成分及性能见表 5-8。

表 5-8　高碳铬轴承钢的牌号、化学成分及性能

牌　号	化学成分(质量分数)/%					球化退火硬度(HBW)
	C	Si	Mn	Cr	Mo	
G8Cr15	0.75~0.85	0.15~0.35	0.20~0.40	1.30~1.65	≤0.10	179~207
GCr15	0.95~1.05	0.15~0.35	0.25~0.45	1.40~1.65	≤0.10	179~207
GCr15SiMn	0.75~0.85	0.45~0.75	0.95~1.25	1.40~1.65	≤0.10	179~217
GCr15SiMo	0.75~0.85	0.65~0.85	0.20~0.40	1.40~1.70	0.30~0.40	179~217
GCr18Mo	0.75~0.85	0.20~0.40	0.25~0.45	1.65~1.95	0.15~0.25	179~207

5.4　合金工具钢

　　主要用于制造各种加工和测量工具的钢称为工具钢。按其加工用途分为刃具、量具和模具用钢,按成分不同也可分为碳素工具钢和合金工具钢。在碳素工具钢的基础上加入一定种类和数量的合金元素,用来制造各种刃具、模具、量具等的钢就称为合金工具钢。与碳素工具钢相比,合金工具钢的硬度和耐磨性更高,而且还具有更高的淬透性、热硬性和回火稳定性。因此常被用来制作截面尺寸较大、几何形状较复杂、性能要求更高的工具。

　　合金工具钢按用途分为合金刃具钢、合金模具钢、合金量具钢。

5.4.1　合金刃具钢

　　刃具钢是用来制造各种切削刀具的钢,如车刀、铁刀、钻头等,其具有如下的性能要求:高的硬度、高耐磨性、高的热硬性(热硬性是指钢在高温下保持高硬度的能力)、一定的韧性和塑性。

　　(1)低合金刃具钢。

　　为了保证高硬度和耐磨性,低合金刃具钢的碳质量分数为 0.75%~1.45%,

加入的合金元素硅、铬、锰可提高钢的淬透性;硅、铬还可以提高钢的回火稳定性,使其一般在 300 ℃ 以下回火后硬度仍保持 60 HRC 以上,从而保证一定的热硬性。钨在钢中可形成较稳定的特殊碳化物,基本上不溶于奥氏体,能使钢的奥氏体晶粒保持细小,增加淬火后钢的硬度,同时还提高钢的耐磨性及热硬性。图 5 - 3 所示为 9SiCr 钢制板牙的淬火、回火工艺曲线。

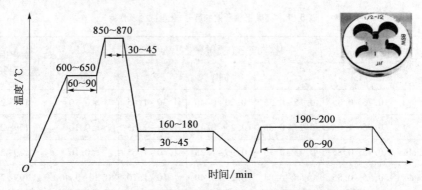

图 5 - 3   9SiCr 钢制板牙的淬火、回火工艺曲线

低合金刃具钢的牌号、化学成分、热处理及用途见表 5 - 9。

表 5 - 9   低合金刃具钢的牌号、化学成分、热处理及用途(摘自 GB/T 1299—2014)

牌号	化学成分(质量分数)/%					淬 火		退火硬度(HBW)	用 途
	C	Si	Mn	Cr	其他	温度/℃	硬度(HRC)		
Cr06	1.30~1.45	≤0.40	≤0.40	0.50~0.70	—	780~810(水)	≥64	241~187	锉刀、刮刀、刻刀、刀片、剃刀、外科医疗刀具
Cr2	0.95~1.10	≤0.40	≤0.40	1.30~1.65	—	830~860(油)	≥62	229~179	车刀、插刀、铰刀、冷轧
9SiCr	0.85~0.95	1.20~1.60	0.30~0.60	0.95~1.25	—	830~860(油)	≥62	241~197	丝锥、板牙、钻头、铰刀、齿轮铣刀、小型拉刀、冲模等
8MnSi	0.75~0.85	0.30~1.60	0.80~1.10	—	—	800~820(油)	≥60	≤229	多用作木工錾子、锯条或其他工具
9Cr2	0.95~1.25	≤0.40	≤0.40	1.30~1.70	—	820~850(油)	≥62	217~179	尺寸较大的铰刀、车刀等刃具、冷轧辊、冲模与冲头、木工工具等

刃具毛坯经锻造后的预备热处理为球化退火,最终热处理采用淬火+低温回

火,组织为细回火马氏体+粒状合金碳化物+少量残留奥氏体,硬度一般为60 HRC。

（2）高速工具钢。

高速钢是一个热硬性、耐磨性较高的高合金工具钢。它的热硬性高达600 ℃,可以进行高速切削,故称为高速工具钢。高速钢具有高的强度、硬度、耐磨性及淬透性。

高速工具钢的成分特点是含有较高的碳和大量形成碳化物的元素钨、钼、铬、钒、钴、铝等,碳的质量分数为 0.70%~1.60%,合金元素总量 $\omega_{ME} > 10\%$。

碳的质量分数高的原因在于通过碳与合金元素作用形成足够数量的合金碳化物,同时还能保证有一定数量的碳溶于高温奥氏体中,以使淬火后获得高碳马氏体,保证高硬度和高耐磨性以及良好的热硬性。

钨、钼是提高热硬性的主要元素。在高速工具钢退火状态下主要以各种特殊碳化物的形式存在。在淬火加热时,一部分碳化物溶入奥氏体,淬火后形成含有大量钨、钼的马氏体组织,这种合金马氏体组织具有很高的回火稳定性。在560 ℃ 左右回火时,会析出弥散的特殊碳化物 W_2C、Mo_2C,造成二次硬化。未溶的碳化物则能阻止加热时奥氏体晶粒长大,使淬火后得到的马氏体晶粒非常细小（隐针马氏体）。

在淬火加热时,铬的碳化物几乎全部溶入奥氏体中,增加奥氏体的稳定性,从而明显提高钢的淬透性,使高速工具钢在空冷条件下也能形成马氏体组织。但铬的含量过高,会使 Ms 点下降,残留奥氏体量增加,降低钢的硬度并增加回火次数,所以铬在高速工具钢中的质量分数约为4%。

由于高速工具钢含有大量合金元素,故铸态组织出现莱氏体,属于莱氏体钢。其中共晶碳化物呈鱼骨状且分布很不均匀,造成强度及韧性下降。这些碳化物不能用热处理来消除,必须通过高温轧制及反复锻造将其击碎,并使碳化物呈小块状均匀分布在基体上。因此,高速工具钢锻造的目的不仅仅在于成型,更重要的是打碎莱氏体中粗大的碳化物。

因高速工具钢的奥氏体稳定性很好,经锻造后空冷,也会发生马氏体转变。为了改善其切削加工性能,消除残余内应力,并为最终热处理做组织准备,必须进行退火。通常采用等温球化退火（即在 830~880 ℃ 范围内保温后,较快地冷却到720~760 ℃ 范围内等温）,退火后组织为索氏体及粒状碳化物,硬度为 207~255 HBW。

高速工具钢的热硬性主要决定于马氏体中合金元素的含量,即加热时溶入奥氏体中的合金元素量。对 W18Cr4V 钢,随着加热温度升高,溶入奥氏体中的合金元素量增加,为了使钨、铬、钒元素尽可能多地溶入奥氏体,提高钢的热硬性,其淬火温度应较高(1 270~1 280 ℃)。但加热温度过高时,奥氏体晶粒粗大,剩余碳化物聚集,使钢性能变坏,故高速工具钢的淬火加热温度一般不超过 1 300 ℃。高速工具钢的淬火方法常用油淬空冷的双介质淬火法或马氏体分级淬火法。淬火后的组织是隐针马氏体、粒状碳化物及 20%~25%的残留奥氏体。

为了消除淬火应力、减少残留奥氏体量、稳定组织、提高力学性能指标,淬火后必须进行回火。在 560 ℃左右回火过程中,由马氏体中析出高度弥散的钨、钒的碳化物,使钢的硬度明显提高;同时残留奥氏体中也析出碳化物,使其中的碳和合金元素含量降低,Ms 点上升,在回火冷却过程中残留奥氏体转变成马氏体,使硬度提高,达到 64~66 HRC,形成"二次硬化"。

由于 W18Cr4V 钢在淬火状态约有 20%~25%的残留奥氏体,一次回火难以全部消除,经三次回火后即可使残留奥氏体减至最低量(第一次回火 lh 降到 10%左右,第二次回火后降到 3%~5%,第三次回火后降到最低量 1%~2%)。

高速工具钢正常淬火、回火后组织为极细小的回火马氏体+较多的粒状碳化物及少量残留奥氏体,其硬度为 63~66 HRC。

我国常用的高速工具钢有三类,见表 5-10。

表 5-10　常用高速工具钢的牌号、化学成分、热处理、硬度及热硬性(摘自 GB/T 9943—2008)

种类	牌号	化学成分(质量分数)/%						热处理			热硬性(HRC)
		C	Cr	W	Mo	V	其他	淬火温度(盐浴炉)/℃	回火温度/℃	回火后硬度(HRC)	
钨系	W18Cr4V	0.75~0.85	3.80~4.50	17.20~18.70	—	1.00~1.20	—	1 250~1 270	550~570	≥63	61.5~62
钨钼系	W6Mo5Cr4V2	0.86~0.94	3.80~4.50	5.90~6.75	4.70~5.20	1.75~2.10	—	1 190~1 210	540~560	≥64	—
	W6Mo5Cr4V2	0.80~0.90	3.80~4.40	5.50~6.75	4.50~5.50	1.75~2.20	—	1 200~1 220	540~560	≥64	60~61
	W6Mo5Cr4V3	1.15~1.25	3.80~4.50	5.90~6.70	4.70~5.20	2.70~3.20	—	1 190~1 210	540~560	≥64	64
	W9Mo3Cr4V	0.77~0.87	3.80~4.40	8.50~9.50	2.70~3.30	1.30~1.70	—	1 200~1 220	540~560	≥64	—
超硬系	W6Mo5Cr4V2Al	1.05~1.15	3.80~4.40	5.50~6.75	4.50~5.50	1.75~2.20	Al:0.80~1.20	1 200~1 220	550~570	≥65	65

W18Cr4V 是钨系高速工具钢,其热硬性较高,过热敏感性较小,磨削性好,但碳化物较粗大,热塑性差,热加工废品率较高。W18Cr4V 钢适用于制造一般的高速切削刃具,但不适合做薄刃的刃具。

5.4.2　合金模具钢

根据工作条件的不同,合金模具钢又可分为冷作模具钢和热作模具钢。

1) 冷作模具钢

冷作模具钢用于制造在室温下使金属变形的模具,如冲模、冷镦模、拉丝模、冷挤压模等。它们在工作时承受高的压力、摩擦与冲击,因此冷作模具钢要求具有: 高的硬度和耐磨性、较高强度、足够韧性和良好的工艺性。

常用来制作冷作模具的合金工具钢中有一部分为低合金工具钢,如 CrWMn、9CrWMn、9Mn2V 及 9SiCr、Cr2、9Cr2 等。对于尺寸比较大、工作载荷较重的冷作模具应采用淬透性比较高的低合金工具钢制造。对于尺寸不很大但形状复杂的冲模,为减少变形也应使用此类钢制造。

对于要求热处理变形小的大型冷作模具采用高碳高铬模具钢(Cr12、Cr12MoV)。Cr12 型钢中主要的碳化物是(Cr、Fe)$_7$C$_3$,这些碳化物在高温加热淬火时大量溶于奥氏体,增加了钢的淬透性。Cr12 型钢缺点是碳化物多而且分布不均匀,残留奥氏体含量也高,强度、韧性大为降低。

在 Cr12 钢基础上加入钼、钒后,除了可以进一步提高钢的回火稳定性,增加淬透性外,还能细化晶粒,改善韧性。所以 Cr12MoV 钢性能优于 Cr12 钢。

含有钼、钒的高碳高铬钢在 500 ℃左右回火后产生二次硬化,因此具有高的硬度和耐磨性。

冷作模具钢的牌号、化学成分、热处理及用途见表 5 - 11。

表 5 - 11　冷作模具钢的牌号、化学成分、热处理及用途(摘自 GB/T 1299—2014)

牌号	化学成分(质量分数)/%							试样淬火(油)	用　途
	C	Si	Mn	Cr	W	Mo	V	温度/℃	
9Mn2V	0.85~0.95	≤0.40	1.70~2.00	—	—	—	0.10~0.25	780~810	滚丝模、冲模、冷压模、塑料模
CrWMn	0.90~1.05	≤0.40	0.80~1.10	0.90~1.20	1.20~1.60	—	—	800~830	冲模、塑料模
Cr12	2.00~2.30	≤0.40	≤0.40	11.50~13.50	—	—	—	950~1 000	冲模、拉延模、压印模、滚丝模

牌号	化学成分(质量分数)/%							试样淬火(油)温度/℃	用　途
	C	Si	Mn	Cr	W	Mo	V		
Cr12MoV	1.45~ 1.70	≤0.40	≤0.40	11.00~ 12.50	–	0.40~ 0.60	0.15~ 0.30	950~ 1 000	冲模、压印模、冷墩模、冷挤压模零件模、拉延模
Cr4W2MoV	1.12~ 1.25	0.40~ 0.70	≤0.40	3.50~ 4.00	1.90~ 2.60	0.80~ 1.20	0.80~ 1.10	960~980 或1 020~ 1 040	代 Cr12MoV 钢
W6Mo5Cr4V	0.55~ 0.65	≤0.40	≤0.60	3.70~ 4.30	6.00~ 7.00	4.50~ 5.50	0.70~ 1.10	1 180~ 1 200	冷挤压模(钢件、硬铝件)
4CrW2Si	0.35~ 0.45	0.80~ 1.10	≤0.40	1.00~ 1.30	2.00~ 2.50	–	–	800~ 900	剪刀、切片冲头(耐冲击工具用钢)
6CrW2Si	0.55~ 0.65	0.50~ 0.80	≤0.40	1.00~ 1.30	2.20~ 2.70	–	–	860~ 900	剪刀、切片冲头(耐冲击工具用钢)

2) 热作模具钢

热作模具钢用来制作使加热的固态金属或液态金属在压力下成型的模具。前者称为热锻模或热挤压模,后者称为压铸模。

由于模具承受载荷很大,要求强度高。模具在工作时往往还承受很大冲击,所以要求韧性好,即要求综合力学性能好,同时又要求有良好的淬透性和抗热疲劳性。

热作模具钢的牌号、化学成分、热处理及硬度见表 5-12。

表 5-12　热作模具钢的牌号、化学成分、热处理及硬度(摘自 GB/T 1299—2014)

牌号	化学成分(质量分数)/%								硬度 (HBW)	试样淬火温度/℃
	C	Si	Mn	Cr	W	Mo	V	其他		
5CrMnMo	0.50~ 0.60	0.25~ 0.60	1.20~ 1.60	0.60~ 0.90	–	0.15~ 0.30	–	–	197~ 241	820~850(油)
5CrNiMo	0.50~ 0.60	≤0.40	0.50~ 0.80	0.50~ 0.80	–	0.15~ 0.30	–	Ni 1.40~ 1.80	197~ 241	830~860(油)
3Cr2W8V	0.30~ 0.40	≤0.40	≤0.40	2.20~ 2.70	7.50~ 9.00	–	0.20~ 0.50	–	≤255	1 075~1 125 (油)
5Cr4Mo3 SiMnVAl	0.47~ 0.57	0.80~ 1.10	0.80~ 1.10	3.80~ 4.30	–	2.80~ 3.40	0.80~ 1.20	Al 0.30~ 0.70	≤255	1 090~1 120 (油)

续　表

牌号	化学成分（质量分数）/%								硬度（HBW）	试样淬火温度/℃
	C	Si	Mn	Cr	W	Mo	V	其他		
4CrMnSiMoV	0.35~0.45	0.80~1.10	0.80~1.10	1.30~1.50	–	0.40~0.60	0.20~0.40	–	≤255	870~930（油）
4Cr5MoSiV	0.33~0.43	0.80~1.20	0.20~0.50	4.75~5.50		1.10~1.60	0.30~0.60	–	≤229	790±15 预热，1 010（盐浴）或 1 020（炉控气氛），1 020±6 加热，保温 5~15 min 油冷，550±6 回火两次，每次 2 h
4Cr5MoSiVl	0.32~0.45	0.80~1.20	0.20~0.50	4.75~5.50		1.10~1.75	0.80~1.20	–	≤229	–

（1）热锻模钢。

它包括锤锻模用钢及热挤压、热镦模及精锻模用钢。一般碳的质量分数为 0.4%~0.6%，以保证淬火及中、高温回火后具有足够的强度与韧性。

热锻模经锻造后需进行退火，以消除锻造内应力、均匀组织、降低硬度、改善切削加工性能。加工后通过淬火、中温回火，得到主要是回火托氏体的组织，硬度一般为 40~50 HRC，可满足使用要求。

常用的热锻模钢牌号是 5CrNiMo、5CrMnMo。5CrNiMo 钢具有良好韧性、强度、耐磨性和淬透性。5CrNiMo 钢是世界通用的大型锤锻模用钢，适于制造形状复杂的、受冲击载荷大的大型及特大型的锻模。5CrMnMo 钢以锰代镍，适于制造中型锻模。

热作模具钢中的 4CrMnSiMoV 钢具有良好的淬透性，故尺寸较大的模具空冷也可得到马氏体组织，并具有较好的回火稳定性和良好的力学性能，其抗热疲劳性及较高温度下的强度和韧性接近 5CrNiMo 钢，因此在大型锤锻模和水压机锻造用模上，4CrMnSiMoV 钢可以代替 5CrNiMo 钢。

铬系热作模具钢 4Cr5MoSiV、4Cr5MoSiV1 可用于制作尺寸不大的热锻模、热挤压模、高速精锻模、锻造压力机模等。5Cr4Mo3SiMnVA 为冷热兼用的模具钢，可用其制作压力机热压冲头及凹模，寿命较高。

（2）压铸模钢。

压铸模工作时与炽热金属接触时间较长，要求有较高的耐热疲劳性、导热性、良好的耐磨性和必要的高温力学性能。此外，它还需要具有抗高温金属液的腐蚀、冲刷能力。

常用压铸模钢是 3Cr2W8V 钢，具有高的热硬性、高的抗热疲劳性。这种钢在

$600\sim650$ ℃下 R_m 可达 $1\,000\sim1\,200$ MPa,淬透性也较好。

近些年来,铝镁合金压铸模钢还可用铬系热作模具钢 4Cr5MoSiV 及 4Cr5MoSiV1,其中用 4Cr5MoSiV1 钢制作的铝合金压铸模,寿命要高于 3Cr2W8V 钢。

5.4.3　合金量具钢

合金量具钢是用于制造游标卡尺、千分尺、量块、塞规等测量工具用钢。

量具在使用过程中与工件接触,受到磨损与碰撞,因此要求工作部分应有高硬度($58\sim64$ HRC)、高耐磨性,高的尺寸稳定性和足够的韧性。

合金工具钢 9Mn2V、CrWMn 以及 GCr15 钢由于淬透性好,用油淬造成的内应力比水淬的碳钢小,低温回火后残余内应力也较小;同时合金元素使马氏体分解温度提高,因而使组织稳定性提高,故在使用过程中尺寸变化倾向较碳素工具钢小。因此要求高精度和形状复杂的量具,常用合金工具钢制造。

量具的最终热处理主要是淬火、低温回火,以获得高硬度和高耐磨性。对于高精度的量具,为保证尺寸稳定,在淬火与回火之间进行一次冷处理($-70\sim-80$ ℃),以消除淬火后组织中的大部分残留奥氏体。对精度要求特别高的量具,在淬火、回火后还需进行时效处理。时效温度一般为 $120\sim130$ ℃,时效时间 $24\sim36$ h,以进一步稳定组织,消除内应力。量具在精磨后还要进行 8 h 左右的时效处理,以消除精磨中产生的内应力。

5.5　特殊性能钢

在现代工业生产中,许多机器和设备的零部件在比较特殊的条件与环境下工作(如高温或低温,酸、碱、盐等介质环境等),这就要求所选的钢材具有特殊的化学性能和物理性能,这类钢称为特殊性能钢,如不锈钢、耐热钢、耐磨钢和易切钢等。这类钢的成分、结构、组织和热处理都与一般的钢有明显的不同。

5.5.1　不锈钢

不锈钢是在空气中或化学腐蚀介质中能够抵抗腐蚀的一种高合金钢,具有美观的表面和良好的耐蚀性能。

从金相学角度分析,不锈钢因含有铬而在表面形成了很薄的铬膜,这个膜隔离开氧气与钢组织,起耐腐蚀的作用。为了保持不锈钢所固有的耐蚀性,钢中必须含有 12%以上的铬。

在学习不锈钢的性能前,有必要对金属腐蚀现象做一定的了解。

1) 金属的腐蚀

金属材料受周围介质的作用而损坏的现象称为金属腐蚀。这种腐蚀过程一般分为两类,即化学腐蚀和电化学腐蚀。

(1) 化学腐蚀。

化学腐蚀是金属表面与周围介质直接发生化学反应而引起的腐蚀,包括钢的高温氧化、钢在石油中的腐蚀、钢的脱碳等。另外,氢气和含氧气体对普通碳素钢的腐蚀也属于化学腐蚀。

(2) 电化学腐蚀。

电化学腐蚀是金属材料(合金或不纯的金属)与电解质溶液接触,通过电极反应产生的腐蚀。钢在室温下的腐蚀形式主要是电化学腐蚀。

金属的大部分腐蚀现象都属于电化学腐蚀,其原理如下:当两种互相接触的合金放入电解质溶液时会形成原电池,两种金属的电极和电位不相同,所以两者之间便形成了一个简易的微电池,并且有电流的产生和流动。在微电池中,电位高的金属为阴极,电位低的金属为阳极,在电流的作用下,电位低的金属不断地被腐蚀,而电位高的金属则不被腐蚀。

如果一种合金中含有两种(或更多)相或组织,那么在其内部也会发生电化学腐蚀现象。例如,如果钢中含有珠光体,因为珠光体是由铁素体和渗碳体组成的,所以在铁素体和渗碳体之间便形成了简易的微电池,铁素体为阳极,渗碳体为阴极,在电流的作用下铁素体被溶解而腐蚀,而渗碳体不被腐蚀。

利用金属的电化学腐蚀原理可以观察到金属的显微组织,具体做法是:将金属试样中要观察的面磨平,然后将其放在硝酸酒精溶液中进行侵蚀,在电化学作用下铁素体被溶解,然后便可以观察到金属的珠光体组织。图 5-4 所示为 Zn-Cu 原电池原理。

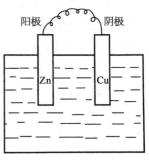

图 5-4　Zn-Cu 原电池原理

(3) 提高钢的耐蚀性的措施。

金属的电化学腐蚀带来的危害很多,所以在生产中应极力避免,可以通过以下途径来提高钢的耐蚀性。

① 在合金钢中加入数量较大的 Cr、Ni 等合金元素,它们能够促使合金获得均匀的单相组织,这样一来,金属在电解质溶液中只有一个电极,微电池难以形成,从而避免发生电化学腐蚀。例如,当钢中 $\omega_{Ni}>25\%$ 时,钢在常温下获得的单相组织为奥氏体组织。

② 加入合金元素,使金属表面形成一层致密的氧化膜,将金属与介质分开。

③ 加入合金元素,使金属基体电极的电位升高。例如,当钢中 $\omega_{Cr} > 13\%$ 时,铁素体的电极电位由 $-0.56V$ 提高到 $0.2V$,从而提高了金属的耐腐蚀能力。

另外,还可以在钢的表面加防护措施,将钢与介质隔开,如电镀、涂漆、渗铬等。加入 Ti、Nb 等元素可以减轻晶间腐蚀,加入 Cu、Mo 等元素可以提高抗非氧化性酸的能力。

2) 常用不锈钢

按不锈钢空冷后的组织不同,可分为奥氏体型、铁素体-奥氏体型、铁素体型、马氏体型四种。

(1) 奥氏体不锈钢。

这类钢的成分特点为 $\omega_C = 0.03\% \sim 0.12\%$、$\omega_{Cr} = 17\% \sim 19\%$、$\omega_{Ni} = 8\% \sim 11\%$ 等,属于铬镍不锈钢。这类钢经 1 100 ℃ 加热后水淬得到单相的奥氏体组织。该类钢不能用热处理来强化,唯一的强化方法是形变强化。

奥氏体不锈钢在 450 ~ 850 ℃ 退火,在晶界处会析出铬的碳化物,使铬含量降低(边 $\omega_{Cr} \leqslant 12\%$),引起晶界腐蚀(称为晶间腐蚀)。

(2) 铁素体-奥氏体不锈钢。

此类钢的成分特点为 $\omega_C = 0.03\% \sim 0.18\%$、$\omega_{Cr} = 18\% \sim 26\%$、$\omega_{Ni} = 4\% \sim 7\%$,再依不同用途加入 Mn、Mo、Si 等合金元素。

(3) 铁素体不锈钢。

它的成分特点为 $\omega_C < 0.15\%$、$\omega_{Cr} = 12\% \sim 30\%$,属于铬不锈钢,这类钢可得到单相铁素体,如 10Cr17,可耐大气、稀硫酸等的腐蚀。

(4) 马氏体不锈钢。

这类钢中 $\omega_C = 0.07\% \sim 1.2\%$、$\omega_{Cr} = 18\% \sim 26\%$。依需要加入 Ni、Mo、Nb、Al、V 等合金元素。该类钢淬火后得到马氏体,由于碳含量较高,因而力学性能较好、耐蚀性下降。马氏体不锈钢又可分成以下三种类型。

① 低碳的 Cr13 型马氏体不锈钢,如 12Cr13、20Cr13,类似于调质处理的钢件,用于力学性能要求较高、又有一定耐蚀性要求的零件,如汽轮机叶片、医疗器械等。

② 中高碳的 Cr13 型马氏体不锈钢,如 30Cr13、95Cr18 等,类似于工具钢,均要进行淬火、低温回火处理来获得高硬度和高耐磨性,用于制造医疗手术工具、量具、不锈轴承钢和弹簧等。

③ 马氏体沉淀硬化不锈钢,如 07Cr17Ni7Al。该钢加热到 1 050 ℃ 后,沉淀化合物溶解于奥氏体,水淬后获得马氏体,然后重新加热到 510 ℃,进行时效,能析出极细的沉淀化合物(金属间化合物)产生强化。

常用不锈钢的牌号、成分、热处理、力学性能及用途见表 5 - 13。

表 5 - 13　常用不锈钢的牌号、成分、热处理、力学性能及用途（摘自 GB/T 1220—2007）

类别	牌　号		主要化学成分（质量分数）/%			热处理		力　学　性　能				用　途
	新牌号	旧牌号	C	Cr	其他	淬火温度/℃	回火温度/℃	R_{eL}/MPa	R_m/MPa	A/%	硬度	
马氏体型	12Cr13	1Cr13	0.08~0.15	11.50~13.50	—	950~1 000（油）	700~750（快冷）	≥343	≥540	≥25	≥159 HBW	汽轮机叶片、水压机阀、螺栓、螺母等承受弱腐蚀介质下承受冲击的零件
	20Cr13	2Cr13	0.16~0.25	12.00~14.00	—	920~980（油）	600~750（快冷）	≥440	≥635	≥20	≥192 HBW	汽轮机叶片、水压机阀、螺栓、螺母等承受弱腐蚀介质下承受冲击的零件
	30Cr13	3Cr13	0.26~0.35	12.00~14.00	—	920~980（油）	600~750（快冷）	≥540	≥735	≥12	≥217 HBW	制作耐磨的零件，如热油泵轴、阀门、刀具等
	68Cr17	7Cr17	0.60~0.75	16.00~18.00	—	1 010~1 070（油）	100~180（快冷）	—	—	—	≥54 HRC	制作轴承、刀具、量具等
铁素体型	6Cr13Al	0Cr13A	≤0.08	11.50~14.50	Al 0.10~0.30	780~830（空冷或缓冷）	—	≥177	≥410	≥20	≤183 HBW	汽轮机材料、复合钢材、淬火用部件
	10Cr17	1Cr17	≤0.12	16.00~18.00	—	780~850（空冷或缓冷）	—	≥205	≥450	≥22	≤183 HBW	通用钢种、建筑内装饰用、家庭用具等
	008Cr30Mo2	00Cr30Mo2	≤0.01	28.50~32.00	Mo 1.50~2.50	900~1 050（快冷）	—	≥295	≥450	≥20	≤228 HBW	C、N 含量极低，耐蚀性很好，制造氢氧化钠设备及有机酸设备

续表

类别	牌号		主要化学成分（质量分数）/%			热处理		力学性能				用途
	新牌号	旧牌号	C	Cr	其他	淬火温度/℃	回火温度/℃	R_{eL}/MPa	R_m/MPa	A/%	硬度	
奥氏体型	Y12Cr18Ni9	Y1Cr18Ni9	≤0.15	17.00~19.00	P≤0.20 S≥0.15 Ni 8.00~10.00	固溶处理 1050~1150（快冷）	—	≥205	≥520	≥40	≤187 HBW	提高可加工性，最适用于自动车床，制作螺栓、螺母等
	06Cr19Ni10	0Cr19Ni9	≤0.08	18.00~20.00	Ni 8.00~11.00	固溶处理 1050~1150（快冷）	—	≥205	≥550	≥40	≤187 HBW	作为不锈耐热钢使用最广泛，如食品用品设备、化工设备、核工业用
	06Cr19Ni10N	0Cr19Ni9N	≤0.08	18.00~20.00	Ni 8.00~11.00 N 0.10~0.16	固溶处理 1050~1150（快冷）	—	≥275	≥520	≥35	≤217 HBW	在06Cr19Ni10 中加 N，强度提高，塑性不降低，用于制作结构用强度部件
	06Cr18Ni11Ti	0Cr18Ni10Ti	≤0.08	17.00~19.00	Ni 8.00~12.00 Ti 0.50~0.70	固溶处理 920~1150（快冷）	—	≥205	≥520	≥40	≤187 HBW	制作焊芯、抗磁仪表、医疗器械、耐酸容器、输送管道
铁素体~奥氏体型	14Cr18Ni11Si4AlTi	1Cr18Ni11Si4AlTi	0.10~0.18	17.50~19.50	Ni 10.00~12.00 Si 3.40~4.00 Ti 0.40~0.70 Al 0.10~0.30	固溶处理 950~1100（快冷）	—	≥440	≥715	≥25	—	可用于制作抗高温、浓硝酸介质的零件和设备，如排酸阀门等
	022Cr19Ni5Mo3Si2N	0Cr18Ni5Mo3Si2	≤0.03	18.00~19.50	Ni 4.50~5.50 Si 1.30~2.00 Mo 2.50~3.00	固溶处理 950~1100（快冷）	—	≥390	≥588	≥20	≤30 HRC	制作石油化工等工业热交换设备或冷凝器等
沉淀硬化型	07Cr17Ni7Al	0Cr17Ni7Al	≤0.09	16.00~18.00	Ni 6.50~7.75 Al 0.75~1.50	固溶处理 1000~1100（快冷）	565 时效	≥960	≥1140	≥5	≥363 HBW	制作弹簧垫圈、机器部件

5.5.2 耐热钢

许多机械零部件都需要在高温下工作。在高温下具有高抗氧化性能和足够高温强度的钢称为耐热钢。耐热钢广泛用于制造在高温条件下工作的零件,如内燃机气阀、工业加热炉、热工动力机械、石油及化工机械与设备等。

耐热钢的性能要求:要具有高的热化学稳定性,钢在高温下对各类介质的化学腐蚀抗力,其中最重要的是抗氧化性;要具有高的热强性(高温强度),即钢在高温下抵抗塑性变形和断裂的能力。

耐热钢有关内容可参见国家标准 GB/T 1221—2007。

按使用特性不同,耐热钢可分为抗氧化钢和热强钢两类。

(1) 抗氧化钢。

在高温下具有较好的抗氧化性,并且有一定强度的钢称为抗氧化钢,又称不起皮钢。该种钢中加入了适量的合金元素 Cr、Si、Al 等,高温下在钢表面能迅速与氧反应生成一层致密、稳定的高熔点氧化膜(Cr_2O_5、SiO_2、Al_2O_3),氧化膜覆盖在表面,将钢与外界的高温氧化性气体隔绝,使钢不再继续被氧化。这类钢多用于制造长期在高温下工作但强度要求不高的零件,如加热炉底板、燃气轮机燃烧室、锅炉吊挂等。多数抗氧化钢是在铬钢、铬镍钢、铬锰钢的基础上加入 Si、Al 制成的。随着碳质量分数的增大,钢的抗氧化性能下降,故一般抗氧化钢均为低碳钢,如 Cr13Si3、2Cr25Ni20、3Cr18Ni25Si2 等。

应用较多的抗氧化钢有 22Cr20Mn10Ni2Si2N 和 26Cr18Mn12Si2N,这类钢不仅抗氧化,而且铸、锻、焊性能较好。

常用抗氧化钢的数字代号、牌号、力学性能及用途见表 5 - 14。

表 5 - 14 常用抗氧化钢的数字代号、牌号、力学性能及用途

数字代号	牌号	力 学 性 能						用 途
		0.2%屈服强度 $R_{P0.2}$/MPa	抗拉强度 R_m/MPa	断后伸长率 A/%	断面收缩率 Z/%	冲击吸收功 KV/J	硬度(HBW)	
S41010	12Cr13	345	540	22	55	78	≤200	各种承受应力不大的炉件及其他构件,如汽车排气净化装置等
S11348	06Cr13Al	175	410	20	60	–	≤183	
S35850	22Cr20Mn10Ni2Si2N	390	635	35	45	–	≤248	加热炉管道等

数字代号	牌　号	力 学 性 能						用　途
		0.2% 屈服强度 $R_{P0.2}$/MPa	抗拉强度 R_m/MPa	断后伸长率 A/%	断面收缩率 Z/%	冲击吸收功 KV/J	硬度 (HBW)	
S35750	26Cr18Mn12 Si2N	390	685	35	45	–	≤248	渗碳炉构件、加热炉传送带、料盘等
S35650	53Cr21Mn9N i4N	650	885	8	–	–	≤320	汽油机、柴油机排气阀等

（2）热强钢。

在高温下有一定抗氧化能力（包括其他耐蚀性）和较高强度（即热强性）及良好组织稳定性的耐热钢称为热强钢。该种钢中添加 W、Mo 等合金元素，能提高其再结晶温度，从而阻碍蠕变的发展；加入 Nb、V、W、Mo 等碳化物形成元素，所形成的碳化物产生了弥散强化，同时又阻碍了位错的移动，因此提高了钢的抗蠕变能力，具备了在高温下保持高强度的能力，达到了强化的目的。一般情况下，耐热钢多是指热强钢，主要用于制造热工动力机械的转子、叶片、气缸、进气阀与排气阀等既要求抗氧化性能又要求高温强度的零件。

热强钢按正火状态组织的不同可以分为珠光体热强钢、马氏体热强钢和奥氏体热强钢三类。常用热强钢的数字代号、牌号、热处理方法、使用温度及用途见表5－15。

表5－15　常用热强钢的数字代号、牌号、热处理方法、使用温度及用途

数字代号	牌　号	热　处　理		最高使用温度/℃		用　途
		淬火温度/℃	回火温度/℃	抗氧化性	热强性	
S41010	12Cr13	950~1 000 （水、油）	700~750 （油、水、空）	750	500	制造 800 ℃以下的耐氧化部件
S47010	15Cr12WMoV	1 000~1 050	680~700	750	580	耐高温减振部件
S48140	40Cr10Si2Mo	1 010~1 040	720~760	850	650	内燃机进、排气阀，紧固件
S32590	45Cr14Ni14W2Mo	1 170~1 200 （固溶处理）	750（时效）	850	750	内燃机进、排气阀，过热器

5.5.3　耐磨钢

耐磨性能强的钢铁材料总称为耐磨钢，耐磨钢是当今耐磨材料中用量最大的

一种。

零件在工作过程中抵抗磨损的能力称为耐磨性。常用的提高耐磨性的方法有增加钢中碳化物的含量、增加马氏体过饱和度、渗碳、渗氮等。高锰钢是工业生产中常用的耐磨钢,其硬度低,在塑性变形时能够产生明显的加工硬化,从而提高材料的耐磨性。

ZGMn13 是常用的耐磨钢,其含碳量较高,为 1.0% ~ 1.3%,含锰量为 11% ~ 14%,在室温下的组织为奥氏体,所以其为奥氏体钢,机械加工性能较差,通常用铸造的方法获得,塑性好,容易变形,伸长率 $A = 80\%$,断面收缩率 $Z = 50\%$。在受到很高的压力冲击时,钢在摩擦力的作用下产生加工硬化,硬度值可由 210 HBW 升高到 450 ~ 550 HBW,从而能够提高耐磨性。如果没有压力或者压力值不够大,则钢的耐磨性得不到提高,也就是说锰钢的高耐磨性只有在冷塑性变形的基础上才能够表现出来,在受到很大的冲击压力并且进行摩擦时才会具有较高的耐磨性。

高锰钢通常是通过铸造得到的,一般其浇注温度为 1 290 ~ 1 350 ℃,然后在水中冷却,但是在水冷过程中会有碳化物在奥氏体晶面上析出,造成了锰钢较大的脆性,所以在通常状况下不能直接使用。为了降低其脆性,需将析出的奥氏体消除。工业生产中常将锰钢加热到 1 040 ℃ 以上并保温,然后水冷,因冷却速度较快,碳化物来不及析出便会溶解到奥氏体中,此种方法所获得的组织为单一的奥氏体,提高了钢的塑性。受到冲击压力并在摩擦力的作用下,钢表面的奥氏体会产生加工硬化,表面的耐磨性提高,而芯部仍保持原始的塑性。这种处理方式称为水韧处理。

在工作中,高锰钢边磨损边硬化,直至尺寸超差而报废,这是高锰钢的一个特性。

铸造零部件的缺点是容易在内部产生柱状晶粒,使零件的性能具有一定的方向性。对于高锰钢来说,为了消除这个缺陷,生产中常对其进行 550 ~ 560 ℃ 回火处理(保温 20 ~ 30 h),使奥氏体全部转化为珠光体,在柱状晶粒完全消失后,再对其加热到 1 060 ~ 1 100 ℃ 并保温水冷,便可得到均匀的单相奥氏体组织。

高锰钢主要用于承受严重摩擦并在强烈冲击与高压力条件下工作的零件,如坦克、拖拉机、挖掘机的履带板,挖掘机铲斗,破碎机牙板,铁路道岔等。

5.5.4　易切钢

易切钢是指在钢中加入一定数量的一种或一种以上的易切削元素(硫、磷、铅、钙、硒、碲等),使切削加工性得到改善的钢。这类钢可以用较大的切削深度和较高的切削速度进行切削加工。钢中加入的易切削元素使钢的切削抗力减小,同时易切削元素本身的特性和所形成的化合物起润滑切削刀具的作用,易断屑,减轻了磨损,从而降低了工件的表面粗糙度,提高了刀具寿命和生产效率。

1）易切钢的表示方法

易切钢的表示方法为"Y+数字",加字母"Y"以区别于优质碳素结构钢,数字表示平均碳含量的万分数。锰含量较高者在钢号后标出"Mn"。例如,Y40CrSCa表示附加硫和钙的40Cr易切钢。

2）易切钢的特点及应用

（1）易切钢具有切削流畅,材质优良,加工稳定,金相组织好,化学成分稳定、偏差小,钢质纯度净,夹杂物含量低,不易损伤刀具等特点,极容易在车床上直接进行切削加工;可钻深孔、铣深槽等。其加工效率比普通钢可大幅提高。

（2）易切钢的电镀性能好,能替代铜制品,大大降低产品成本。

（3）易切钢经车加工后的工件表面光洁度好。

易切钢主要用于制作受力较小而对尺寸和光洁度要求严格的仪器仪表、手表零件、汽车、机床,以及其他各种机器上使用的对尺寸精度和光洁度要求严格而对机械性能要求相对较低的标准件,如齿轮、轴、螺栓、阀门、衬套、销钉、管接头、弹簧坐垫及机床丝杠、塑料成型模具、外科和牙科手术用具等。

5.6　铸铁

铸铁是碳的质量分数为2.11%~6.69%的铁碳合金,除了铁和碳以外,铸铁中还含有硅、锰、硫、磷及其他合金元素和微量元素。铸铁所需的生产设备和熔炼工艺简单,成本低廉;同时,铸铁具有优良的铸造性、可加工性、耐磨性、减振性和低的缺口敏感性等一系列性能特点,可以满足生产中各方面的需要。因此,铸铁在化学工业、冶金工业和各种机械制造工业中的应用非常广泛。

铸铁中的碳除极少量固溶于铁素体中外,还因铸铁成分、熔炼处理工艺和结晶条件的不同,以游离状态（即石墨）或者以化合形态（即渗碳体或其他碳化物）存在,也可以两者共存。铸铁中碳的存在形式影响其使用价值。当碳主要以石墨形式存在时为灰铸铁,铸铁断口呈暗灰色,通常来说,铸铁中的碳以石墨形态存在时,才能被广泛应用。当碳主要以渗碳体等化合物形式存在时,为硬而脆的白口铸铁,其断口呈银白色,生产中主要用作炼钢原料和生产可锻铸铁的毛坯,在冲击载荷不大的情况下,也可以作为耐磨材料使用。当铸铁中的碳以石墨和渗碳体两种形式存在时,即为麻口铸铁,工业用途不大。

5.6.1　铸铁的石墨化、分类及性能

5.6.1.1　铸铁的石墨化过程及影响因素

1）铸铁的石墨化过程

铸铁组织中的碳以石墨的形式析出的过程,称为石墨化。

在铸铁中,碳的存在形式有两种:石墨(G)和渗碳体(Fe_3C)。其中渗碳体是亚稳定相,而石墨是稳定相。石墨既可以从铁碳合金液体和奥氏体中析出,也可以通过渗碳体分解获得。灰铸铁和球墨铸铁中的石墨主要是从液相中析出得到;可锻铸铁中的石墨则是通过使白口铸铁长时间退火,由渗碳体分解得到。当熔化的铁液以较快的速度冷却时,其中的碳将以渗碳体的形式析出;当铁液以较慢的速度冷却时,碳则以石墨的形式析出。渗碳体如果处于高温下保温的状态,还能够进一步分解出石墨。

2）影响铸铁的石墨化的因素

影响铸铁石墨化的因素很多,其中化学成分和冷却速度是两个主要影响因素。

（1）化学成分影响。

按对铸铁石墨化的作用,化学元素(主要是合金元素)可分为两大类。第一类是促进石墨化元素,如碳、硅、铝、铜、镍、钴等,尤以碳、硅作用最强烈。铸铁中碳和硅的质量分数越高,石墨化程度就越充分。碳既促进石墨化,又影响石墨的数量、大小和分布,在生产中调整碳和硅的含量是控制铸铁组织与性能的基本措施;硅能够减弱碳和铁的亲和力,不利于形成渗碳体,从而促进石墨化。第二类是阻碍石墨化元素,如锰、铬、钨、钼、钒等,以及杂质元素硫。锰是阻碍石墨化的元素,能增加铁、碳原子的结合力,还会使共析转变温度降低,不利于石墨的析出;硫是强烈阻碍石墨化的元素,不仅能增加铁、碳原子的结合力,还会形成硫化物并以共晶体形式分布在晶界上,阻碍碳原子的扩散,强烈促进铸铁的白口化,并使铸铁的力学性能和铸造性能恶化,因此铸铁中硫的质量分数一般控制在0.15%以下。

生产中常用碳当量 CE 来评价铸铁的石墨化能力。因碳、硅是影响(促进)石墨化最主要的两个元素,且实践证明硅的作用程度相当于碳的1/3,故一般碳当量$CE = \omega_C + 1/3\omega_{si}$。由于共晶成分的铸铁具有最佳的铸造性能,通常将铸铁的成分配置在共晶成分附近。

（2）冷却速度的影响。

对同一化学成分的铸铁,结晶时的冷却速度对其石墨化的影响也很大。冷却速度是指铁液浇注后冷却到600 ℃左右的冷却速度。冷却速度越慢,在高温下保温时间越长,越有利于碳原子扩散和石墨化过程的充分进行,析出稳定石墨相的

可能性就越大,越有利于石墨化。影响冷却速度的因素主要有造型材料的性能、浇注温度的高低、铸件壁厚的大小等。铸件壁越薄,碳、硅含量越低,越易形成白口组织。铸件越厚,冷却速度越慢,越有利于铸铁的石墨化。相反,如果冷却速度较快,过冷度较大,原子扩散能力减弱,则不利于石墨化的进行。因此,在实际生产中,铸铁的缓慢冷却或在高温下长时间保温,都有利于石墨化过程。

5.6.1.2 铸铁的分类

1) 按石墨化程度及试样断口色泽

铸铁的分类方法较多,根据石墨化程度及试样断口色泽的不同,铸铁可以分为白口铸铁、灰口铸铁和麻口铸铁。铸铁的分类和组织见表5-16。白口铸铁和麻口铸铁硬而脆,切削加工非常困难,一般不用于制造零件,而主要作为炼钢原料。

表5-16　铸铁的分类和组织

名　　称	石墨化程度	显微组织
灰口铸铁	较充分	F+G
	较高	F+P+G
	中等	P+G
麻口铸铁	较低	L'd+P+G
白口铸铁	未进行	L'd+P+Fe$_3$C

(1) 白口铸铁。

其断口呈银白色,碳除少量溶于铁素体外,其余全部以渗碳体的形式存在。该类铸铁硬而脆,难以加工,很少直接用于制造机械零件,主要用于炼钢原料和生产可锻铸铁毛坯。

(2) 灰口铸铁。

碳全部或大部分以片状石墨形式存在于铸铁中,其断口呈暗灰色。该类铸铁是目前工业生产中使用最广泛的一类铸铁。

(3) 麻口铸铁。

铸铁中的碳一部分以渗碳体存在,另一部分以石墨的形式存在,其断口呈黑白相间的麻点。该类铸铁有较大的硬脆性,工业生产中很少使用。

2) 按化学成分和石墨的存在形态

按铸铁中化学成分和石墨的存在形态不同,铸铁常分为灰铸铁、蠕墨铸铁、球墨铸铁和可锻铸铁,工业中所用铸铁几乎都是灰铸铁。

(1) 灰铸铁:铸铁中石墨呈片状。

（2）蠕墨铸铁：铸铁中石墨呈蠕虫状,性能介于灰铸铁和球墨铸铁之间。

（3）球墨铸铁：铸铁中石墨呈球状,它是由铁液经过球化处理后获得的。该类铸铁的力学性能比灰铸铁和可锻铸铁好,生产工艺比可锻铸铁简单,还可以通过热处理来提高力学性能,在生产中应用也较为广泛。

（4）可锻铸铁：可锻铸铁中石墨呈团絮状。它是由白口铸铁通过石墨化或氧化脱碳的可锻化处理后获得的。虽然可锻铸铁相比于其他铸铁韧性较高,但是不能锻造。

5.6.1.3　铸铁的性能

由于存在石墨,铸铁具有以下特殊性能。

（1）可加工性优异：因石墨能造成脆性断屑,还可润滑刀具,所以可加工性优异。

（2）铸造性能良好：由于铸铁中硅的含量高,且成分接近共晶体,熔点低,流动性好,凝固收缩小,因此铸造性能良好。

（3）较好的减摩、耐磨性：这是由于石墨有良好的润滑作用,并能储存润滑油。

（4）良好的消振性（是钢的 10 倍）：由于石墨组织松软,能吸收振动能量,对振动的传递起削弱作用,故提高了铸铁的消振能力。

（5）缺口敏感性低：石墨的存在使表面粗糙,大量石墨对基体组织有割裂作用,使铸铁对外加的缺口不再敏感,对疲劳极限的影响不明显,具有低的缺口敏感性。

（6）力学性能较差：这是由于石墨的强度、韧性极低,减小了钢基体的有效截面,并易引起应力集中。其抗拉强度、塑韧性等力学性能比钢低,但铸铁的抗压强度很高,与钢相近或更高。

5.6.2　常用铸铁

5.6.2.1　灰铸铁

1）灰铸铁的牌号、力学性能及用途

灰铸铁是价格便宜、应用最广泛的铸铁材料,占铸铁总量的80%以上。它的化学成分一般为：$\omega_C = 2.8\% \sim 3.6\%$, $\omega_{Si} = 1.1\% \sim 2.5\%$, $\omega_{Mn} = 0.6\% \sim 0.8\%$, $\omega_S \leq 0.15\%$, $\omega_P \leq 0.5\%$。

灰铸铁中的碳全部或大部分以片状石墨的形式存在,其断口呈暗灰色。普通灰铸铁的显微组织除片状石墨外,基体组织有三种：铁素体（F）基体、铁素体和珠光体（F+P）基体、珠光体（P）基体。灰铸铁件能否得到灰口组织和某种基体,主要由其在结晶过程中的石墨化程度决定,其中最重要的影响因素是灰铸铁的成分和铸件的实际冷却速度。

按国家标准 GB/T 9439—2010 的有关规定,灰铸铁的牌号由"HT"和一组数

字组成。其中"HT"是"灰铁"二字的汉语拼音首字母,以它作为灰铸铁的代号,代
号后面的数字表示其最低抗拉强度(MPa),如 HT150 表示抗拉强度为 150 MPa 的
灰铸铁。灰铸铁的牌号、力学性能及用途见表 5－17。灰铸铁牌号共有六种,其中
HT100、HT150、HT200 为普通灰铸铁,HT250、HT300、HT350 为孕育铸铁,经过了
孕育处理。

表 5－17 灰铸铁的牌号、力学性能及用途(摘自 GB/T 9439—2023)

牌号	铸件壁厚/mm		铸件本体预期抗拉强度 $R_{\mathrm{m}}(\min)$ /MPa	用 途
	>	≤		
HT100	5	40	100	适用于低载荷和不重要的零件,如盖、外罩、油底、手轮、支架等
HT1500	5	10	155	用于制造普通机床上的支柱、底座、齿轮箱、刀架、床身、工作台等承受中等负荷的零件
	10	20	130	
	20	40	110	
	40	80	95	
HT200	5	10	205	用于制造汽车、拖拉机的气缸体、气缸盖、制动轮等承受较大载荷和较重要的零件
	10	20	180	
	20	40	155	
	40	80	130	
HT250	5	10	250	用于承受大应力和重要的零件,如联轴器盘、液压缸、阀体、泵体及活塞等
	10	20	225	
	20	40	195	
	40	80	170	
HT300	10	20	270	用于制造承受高负荷、要求高耐磨和高气密性的重要零件,如重型机床的床身、机座、机架及受力较大的齿轮、凸轮、衬套,大型发动机的气缸体、气缸套等
	20	40	240	
	40	80	210	
HT350	10	20	315	
	20	40	280	
	40	80	250	

可以把灰铸铁看作是"钢的基体"加上片状石墨,由于石墨片的强度极低,可
近似地把它看作是一些"微裂缝"。由于"微裂缝"的存在,不仅割裂了基体的连

续性,而且在其尖端处还会引起应力集中,故灰铸铁的力学性能较差,远低于钢。但它有优良的工艺性能,如良好的可加工性、较高的耐磨性、减振性,低的缺口敏感性,且价格低廉。

灰铸铁常用于制造机床床身、机架、阀体、箱体、立柱、壳体及承受摩擦的导轨、缸体等零件。在汽车上多用于不镶缸套的整体气缸体、气缸盖等零件的制造,还可用于制造飞轮、飞轮壳、主减速器壳、变速器壳及盖、离合器壳及压板、进排气管、制动鼓及液压制动总泵和分泵的缸体等。

2)灰铸铁的变质处理(孕育处理)

在灰铸铁浇注前向铁液中加入少量变质剂,改变铁液的结晶条件,使其获得细小珠光体和细小均匀分布的片状石墨组织,这种处理称为变质处理(孕育处理)。经过变质处理后的灰铸铁称作变质铸铁或孕育铸铁。常用的孕育剂有两种:一类是硅类合金,如硅铁合金、硅钙合金;另一类是石墨粉、电极粒等。铁液中加入孕育剂后,同时生成大量的、均匀分布的非自发石墨晶核,石墨片和基体组织细化,铸铁强度提高,还避免了铸件边缘及薄壁处出现白口组织,最终其显微组织是在细珠光体基体上分布着细小片状石墨。

灰铸铁经变质处理后,强度有较大的提高,韧性和塑性也得到了改善。因此,对于力学性能要求较高、截面尺寸变化较大的大型铸件常常采用变质处理。

3)灰铸铁的热处理

影响铸铁力学性能的主要因素是片状石墨对基体的破坏程度,而热处理只能改变基体组织,不能改变石墨的形态、大小和分布,所以热处理对提高灰铸铁件的力学性能作用不大。生产中对灰铸铁的热处理一般只用于消除铸造内应力和白口组织,稳定铸件尺寸和提高铸件工作表面的硬度和耐磨性。常用的灰铸铁热处理方法有去应力退火、石墨化退火、正火、表面淬火等。

(1)去应力退火。

对于大型、复杂的铸件或精密铸件(如机床床身、柴油机气缸体),在铸件开箱前或切削加工前通常要进行去应力退火。经过去应力退火,可消除铸件内部90%以上的应力。去应力退火是将铸件缓慢加热到500~600 ℃,保温一段时间(一般为2~6 h),然后随炉缓冷至150~220 ℃后出炉空冷,也称为人工时效处理。此外,还可将铸件长期放置在露天环境下,让其应力自然消失,这种方法又称为自然时效处理,但因其处理时间长,效果不佳,较少应用。

(2)石墨化退火。

石墨化退火又称为消除白口组织退火或软化退火,目的是消除白口铸铁组织。铸件冷却时,由于冷却速度较快,在薄壁部位及表层处容易形成白口组织,使铸件的硬度和脆性增加,造成加工困难并影响正常使用。石墨化退火的方法是将

铸件加热到 $850 \sim 950\ ℃$,保温一段时间(一般为 $2 \sim 4\ h$),然后随炉冷却至 $400 \sim 500\ ℃$,出炉空冷。

(3)表面淬火。

为了提高灰铸铁件(如缸体内壁、机床导轨等)的表面硬度和耐磨性,可选择采用火焰淬火,高频、中频感应淬火和化学热处理等方法,机床导轨表面可采用接触电阻加热淬火法,淬火后表面硬度可达 $50 \sim 55\ HRC$,使铸件表面的耐磨性显著提高,且形变较小。

5.6.2.2　球墨铸铁

球墨铸铁中石墨呈球状,它是 20 世纪 50 年代发展起来的一种高强度铸铁材料,其综合性能优良,接近于钢,因此,球墨铸铁材料发展迅速,应用十分广泛。

球墨铸铁是在灰铸铁的铁液浇注前加入少量的球化剂(稀土镁合金等)和孕育剂(硅铁等)进行球化—孕育处理后,得到的具有球状石墨的铸铁。与灰铸铁相比,球墨铸铁的碳当量较高,一般为过共晶成分,通常在 $4.5\% \sim 4.7\%$ 范围内变动,以利于石墨球化。我国普遍使用稀土镁球化剂,添加量比较少,同时使用质量分数为 75% 的硅铁或硅钙合金等孕育剂。球墨铸铁中石墨的体积分数约为 10%,其形态大部分为近似球状。球状石墨应力集中小,对金属基体的削弱小,具有较高的强度、韧性和塑性,力学性能优良,同时还保留了灰铸铁所具有的耐磨、消振、易切削、对缺口不敏感等优点,因此得到了越来越广泛的应用。

球墨铸铁的化学成分大致为:$\omega_C = 3.8\% \sim 4.0\%$、$\omega_{Si} = 2.0\% \sim 2.8\%$、$\omega_{Mn} = 0.6\% \sim 0.8\%$、$\omega_S \leqslant 0.04\%$、$\omega_P \leqslant 1.0\%$、$\omega_{Mg} = 0.03\% \sim 0.05\%$、$\omega_{RE} \leqslant 0.05\%$(稀土)。在石墨球化良好的前提下,球墨铸铁的性能基本取决于其基体组织。通过控制化学成分、调整铁液处理工艺和铸件的冷却速度,加入合金元素等措施,可以得到不同的基体组织。球墨铸铁一般有 F、F+P 和 P 三种基体组织。

1)球墨铸铁的牌号、力学性能及用途

按照国家标准 GB/T 1348—2009 的有关规定,球墨铸铁的牌号由"QT"和其后的两组数字组成,其中"QT"为球墨铸铁的代号,代号后面的两组数字分别表示最低抗拉强度(MPa)和最低断后伸长率(%)。例如:QT450-10 表示抗拉强度为 450 MPa、断后伸长率为 10% 的球墨铸铁。常用球墨铸铁的牌号、力学性能及用途见表 5-18。

球墨铸铁的力学性能较好,在抗拉强度、屈强比、疲劳强度等方面都可以与钢相比(冲击韧性不如钢)。同时球墨铸铁仍保留灰铸铁的许多优点,而价格又比钢材低,所以常用来代替部分铸钢和锻钢(以铁代钢、以铸代锻)。球墨铸铁在管道、汽车、机车、机床、动力机械、工程机械、冶金机械、机械工具等方面用途广泛。例如,在机械制造业中,球墨铸铁成功地替代了不少碳素钢、合金钢和可锻铸铁,

表 5-18 常用球墨铸铁的牌号、力学性能及用途

牌号	力学性能(不小于)			硬度(HBW)	用　　途
	抗拉强度 R_m/MPa	0.2%屈服强度 $R_{p0.2}$/MPa	断后伸长率/%		
QT400-18	400	250	18	120~175	汽车和拖拉机的牵引框、轮毂、离合器、减速器等的壳体、高压阀门的阀体、阀盖等
QT450-10	450	310	10	162~210	
QT500-7	500	320	7	170~230	内燃机机油泵齿轮、水轮机的阀门体、机车车轴的轴瓦等
QT600-3	600	370	3	190~270	柴油机和汽油机的曲轴、连杆及凸轮轴、缸套,空压机、气压机泵的曲轴、缸体、缸套,球磨机齿轮等
QT700-2	700	420	2	225~305	
QT800-2	800	480	2	245~335	

用来制造一些受力复杂,强度、韧性和耐磨性要求高的零件。几乎有 90% 的球墨铸铁用于汽车和机械工业。具有高强度与高耐磨性的珠光体球墨铸铁,常用来制造柴油机的曲轴、连杆、凸轮轴,机床的主轴、大齿轮及大型水压机的工作缸、缸套、活塞等;具有高的韧性和塑性的铁素体球墨铸铁,常用来制造受压阀门、机器底座、汽车的后桥壳等。曲轴是球墨铸铁在汽车上应用最成功的典型零件,东风5 t 载货汽车的 6100 汽油机采用球墨铸铁曲轴已有 20 多年。此外,汽车上的驱动桥壳体、发动机齿轮等重要零件也常采用球墨铸铁制造。汽车工业是球墨铸铁的主要应用领域,在工业发达的国家中,球墨铸铁件产量中约有 20%~40% 用于汽车。

2) 球墨铸铁的热处理

由于球状石墨对基体的割裂作用不大,因此可通过热处理进行强化。球墨铸铁的热处理工艺性能较好,凡是钢材可以进行的热处理工艺,基本上都适用于球墨铸铁,且改善性能的效果比较明显。常用的热处理方法有退火、正火、调质、等温淬火等。此外,为提高球墨铸铁工件的表面硬度和耐磨性,还可以采用表面淬火、氮碳共渗等工艺,其工艺过程可参考热处理有关资料。采用适当的焊接技术可使球墨铸铁与钢、与球墨铸铁等结合起来,且焊缝具有一定的强度,并能满足某些特定性能。

5.6.2.3 可锻铸铁

可锻铸铁是由白口铸铁经长时间的高温石墨化退火而得到的一种铸铁材料。白口铸铁中的游离渗碳体在退火过程中分解成团絮状石墨,因石墨呈团絮状而大

大减轻了石墨对基体组织的割裂作用,故可锻铸铁相比灰铸铁不但有较高的强度,并且具有较高的塑性和韧性。可锻铸铁又称展性铸铁和马口铸铁,其因塑性优于灰铸铁而得名,但要注意实际上并不能进行锻造加工。可锻铸铁的化学成分一般控制在下列范围:$\omega_C = 2.2\% \sim 2.8\%$、$\omega_{Si} = 1.2\% \sim 2.0\%$、$\omega_{Mn} = 0.6\% \sim 1.2\%$、$\omega_S \leqslant 0.2\%$、$\omega_P \leqslant 0.1\%$。

可锻铸铁分为黑心可锻铸铁(即铁素体可锻铸铁)、珠光体可锻铸铁和白心可锻铸铁。白心可锻铸铁的生产周期长,性能较差,应用较少。目前使用的大多是黑心可锻铸铁和珠光体可锻铸铁。黑心可锻铸铁因其断口为黑绒状而得名,其基体为铁素体;珠光体可锻铸铁基体为珠光体。

按照国家标准 GB/T9440—2010 的有关规定,可锻铸铁的牌号由"KTH"(或"KTZ""KTB")和两组数字组成。其中,"KT"是可锻铸铁的代号,"H"表示黑心可锻铸铁,"Z"表示珠光体可锻铸铁,"B"表示白心可锻铸铁;代号后面的两组数字分别表示最低抗拉强度(MPa)和最低断后伸长率(%)。例如,KTH350-10 表示抗拉强度为 350 MPa、断后伸长率为10%的黑心可锻铸铁。可锻铸铁的牌号、力学性能及用途见表 5-19。

表 5-19　可锻铸铁的牌号、力学性能及用途(摘自 GB/T 9440—2010)

类　型	牌　号	力学性能			用　　途
		抗拉强度 R_m/MPa	0.2% 屈服强度 $R_{p0.2}$/MPa	断后伸长率/%	
黑心可锻铸铁和珠光体可锻铸	KTH300-06	300	–	6	用于承受低动载荷、要求气密性好的零件,如管道配件、中低压阀门等
	KTH330-08	330	–	8	用于承受中等动载荷和静载荷的零件,如犁刀、犁柱、车轮壳、机床用扳手等
	KTH350-10	350	200	10	用于承受较大冲击、振动及扭转载荷的零件,如汽车、拖拉机后轮壳、差速器壳、万向节壳、制动器壳等,铁道零件、冷暖器接头、船用电动机壳、犁刀、犁柱等
	KTH370-12	370	–	12	
	KTZ450-06	450	270	6	可用于代替低碳钢、中碳钢、低合金钢及非铁金属材料制作的承受较高载荷、要求耐磨和具有韧性的重要零件,如曲轴、凸轮轴、连杆、齿轮、摇臂、轴承、活塞环、犁刀、耙片、万向接头、棘轮、扳手、传动链、矿车轮等
	KTZ550-04	550	340	4	
	KTZ650-02	650	430	2	
	KTZ700-02	700	530	2	

续　表

类　型	牌　号	力学性能			用　途
		抗拉强度 R_m/MPa	0.2%屈服强度 $R_{p0.2}$/MPa	断后伸长率/%	
白心可锻铸铁	KTB350-04	350	–	4	在机械工业中很少使用,适宜制作厚度在 15 mm 以下的薄壁铸件和焊接后不需进行热处理的零件
	KTB380-12	380	200	12	
	KTB400-05	400	220	5	
	KTB450-07	450	260	7	

珠光体可锻铸铁的强度、硬度和耐磨性较高;黑心可锻铸铁的塑性和韧性较好,但强度和硬度较低。

可锻铸铁生产必须经过两个过程,首先是要浇注成白口铸铁件毛坯,然后再经过长时间石墨化退火处理,使渗碳体分解出团絮状的石墨,才能获得可锻铸铁,因此要求铸铁成分的碳和硅含量较低。为了缩短石墨化退火周期,锰含量也不宜过高。

通过加入合金元素及采用不同的热处理工艺的方法,可锻铸铁能够获得不同的基体组织(如奥氏体、马氏体、贝氏体等),来满足各种条件下工作的零件不同的特殊性能要求。可锻铸铁的性能远优于灰铸铁,适于制造大量生产的形状比较复杂、承受冲击载荷的薄壁件及中小型零件。在制造尺寸很小、形状复杂和壁厚特别薄的零件时,若选用铸钢或球墨铸铁材料,生产上会十分困难;若选用灰铸铁材料,则强度和韧性不足,还可能会形成白口影响性能;若采用焊接方法,则很难大量生产,又增加了成本,因此选用可锻铸铁材料比较合适。在特殊情况下,通过工艺上的适当调控,也可生产壁厚达 80 mm 或质量达 150 kg 以上的可锻铸铁件。

可锻铸铁广泛应用于汽车、拖拉机等机械制造行业,常用于制造汽车后桥壳、轮毂、变速器拨叉、制动踏板及管接头、低压阀门、扳手等零件。但可锻铸铁生产周期较长(退火需要几十小时)、生产率低、成本高,使其应用受到一定限制。

5.6.2.4　蠕墨铸铁

蠕墨铸铁是 20 世纪 60 年代开始发展并逐步应用的一种新的铸铁材料,因其石墨形态呈蠕虫状而得名。由于石墨大部分呈蠕虫状,间有少量球状,使它兼备灰铸铁和球墨铸铁的某些优点,可以用来代替高强度铸铁、合金铸铁、黑心可锻铸铁及铁素体球墨铸铁,因此应用日益广泛。

蠕墨铸铁是在灰铸铁的铁液中加入一定量的蠕化剂(镁钛合金等)和孕育剂(硅铁)进行蠕化—孕育处理后,得到的具有蠕虫状石墨的铸铁。我国目前采用的蠕化剂主要有稀土镁钛合金、稀土镁、硅铁或硅钙合金。稀土合金的加入量与原铁液含硫量有关,原铁液含硫量越高,稀土合金加入量就越多。蠕墨铸铁的化学成分要求与球墨铸铁相似,一般来说成分范围大致为:$\omega_C = 3.7\% \sim 3.9\%$、$\omega_{Si} = 2.0\% \sim 2.8\%$、$\omega_{Mn} = 0.3\% \sim 0.6\%$、$\omega_S \leqslant 0.025\%$、$\omega_P \leqslant 0.06\%$、$\omega_{Ti} = 0.08\% \sim 0.20\%$、$\omega_{Mg} = 0.015\% \sim 0.03\%$、$\omega_{RE} \leqslant 0.01\%$(稀土)。蠕墨铸铁中的石墨是一种介于片状石墨和球状石墨之间的过渡型石墨,短而厚,头部较圆,呈蠕虫状。

蠕墨铸铁的显微组织由蠕虫状石墨+基体组织组成,其基体组织与球墨铸铁相似,在铸态下一般是珠光体和铁素体的混合基体,通过热处理或合金化方法能够获得铁素体基体或珠光体基体。故此,蠕墨铸铁基体组织有F、F+P和P三种。

按照国家标准 GB/T 26655—2011 的有关规定,蠕墨铸铁的牌号由"RuT"和一组数字组成,其中"RuT"为蠕墨铸铁的代号,代号后面的一组数字表示抗拉强度(MPa)。例如,RuT400 表示抗拉强度为 400 MPa 的蠕墨铸铁。蠕墨铸铁的牌号及力学性能见表 5-20。表 5-20 中规定的力学性能指标是指单铸试块的力学性能,采用附铸试块时,牌号后面加字母"A"。

表 5-20　蠕墨铸铁的牌号及力学性能(摘自 GB/T 26655—2022)

牌号	基体类型	力学性能(不小于)			硬度(HBW)
		抗拉强度 R_m/MPa	0.2%屈服强度 $R_{p0.2}$/MPa	断后伸长率/%	
RuT300	铁素体	300	210	2.0	140~210
RuT350	铁素体+珠光体	350	245	1.5	160~220
RuT400	珠光体+铁素体	400	280	1.0	180~240
RuT450	珠光体	450	315	1.0	200~250
RuT500	珠光体	500	350	0.5	220~260

蠕墨铸铁的热处理主要是为了调整基体组织,以获得不同的力学性能要求。常用的热处理方法有正火和退火。普通蠕墨铸铁在铸态时,基体中含有大量的铁素体,通过正火可以增加珠光体量,以提高强度和抗磨性。蠕墨铸铁退火则是为了获得85%以上的铁素体,或消除薄壁外的游离渗碳体。

蠕墨铸铁是一种综合性能良好的铸铁材料,由于石墨呈蠕虫状,其对基体的割裂作用介于灰铸铁与球墨铸铁之间,因此,蠕墨铸铁的力学性能也介于基体组织相同的灰铸铁和球墨铸铁之间。如抗拉强度、韧性、抗弯疲劳极限均优于灰铸铁,其塑性和韧性比球墨铸铁低,蠕墨铸铁还具有优良的抗热疲劳性能,可加工性、铸造性能和减振能力都比球墨铸铁更优,与灰铸铁相近。因此蠕墨铸铁广泛用来制造气缸盖、机床工作台、飞轮、进排气管、制动鼓、阀体、变速器壳体等机器零件。用蠕墨铸铁制造的制动鼓使用寿命比灰铸铁高 3 倍多。6100 汽油机排气管、6100 柴油机气缸盖也常用蠕墨铸铁制造。

5.6.2.5　特殊性能铸铁

除一般的力学性能以外,工业上还常要求铸铁具有良好的耐磨、耐蚀或耐热性等特殊性能,并可在腐蚀介质、高温或剧烈摩擦磨损的条件下使用。为此,在铁液中加入一种或几种合金元素(如铬、镍、铜、钼、铝等),就可以得到一些具有各种特殊性能的合金铸铁,又称特殊性能铸铁。特殊性能铸铁主要分为三类:抗磨铸铁、耐热铸铁、耐蚀铸铁。

1)抗磨铸铁

不易磨损的铸铁称为抗磨铸铁。通常通过激冷或向铸铁中加入铬、钨、钼、铜、锰、磷等元素,形成一定量的硬化相来提高其耐磨性。

抗磨铸铁按其工作条件可分为减摩铸铁和抗磨白口铸铁。前者在有润滑、受黏着磨损的条件下工作,如机床导轨、发动机缸套、活塞环、轴承等。后者在摩擦条件下工作,如轧辊、犁铧、磨球等。

(1)减摩铸铁。

减摩铸铁在润滑条件下工作,具有减小摩擦系数、保持油膜连续性、抵抗咬合或擦伤的减摩作用,适于制造发动机缸套和活塞环、机床导轨和拖板、各种滑块、轴承等。近年来使用最多的减摩合金铸铁有高磷铸铁、硼铸铁、钒钛铸铁、铬钼铜铸铁等。

减摩铸铁的组织通常是在软基体上牢固地嵌有坚硬的强化相。通过控制铸铁的化学成分和冷却速度获得细片状珠光体可以满足这种要求。铸铁的耐磨性随珠光体数量增加而提高,粒状珠光体的耐磨性不如片状珠光体,细片状珠光体耐磨性又好于粗片状,故希望减摩铸铁中得到细片状珠光体基体。托氏体和马氏体基体的铸铁耐磨性更好。球墨铸铁的耐磨性好于片状石墨铸铁,但球墨铸铁的吸振性能不佳,铸造性能也不如灰铸铁,因此减摩铸铁一般多采用灰铸铁加合金元素的方式冶炼。在普通灰铸铁的基础上加入适量的铜、钼、锰等元素,可以增加珠光体含量,有利于提高基体耐磨性;加入少量的磷能形成磷共晶;加入钒、钛等碳化物元素形成的稳定的、高硬度的质点,起支撑骨架的作用,可以明显提高铸铁的耐磨性。

(2)抗磨白口铸铁。

在干摩擦条件下工作时对耐磨性能有要求的铸铁称为抗磨铸铁。抗磨铸铁在无润滑及磨粒磨损条件下工作,具有较高的抗磨作用,一般用以制造轧辊、抛光机叶片、球磨机磨球、犁铧等。这类铸件不仅受到严重的磨损,而且承受很大的负荷。获得高而均匀的硬度是提高这类铸件耐磨性的关键。在普通白口铸铁中加入适量的铬、钼、钨、镍、锰等合金元素,即成为抗磨白口铸铁。常用的还有价廉的硼耐磨铸铁。

抗磨白口铸铁的牌号由 BTM、合金元素符号及其质量百分数数字组成,如 BTMNi5Cr2 - DT、BTMNi5Cr2 - GT、BTMCr8、BTMCr26 等,其中"DT"表示低碳,"GT"表示高碳。

白口铸铁硬度高,具有很高的耐磨性能,可制造承受干摩擦及在磨粒磨损条件下工作的零件。但白口铸铁由于脆性较大,应用受到一定的限制,不能用于制造承受大的动载荷或冲击载荷的零件。若在普通白口铸铁中加入铜、铬、钼、钒等元素,则形成珠光体合金白口铸铁,既具有高硬度和高耐磨性,又具有一定的韧性。加入铬、镍、硼等提高淬透性的元素可形成马氏体合金白口铸铁,获得更高的硬度和耐磨性。

中锰球墨铸铁也是一种抗磨铸铁,Mn 的质量分数为 5.0%~9.0%,Si 的质量分数为 3.3%~5.0%,耐磨性很好,并具有一定的韧性。其基体以马氏体和奥氏体为主,并有块状或断续网状渗碳体。可用于制造矿山、水泥、煤前加工设备和农机的一些耐磨零件。

2)耐热铸铁

可以在高温下使用,其抗氧化或抗生长性能符合使用要求的铸铁称为耐热铸铁。耐热铸铁具有良好的耐热性,可代替耐热钢用作加热炉炉底板、坩埚、废气管道、热交换器及钢锭模等,能长期在高温下工作。所谓铸铁的耐热性是指其在高温下抗氧化,抗生长,并保持较高的强度、硬度及抗蠕变的能力。由于一般铸铁的高温强度比较低,耐热性主要是指抗氧化和抗生长的能力。氧化是铸铁在高温下与周围气氛接触使表层发生化学腐蚀的现象。铸铁在反复加热、冷却时除了表面会发生氧化外,产生体积胀大的现象称为铸铁的生长,即铸铁的体积会产生不可逆的胀大,严重时甚至胀大 10%左右。由于在高温下铸铁内部发生氧化现象和石墨化现象,其体积膨胀是不可逆的,因此,铸铁在高温下损坏的主要形式是铸铁生长及产生微小裂纹。普通铸件在高温和负荷作用下,由于氧化和生长最终会导致零件变形、翘曲,产生裂纹,甚至破裂。

为了提高铸铁的耐热性,常向铸铁中加入硅、铝、铬等合金元素,使铸铁表面形成一层致密的 SiO_2、Al_2O_3、Cr_2O_3 氧化膜,阻止氧化性气体渗入铸铁内部产生内氧化,从而抑制铸铁的生长。除此之外,尽量使石墨由片状变为球状,或减少石墨数量,以及加入合金元素,使基体为单一的铁素体或奥氏体等措施,都可以提高铸铁的耐热性。国外应用较多的是铬、镍系耐热铸铁,我国目前应用广泛的是高硅、高铝或铝硅耐热铸铁及铬耐热铸铁。

目前,耐热铸铁大都采用单相铁素体基体铸铁,以避免出现渗碳体分解;并且最好采用球墨铸铁,其球状石墨互不相连,不容易构成氧化通道。按所加合金元素种类不同,耐热铸铁主要有硅系、铝系、铝硅系、铬系、高镍系等。代号"HTR"表示耐热灰铸铁,如 HTRSi5、HTRCr16 等。代号"QTR"表示耐热球墨铸铁,后面的数字表示合金元素的质量百分数,如 QTRSi5、QTRAl22 等。

耐热铸铁主要用于制作工业加热炉附件,如炉底板、烟道挡板、废气道、传递链构件、热交换器等。

3) 耐蚀铸铁

在石油化工、造船等工业中,阀门、管道、泵体、容器等各种铸铁件经常在大气、海水及酸、碱、盐等介质中工作,需要具备较高的耐蚀性能。普通铸铁是由石墨、渗碳体和铁素体组成的多相合金。当铸铁受周围介质的作用时,会发生化学腐蚀和电化学腐蚀。化学腐蚀是指铸铁和干燥气体及非电解质发生直接的化学作用而引起的腐蚀,主要发生在表层范围以内。电化学腐蚀是由于铸铁本身是一种多相合金,在电解质中有不同的电极电位,电极电位高的构成阴极,电极电位低的构成阳极,组成原电池,构成阳极的材料则不断被消耗。在电解质溶液中,石墨的电极电位最高,渗碳体次之,铁素体最低。石墨和渗碳体是阴极,铁素体是阳极,组成了原电池。因此,铁素体将不断被溶解,产生严重的电化学腐蚀,这种腐蚀会深入到铸铁内部,危害十分严重。铸铁表面与水汽接触,也会产生化学腐蚀作用。

提高铸铁耐蚀性的方法主要有以下几种:在铸铁中加入硅、铝、铬等合金元素,在铸件表面形成牢固、致密的保护膜;加入铬、硅、钼、铜、氮、磷等合金元素,通过提高铁素体的电极电位来提高耐蚀性;通过合金化方法,减少石墨数量,获得单相基体组织,从而减少铸铁中的原电池数目,来提高耐蚀性。

能耐化学、电化学腐蚀的铸铁称为耐蚀铸铁。耐蚀铸铁中常加入的合金元素有硅、铝、铬、镍、钼、铜等,通过形成氧化物保护膜的方式来提高铸铁的耐蚀能力。常用的耐蚀铸铁有高硅耐蚀铸铁、高硅钼耐蚀铸铁、高铝耐蚀铸铁、高铬耐蚀铸铁、镍铸铁等,主要用于化工机械,如管道、阀门、耐酸泵等。

耐蚀灰铸铁的代号为"HTS",常用的高硅耐蚀铸铁的牌号有 HTSSi11Cu2CrR、HTSSi5R、HTSSi15Cr4R 等,数字表示合金元素的平均质量百分数。

习　题

1. 说明下列牌号的含义:Q215 - B·F、20、35、T13、T10、T8A、20Mn2、40CrMoAlA、

9CrSi、38CrMoAlA、W18Cr4V、60Si2Mn。

2. 简述合金元素在钢中的作用。

3. 提高钢耐蚀性的一般途径是什么?

4. 在一般情况下,结构钢与工具钢的主要区别是什么?

5. 解释下列现象:

(1) 在含碳量相同时,大多数合金钢热处理加热温度均比碳素钢高,保温时间长。

(2) $\omega_C = 0.4\%$、$\omega_{Cr} = 12\%$ 的铬钢为共析钢,$\omega_C = 1.5\%$、$\omega_{Cr} = 12\%$ 的铬钢为莱氏体钢。

(3) 高速工具钢在热锻后空冷,能获得马氏体。

(4) 12Cr13 和 Cr12 钢中 Cr 的质量分数均大于 11.7%,但 12Cr13 属不锈钢,而 Cr2 钢却不属于不锈钢。

6. 填空题

(1) 20 是( )钢,可制造( )。

(2) T12 是( )钢,可制造( )。

(3) 16Mn 是( )钢,可制造( )。

(4) 40Cr 是( )钢,可制造( )。

(5) 20CrMnTi 是( )钢,Cr、Mn 的主要作用是( ),Ti 的主要作用是( ),热处理工艺是( )。

(6) 9SiCr 是( )钢,可制造( )。

(7) 5CrMnMo 是( )钢,可制造( )。

(8) Cr12MoV 是( )钢,可制造( )。

(9) 60Si2Mn 是( )钢,可制造( )。

(10) 1Cr13 是( )钢,可制造( )。

(11) 钢中的( )引起热脆,( )引起冷脆。

7. 白口铸铁、灰铸铁和钢在成分、组织和性能上有何主要区别?

8. 为什么一般机器的支架、箱体和机床的床身常用灰铸铁制造?

9. 从综合力学性能和工艺性能来比较灰铸铁、球墨铸铁和可锻铸铁。

试述石墨对铸铁性能的影响。

第6章 有色金属及其合金

通常把铁及其合金(钢、铸铁)称为黑色金属,而黑色金属以外的所有金属则称为有色金属。与黑色金属相比,有色金属有许多优良的特性,如铝、镁、钛等金属及其合金具有密度小、比强度(强度/密度)高的特点,在航空航天、汽车、船舶和军事领域中应用十分广泛;银、铜、金(包括铝)等金属及其合金具有优良的导电性和导热性,是电器仪表和通信领域不可缺少的材料;钨、钼、钽、铌等金属及其合金熔点高,是制造耐高温零件及电真空元件的理想材料;钛及其合金是理想的耐蚀材料等。本章主要介绍目前工程中广泛应用的铝、铜及其合金,以及轴承合金和常用的非金属材料。

6.1 铝及铝合金

6.1.1 纯铝

铝是目前工业中用量最大的非铁金属材料。纯铝为银白色金属,其密度为 $2.7\ \mathrm{g/cm^3}$,大约是钢的三分之一。纯铝具有面心立方结构,无同素异晶转变,熔点为 660 ℃。纯铝的密度小,抗氧化,易加工,导电性和导热性好,仅次于银、铜和金,在金属中列第四位。纯铝在大气中极易和氧结合生成致密的 Al_2O_3 膜,阻止了铝的进一步氧化,因而具有良好的耐大气腐蚀性能,但不耐酸、碱、盐的腐蚀。纯铝的强度、硬度低($R_\mathrm{m} \approx 80 \sim 100\ \mathrm{MPa}$、20 HBW),塑性好($A \approx 50\%$,$Z \approx 80\%$),适合进行各种冷热加工,特别是塑性加工。纯铝不能热处理强化,冷变形是提高其强度的唯一手段。纯铝主要用作导线材料及制作某些要求质轻、导热或防锈但强度要求不高的器具。

纯铝分为高纯度铝和工业纯铝,后者的纯度为 98%~99%,含铁、硅等杂质。工业纯铝的牌号为 1070A、1060A、1050A……(对应的旧牌号为 L1、L2、L3……)工业高纯铝的牌号为 1A85、1A90、……、1A99(对应的旧牌号为 LG1、LG2、……、LG5)。纯铝中杂质含量增加,其电导性、热导性、耐蚀性及塑性会有所下降。

6.1.2　铝合金的分类

纯铝的强度低,不宜作为受力的结构材料使用。所以,在铝中加入适量的硅、铜、镁、锌、锰等合金元素制成较高强度的铝合金。

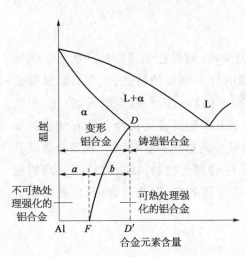

图6-1　二元铝合金的一般相图

铝合金根据化学成分和生产工艺特点,可分为变形铝合金和铸造铝合金两大类。在二元铝合金相图中(图6-1),凡成分位于 D′ 以左的合金,在加热时能形成单相固溶体组织,合金的塑性较高,适于压力加工,故称为变形铝合金。凡成分位于 D′ 以右的合金,由于合金中含有共晶组织,因而熔点低、液态流动性好,适于铸造,故称为铸造铝合金。

变形铝合金又分为两类:图6-1中成分位于 F 点以左的合金,其 α 固溶体成分不随温度变化,故不能用热处理强化,因此称为不可热处理强化的铝合金;成分位于 F、D′ 之间的铝合金,由于 α 固溶体成分随温度变化,故可采用热处理来强化,称为可热处理强化的铝合金。

6.1.3　铝合金的热处理

大多数的铝合金还可以通过热处理来改善性能。

1) 铝合金的退火

铝合金退火的主要目的是消除应力或偏析,稳定组织,提高塑性。退火时将合金加热至 200~300 ℃,适当保温后空冷,或先缓冷到一定温度后再空冷。再结晶退火可以消除变形铝合金在塑性变形过程中产生的冷变形强化现象。再结晶退火的温度视合金成分和冷变形条件而定,一般在 350~450 ℃。

2) 铝合金的固溶与时效处理

固溶与时效是铝合金热处理强化的主要工艺。铝合金一般具有如图6-1所示类型的相图。将成分位于图中 D′、F 之间的合金加热至 α 相区,经保温形成单相的固溶体,然后快冷(淬火),使溶质原子来不及析出,至室温获得过饱和的 α 固溶体组织,这一热处理过程称为固溶处理。淬火后的铝合金虽可固溶强化,但强化效果不明显,塑性却得到改善。由于过饱和的 α 固溶体是不稳定的,随着时间的延长,其中将形成众多的溶质原子局部富集区(称为 GP 区),进而析出细小弥散分布且与母相共格的第二相或第二相的过渡相,引起晶格严重畸变(图 6 - 2),阻碍位错的运动。此时合金的强度、硬度显著升高,这就是时效强化,这一过程称为时效处理。具有极限溶解度 D' 点附近成分的合金,时效强化效果最大。合金成分位于 F 点以左时,由于加热与冷却时组织无变化,显然无法对其进行时效强化,故称为不可热处理强化的铝合金。成分位于 F 点以右的合金,其组织为固溶体与第二相的混合物,因为时效过程只在 α 固溶体中发生,故其时效强化效果将随着合金成分向右远离 F 点而逐渐增大至 D' 附近,时效强化效果最明显。

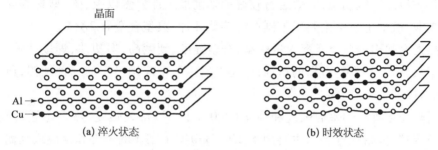

图 6 - 2　铝合金固溶与时效过程的组织变化

3) 铝合金的回归处理

回归处理是指把已经时效强化的铝合金,重新加热到高于时效的温度(200 ~ 280 ℃),经短时保温,可使强化相重新溶入 α 固溶体中,然后迅速冷却,合金将会重新变软恢复到淬火状态的过程。回归处理后的铝合金仍能进行时效强化。回归现象的实际意义在于可使时效强化的铝合金重新变软,以便加工。

6.1.4　变形铝合金

目前我国生产的变形铝合金分为防锈铝合金、硬铝合金、超硬铝合金及锻铝合金四大类。其中防锈铝合金是不可热处理强化的铝合金,其余三类合金是可热处理强化的铝合金。

1) 防锈铝合金

防锈铝合金主要是 Al - Mn 系和 Al - Mg 系合金。合金元素锰或镁的添加使此类合金具有较高的耐蚀性。防锈铝合金有很好的塑性加工性能和焊接性,但强度较低且不能热处理强化,只能采用冷变形加工提高其强度。主要用于制作需要弯曲或拉深的高耐蚀性容器及受力小、耐蚀的制品与结构件。

2) 硬铝合金

硬铝合金是 Al – Cu – Mg 系合金。主要合金元素铜和镁的添加使合金中形成大量强化 θ 相（$CuAl_2$）和 S 相（$CuMgAl_2$）。合金固溶与时效处理后，强度显著提高。硬铝的耐蚀性差，尤其不耐海水腐蚀，因此常用表面包覆纯铝的方法来提高其耐蚀性。此外，向硬铝中加入少量锰也可改善合金的耐蚀性，同时还有固溶强化和提高耐热性的作用。

按强度和用途划分，硬铝又分为铆钉硬铝、中强硬铝、高强硬铝和耐热硬铝四类。铆钉硬铝又称为低合金化硬铝，强度低，但塑性好，适于制作铆钉，典型合金有 2A01 和 2A10。

中强硬铝又称为标准硬铝，既有较高的强度又有足够的塑性，退火态和淬火态下可进行冷冲压加工，时效后有较好的切削加工性。多以板、棒、型材等应用于各种工业，航空工业中主要用于制造螺旋桨叶片，典型合金有 2A11。

高强度硬铝中合金元素含量较高，合金强度、硬度高，但塑性、焊接性较差，多以包铝板材状态使用，有高的耐蚀性，是航空工业中应用最广的一种硬铝，典型合金为 2A12。

耐热硬铝有高的室温强度和高温（300 ℃以下）持久强度，热状态塑性较好，可进行焊接，但耐蚀性差。主要用于 250~350 ℃下工作的零件和常温或高温下工作的焊接容器，典型合金为 2A16。

3) 超硬铝合金

超硬铝属于 Al – Zn – Mg – Cu 系合金。合金中的强化相除 θ 相、S 相外，还有可产生强烈时效强化效果的 η 相（$MgZn_2$）和 T 相（$Mg_3Zn_3Al_2$），因而成为目前强度最高的一类铝合金。这类合金有较好的热塑性，适宜压延、挤压和锻造，焊接性也较好。超硬铝的淬火温度范围较宽，在 460~500 ℃之间淬火都能保证合金的性能；但一般不用自然时效，只进行人工时效处理。超硬铝的缺点是耐热性低，耐蚀性较差，且应力腐蚀倾向大。它主要用作要求重量轻、受力较大的结构件，如飞机大梁、起落架等，典型合金有 7A04。

4) 锻铝合金

锻铝合金包括 Al – Mg – Si – Cu 系普通锻造铝合金和 Al – Cu – Mg – Ni – Fe 系耐热锻造铝合金。这类合金有良好的热塑性和可锻性，可用于制作形状复杂或承受重载的各类锻件和模锻件，并且在固溶处理和人工时效后可获得与硬铝相当的力学性能。典型锻铝合金为 2A50。

目前国际通用的变形铝合金的牌号有两种表示方法，一种为四位数字体系牌号，一种为四位字符体系牌号，两种牌号的区别仅在于牌号的第二位。牌号的第一位数字表示铝及铝合金的组别，用 1、2、3、4、5、6、7、8、9 分别代表纯铝及铜、锰、硅、镁、镁和硅、锌、其他元素为主要合金元素的铝合金及备用合金组;第二位数字或字母表示纯铝或铝合金的改型情况,数字 0 或字母 A 表示原始纯铝和原始合金,1~9 或 B~Y 表示改型情况;牌号最后两位数字用来标识同一系列中的不同合金,纯铝则表示最低铝含量中小数点后面的两位,如 1060 是最低铝含量为 99.60% 的工业纯铝。

部分常用变形铝合金的牌号、成分、力学性能及用途见表 6-1。

6.2　铜及铜合金

6.2.1　纯铜

纯铜又称为紫铜,密度为 8.96 g/cm^3,熔点为 1 083 ℃,具有面心立方晶格,无同素异晶转变。纯铜有很好的导电性和导热性,高的化学稳定性,耐大气和水的腐蚀性强,并且是抗磁性金属。纯铜的塑性好($A = 50\%$),但强度较低($R_m = 230 \sim 250$ MPa),硬度很低(40~50 HBW),不能热处理强化,只能通过冷加工变形强化。

纯铜中的主要杂质有铅、铋、氧、硫和磷等,它们对纯铜的性能影响极大,不仅可使其导电性能降低,而且还会使其在冷、热加工中发生冷脆和热脆现象。因此,必须控制纯铜中的杂质含量。

工业纯铜分为纯铜(T)、无氧纯铜(TU)、磷脱氧铜(TP)等。其中纯铜牌号为 T1(T10900)、T2(T11050)、T3(T11090),其后的数字越大,纯度越低。

纯铜主要用作导线、电缆、传热体、铜管、垫片、防磁器械等。

6.2.2　黄铜

黄铜是以锌为主要合金元素的铜合金。按其化学成分不同分为普通黄铜和特殊黄铜;按生产方法的不同,分为加工黄铜和铸造黄铜。

1) 普通黄铜

铜和锌组成的二元合金称为普通黄铜。锌加入铜中提高了合金的强度、硬度和塑性,并改善了铸造性能。普通黄铜的组织和力学性能与含锌量的关系如图 6-3 所示。由图可见,在平衡状态下 $\omega_{Zn} < 33\%$ 时,锌可全部溶于铜中,形成单相 α 固溶体,随着锌含量增加,黄铜强度提高,塑性得到改善,适于冷加工变形;当 $\omega_{Zn} = 33\% \sim 45\%$ 时,随 Zn 的含量超过它在铜中的溶解度,合金中除形成 α 固溶体外,还产生少量硬而脆的 CuZn 化合物,随 Zn 含量的增加,黄铜的强度继续提高,但塑性开始下降,不宜进行冷变形加工;当 $\omega_{Zn} > 45\%$,黄铜的组织全部为脆性相

表 6-1　部分常用变形铝合金的牌号、成分、力学性能及用途（摘自 GB/T 3190—2020 和 GB/T 16475—2023）

类别	牌号	原代号	主要化学成分质量分数/%						热处理状态	力学性能			用途
			Cu	Mg	Mn	Zn	其他	Al		R_m/MPa	A/%	硬度(HBW)	
防锈铝合金	5A05	LF5	≤0.10	4.8~5.5	0.3~0.6	≤0.20	—	余量	O	280	20	70	焊接油箱、油管、铆钉、中载零件及制品
	5A11	LF11	≤0.10	4.8~5.5	0.3~0.6	≤0.20	Ti 或 V 0.02~0.15	余量	O	270	20	70	焊接油箱、油管、铆钉、中载零件及制品
	3A21	LF21	≤0.20	≤0.05	1.0~1.6	≤0.10	Ti≤0.15	余量	O	130	20	30	管道、容器、铆钉、轻载零件及制品
硬铝合金	2A01	LY1	2.2~3.0	0.2~0.5	≤0.20	≤0.10	Ti≤0.15	余量	T4	300	24	70	中等强度、工作温度不超过100℃的铆钉
	2A11	LY11	3.8~4.8	0.4~0.8	0.4~0.8	≤0.30	Ni≤0.10 Ti≤0.15	余量	T4	420	18	100	中等强度构件和零件，如骨架、螺旋桨叶片、铆钉
	2A12	LY12	3.8~4.9	1.2~1.8	0.3~0.9	≤0.30	Ni≤0.10 Ti≤0.15	余量	T4	480	11	131	高强度的构件及150℃以下工作的零件，如骨架、梁、铆钉
超硬铝合金	7A04	LC4	1.4~2.0	1.8~2.8	0.2~0.6	5.0~7.0	Cr 0.1~0.25	余量	T6	600	12	150	主要受力构件及高载荷零件，如飞机大梁、加强机框、起落架
锻铝合金	2A50	LD5	1.8~2.6	0.4~0.8	0.4~0.8	≤0.30	Ni≤0.10 Si 0.7~1.2 Ti≤0.15	余量	T6	420	13	105	形状复杂和中等强度的锻件及模锻件
	2A70	LD7	1.9~2.5	1.4~1.8	≤0.20	≤0.30	Ti 0.02~0.1 Ni 1.0~1.5 Fe 1.0~1.5	余量	T6	440	13	120	高温下工作的复杂锻件和结构件、内燃机活塞
	2A14	LD10	3.9~4.8	0.4~0.8	0.4~1.0	≤0.3	Ni≤0.01 Si 0.6~1.2 Ti≤0.15	余量	T6	480	10	135	高载荷锻件和模锻件

注：O—退火，T4—固溶处理+自然时效，T6—固溶处理+人工时效。

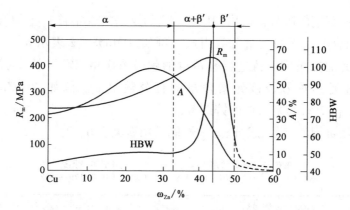

图 6-3　普通黄铜的组织和力学性能与含锌量的关系

CuZn,合金强度、塑性急剧下降,脆性很大,所以工业黄铜中锌的质量分数一般不超过 47%,经退火后可获得全部是 α 固溶体的单相黄铜($\omega_{Zn}<33\%$),或是($\alpha+$CuZn)组织的双相黄铜($\omega_{Zn}\geqslant33\%$)。

黄铜的耐蚀性良好,但由于锌电极电位远低于铜,所以黄铜在中性盐类水溶液中也极易发生电化学腐蚀,产生脱锌现象,加速腐蚀。防止脱锌可加入微量的砷。此外,经冷加工的黄铜制件存在残余应力,在潮湿大气或海水中,特别是在有氨的介质中易发生应力腐蚀开裂(季裂),防治方法是进行去应力退火。

加工普通黄铜的牌号用"H"("黄"的汉语拼音字首)加数字表示,数字代表铜的平均质量分数,例如 H68 表示 $\omega_{Cu}=68\%$,其余为锌的普通黄铜。典型的加工普通黄铜有 H68、H62。H68 为单相黄铜,强度较高,冷、热变形能力好,适于用冲压和深冲法加工各种形状复杂的工件,如弹壳等;H62 为双相黄铜,强度较高,有一定的耐蚀性,适宜于热变形加工,广泛用于热轧、热压零件。

铸造黄铜的牌号依次由"Z"("铸"的汉语拼音字首),铜、合金元素符号及该元素含量的百分数组成。如 ZCuZn38 为 $\omega_{Zn}=38\%$,其余为铜的铸造合金。铸造黄铜的熔点低于纯铜,铸造性能好,且组织致密。铸造黄铜主要用于制作一般结构件和耐蚀件。

2) 特殊黄铜

为了改善黄铜的耐蚀性、力学性能和切削加工性,在普通黄铜的基础上加入其他元素即可形成特殊黄铜,常用的有锡黄铜、锰黄铜、硅黄铜和铅黄铜等。合金元素加入黄铜后,除强化作用外,锡、锰、铝、硅、镍等还可以提高耐蚀性及减少黄铜应力腐蚀破裂倾向;硅、铅可提高耐磨性,并分别改善铸造和切削加工性。特殊黄铜也分为压力加工用和铸造用两种,前者合金元素的加入量较少,使之能溶入固溶体中,以保证有足够的变形能力。后者因不要求有很高的塑性,为了提高强度和铸造性能,可加入较多的合金元素。

加工特殊黄铜的牌号依次由"H"("黄"的汉语拼音字首)、主加合金元素、铜的质量分数、合金元素的质量分数组成。例如,HMn58 - 2 表示 ω_{Cu} = 58%、ω_{Mn} = 2%,其余为锌的锰黄铜。铸造特殊黄铜的牌号依次由"Z"("铸"的汉语拼音字首)、铜、合金元素符号及该元素含量的百分数组成。例如,ZCuZn31Al2 表示 ω_{Zn} = 31%、ω_{Al} = 2%,其余为铜的铸造黄铜。

部分常用黄铜的牌号、成分、力学性能及用途见表 6 - 2。

表 6 - 2   部分常用黄铜的牌号、成分、力学性能及用途
(摘自 GB/T 2040—2017、GB/T 5231—2022 和 GB/T 1176—2013)

类型	牌号 (代号)	主要化学成分 (质量分数)/%		力学性能[①]			用 途[②]
		Cu	其他	R_m/ MPa	$A(\%)$	硬度 (HBW)	
普通黄铜	H90 (C22000)	88.0~ 91.0	Zn 余量	245~390	35~5	—	双金属片、供水和排水管、证章、艺术品(又称金色黄铜)
	H68 (T26300)	67.0~ 70.0	Zn 余量	290~ (410~540)	40~10	—	复杂的冷冲压件、散热器外壳、弹壳、导管、波纹管、轴套
	H62 (T27600)	60.5~ 63.5	Zn 余量	294~412	35~10	—	销钉、铆钉、螺钉、螺母、垫圈、弹簧、夹线板、散热器
	ZCuZn38	60.0~ 63.0	Zn 余量	295~295	30~30	59~68.5	一般结构件,如散热器、螺钉、支架等
特殊黄铜	HSn62 - 1	61.0~ 63.0	Sn 0.7~1.1 Zn 余量	295~390	35~5	—	与海水和汽油接触的船舶零件(又称海军黄铜)
	HMn58 - 2	57.0~ 60.0	Mn 1.0~2.0 Zn 余量	380~585	30~3	—	海轮制造业和弱电用件
	HPb59 - 1 (T38100)	57.0~ 60.0	Pb 0.8~1.9 Zn 余量	340~440	25~5	—	热冲压及切削加工零件,如销、螺钉、螺母、轴套(又称易切削黄铜)
	ZCuZn40 Mn3Fe1	53.0~ 58.0	Mn 3.0~4.0 Fe 0.5~1.5 Zn 余量	440~490	18~15	100~110	轮廓不复杂的重要零件,海轮上在 300℃ 下工作的管配件,螺旋桨等大型铸件

注:① 力学性能中分母的数值,对压力加工黄铜来说是指硬化状态(H04)的数值(硬度用 HV 表示),对铸造来说是指金属型铸造时的数值(硬度用 HBW 表示);分子数值,对压力加工黄铜为退火状态 O60(600 ℃)时的数值(硬度用 HV 表示),对铸造黄铜为砂型铸造时的数值(硬度用 HBW 表示)。压力加工黄铜的加工状态代码:热轧 M20、软化退 O60、1/4 硬(H01)、1/2 硬(H02)、硬(H04)、特硬(H06)、弹性(H08)。
② 主要用途在国家标准中未作规定。

6.2.3 青铜

青铜原先是指人类最早应用的一种铜锡合金。现在工业上将除黄铜和白铜

（铜–镍合金）之外的铜合金均称为青铜。含锡的青铜称为锡青铜，不含锡的青铜
称为特殊青铜或无锡青铜。常用青铜有锡青铜、铝青铜、铅青铜等。按生产方式，
可分为加工青铜和铸造青铜两类。

青铜的代号依次由"Q"（"青"的汉语拼音字首）、主加合金元素符号及质
量分数、其他合金元素质量分数构成，例如 QSn4 – 3 表示 ω_{Sn} = 4%、其他合金元
素 ω_{Zn} = 3%，其余为铜的锡青铜。如果是铸造青铜，代号之前加"Z"（"铸"的
汉语拼音字首），如 ZCuAl10Fe3 代表 ω_{Al} = 10%、ω_{Fe} = 3%，其余为铜的铸造铝
青铜。

1）锡青铜

锡青铜是以锡为主加元素的铜合金。
锡在铜中可形成固溶体，也可形成金属化
合物。因此，锡的含量不同，锡青铜的组
织及性能也不同。如图 6 – 4 所示，ω_{Sn} <
8% 的锡青铜组织中形成仅固溶体，塑性
好，适于压力加工；ω_{Sn} > 8% 后，组织中出
现硬脆相 δ，强度继续提高，塑性急剧下
降，适宜铸造；ω_{Sn} > 20% 以上时，因 δ 相
过多，合金的塑性和强度显著下降，所以
工业用锡青铜中锡的质量分数一般为
3% ~ 14%。

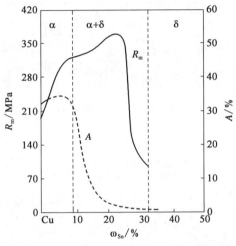

图 6 – 4　锡青铜的力学性能与锡含量的关系

锡青铜最主要的特点是耐蚀性、耐磨性和弹性好，在大气、海水和蒸汽等环境
中的耐蚀性优于黄铜。铸造锡青铜流动性差，缩松倾向大，组织不致密，因此凝固
时体积收缩率很小，适合于浇注外形尺寸要求严格的铸件。锡青铜多用于制造轴
承、轴套、弹性元件及耐蚀、抗磁零件等。

2）铝青铜

铝青铜是以铝为主加元素的铜合金。铝青铜具有高的强度、耐蚀性和耐磨
性，并能进行热处理强化。ω_{Al} 为 5% ~ 7% 的铝青铜塑性好，适于冷加工，而 ω_{Al} <
10% 的铝青铜，强度最高，适宜铸造。实际应用的铝青铜中铝的质量分数一般为
5% ~ 12%。铝青铜主要用于制造仪器中要求耐蚀的零件和弹性元件，铸造铝青铜
常用于制造要求强度高、耐磨性好的摩擦零件。

3）铍青铜（铍铜合金）

铍青铜是以铍为主加元素（铍的质量分数为 1.7% ~ 2.5%）的铜合金。由于
铍在铜中的溶解度随温度变化很大，因而铍青铜有很好的固溶与时效强化效果，
时效后可达 1 250 ~ 1 400 MPa。铍青铜不仅强度大、疲劳抗力高、弹性好，而且耐

蚀、耐磨、导电、导热性优良,还具有无磁性、受冲击时无火花等优点,可进行冷、热加工和铸造成型,但价格较贵。铍青铜主要用于制造精密仪器或仪表的弹性元件、耐磨零件及塑料模具等。

部分常用青铜的牌号、成分、力学性能及用途见表 6-3。GB/T 5231—2012中 QBe 2 等铍青铜改为铍铜,牌号首字母改为 T。

表 6-3　部分常用青铜的牌号、成分、力学性能及用途
（摘自 GB/T 2040—2017、GB/T 1176—2013、GB/T 5231—2022、GB/T 4423—2020）

类型	牌号（代号）	主要化学成分（质量分数）/%		力学性能[①]			用　途[②]
		第一主加元素	其他	R_m/MPa	A/%	硬度（HBW）	
加工锡青铜	QSn4-3（T50800）	Sn 3.5~4.5	Zn 2.7~3.3 Cu 余量	290~（540~690）	40~3	–	弹性元件、管配件、化工机械中的耐磨零件及抗磁零件
	QSn6.5-0.1（T51510）	Sn 6.0~7.0	P 0.1~0.25 Cu 余量	315~（540~690）	40~5	–	弹簧、接触片、振动片、精密仪器中的耐磨零件
铸造锡青铜	ZCuSn10P1	Sn 9.0~11.5	P 0.5~1.0 Cu 余量	220~310	3~2	80~90	重要的减摩零件,如轴承、轴套及蜗轮、摩擦轮、机床丝杠螺母
	ZCuSn5Pb5Zn5	Sn 4.0~6.0	Zn 4.0~6.0 Pb 4.0~6.0 Cu 余量	200~200	13~13	60~60	低速、中载荷的轴承、轴套及蜗轮等耐磨零件
特殊青铜	QAl7（C561000）	Al 6.0~8.5	–	635	5	–	重要用途的弹簧和弹性元件
	ZCuAl10Fe3	Al 8.5~11.0	Fe 2.0~4.4 Cu 余量	490~540	13~15	100~110	耐磨零件（压下螺母、轴承、蜗轮、齿圈）及在蒸汽、海水中工作的高强度耐蚀件
	ZCuPb30	Pb 27.0~33.0	Cu 余量	–	–	25	大功率航空发动机、柴油机曲轴及连杆的轴承、齿轮、轴套
	TBe2（T17720）	Be 1.8~2.1	Ni 0.2~0.5 Cu 余量	–	–	–	重要仪表的弹簧与弹性元件,耐磨零件以及在高速、高压下工作的轴承

注：① 力学性能数字表示的意义同表 6-3。
　　② 主要用途在国家标准中未作规定。

6.3　钛及钛合金

6.3.1　纯钛

钛是一种稀有金属,具有金属光泽,熔点为(1 660±10) ℃,沸点为3 287 ℃。钛的主要特点是密度小(密度为 4.5 g/cm³),力学性能较好,容易加工。钛的塑性随其纯度的升高而增大;抗腐蚀能力较强,受大气和海水的影响较小。在常温下,钛不会被7%以下盐酸、5%以下硫酸、硝酸、王水或稀碱溶液所腐蚀,只有氢氟酸、浓盐酸、浓硫酸等才可对它作用。钛的伸长率较好,高纯钛的伸长率可达50%~60%,断面收缩率可达70%~80%,但收缩强度低(收缩时产生的力度小)。钛中的杂质对其力学性能影响极大,特别是间隙杂质(氧、氮、碳等)可大大提高钛的强度,显著降低其塑性。钛作为结构材料所具有的良好机械性能,就是通过严格控制其中适当的杂质含量和添加合金元素而达到的。受杂质含量的影响,工业纯钛的强度和硬度稍高,力学性能及化学性能与不锈钢相近,在抗氧化性方面优于奥氏体不锈钢,但耐热性较差。

根据杂质含量的高低,工业纯钛可以分为 TA1、TA2、TA3 三级,数字越大,杂质含量增高,强度和硬度依次增强,但塑性、韧性依次下降。通常用它来制作在350 ℃以下工作且强度要求不高的零部件。

6.3.2　钛合金

常用的钛合金包括 α 钛合金、β 钛合金和 α+β 钛合金三类。

1) α 钛合金

在纯钛中加入 α 相稳定合金元素(如 Al、O、N、C 等)所得到的钛合金称为 α 钛合金。因合金元素的加入,钛的同素异晶转变温度得到了提升,α 相区被扩大,在室温下其组织为单相的 α 固溶体组织。

α 钛合金是 α 相固溶体组成的单相合金,不论是在一般温度下还是在较高的实际应用温度下,均是 α 相,耐热性、组织稳定性、抗氧化能力和焊接性能都较强。其在 500~600 ℃ 的温度下仍能保持强度和抗蠕变性能,但不能进行热处理强化,室温强度不高。

α 钛合金的表示方法为"TA+数字",T 为"钛"汉语拼音首字母大写,A 表示常温组织为 α 单相固溶体,数字表示顺序。α 钛合金主要用于骨架零件、压气机壳体、叶片、船舶等零部件。

2）β 钛合金

在纯钛中加入 β 相稳定合金元素(如 Mo、Cr、V、Fe、Ni 等)所得到的钛合金称为 β 钛合金。因合金元素的加入,其经退火空冷至室温后几乎全为单相 β 相组织。

β 钛合金的塑性和冷成型能力较好,适宜于冷冲压加工,且焊接性能较好,是 β 相固溶体组成的单相合金,未热处理即具有较高的强度,经淬火等一系列热处理工艺后,其组织和性能会进一步被强化,室温强度可达 1 372～1 666 MPa;缺点是热稳定性较差,不宜在高温下使用。

β 钛合金的表示方法为"TB+数字",T 为"钛"汉语拼音首字母大写,B 表示常温组织为 β 单相固溶体,数字表示顺序。β 钛合金主要用于压气机叶片、轴等零部件。

3）α+β 钛合金

α+β 钛合金是双相合金,加入的合金元素有 Al、V、Mo、Cr 等。它兼具 α 钛合金和 β 钛合金的优点,具有良好的综合性能,组织稳定性、韧性、塑性和高温变形性能都较好,热加工性能较好,同时可以进行淬火、时效等热处理来强化合金。该类合金共有 9 个牌号,在工业生产中应用最多的是 TC4,经淬火+时效处理后,其组织为 Ti-6Al-4V。α+β 钛合金主要用来制造工作温度在 400 ℃ 以下的火箭发动机外壳、飞机压气机叶片等。

钛和部分钛合金的化学成分、牌号及力学性能见表6-4。

表6-4　钛和部分钛合金的化学成分、牌号及力学性能

组　别	代号	化学成分	室温力学性能		
			热处理	R_m/MPa	A/%
工业纯钛	TA1	Ti(杂质极少)	T1	300～500	40～30
	TA2	Ti(杂质少)	T1	450～600	30～25
	TA3	Ti(杂质少)	T1	550～700	25～20
α 钛合金	TA4	Ti-3Al	T1	700	12
	TA5	Ti-4Al-0.005B	T1	700	15
	TA6	Ti-5Al	T1	700	20～12
β 钛合金	TB1	Ti-3Al-8Mo-11Cr	T1	1 100	16
			T2	1 300	5
	TB2	Ti-5Mo-5V-8Cr-3Al	T1	1 000	20
			T2	1 350	8

续　表

组　别	代号	化学成分	室温力学性能		
			热处理	R_m/MPa	A/%
α+β 钛合金	TC1	Ti－2Al－1.5Mn	T1	600~800	25~20
	TC2	Ti－3Al－1.5Mn	T1	700	15~12
	TC3	Ti－5Al－4V	T1	900	10~8
	TC4	Ti－6Al－4V	T1	950	10

6.4　轴承合金

在机器中轴是极其重要的零件,而滑动轴承又是机器中用以支承轴进行运转的不可缺少的零部件。一般滑动轴承由轴承体和轴瓦组成。制造轴瓦及其内衬的合金称为轴承合金。

6.4.1　轴承合金性能要求和组织特征

1) 轴承的性能要求

轴承的作用是支承轴和其他转动零件,与轴直接配合使用。当轴旋转时,轴承承受交变载荷,且伴有冲击力,轴瓦和轴发生强烈摩擦,造成轴径和轴瓦的磨损。由于轴是机器中最重要的零件,制造困难,价格昂贵,经常更换会造成很大的经济损失。所以,在设计轴承合金时,即要考虑轴瓦的耐磨性,又要保证轴径极少磨损。为此,轴承合金应具有:较高的抗压强度和疲劳强度;高的耐磨性,良好的磨合性和较小的摩擦系数;足够的塑性和韧性,以承受冲击和振动;良好的耐蚀性和导热性,较小的膨胀系数;良好的工艺性,价格低廉。

2) 轴承合金的组织特征

为满足上述性能要求,轴承合金应具有软基体上分布着硬质点(图6－5)或在硬基体上分布着软质点的组织。运转时软基体很快受磨损而凹陷,可储存润滑油,减小摩擦。硬质点支承轴颈,降低轴和轴瓦之间的摩擦系数。

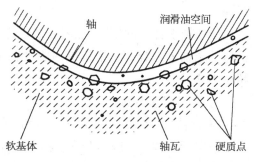

图6－5　轴承合金组织示意

6.4.2　轴承合金的分类及牌号

轴承合金按主要成分可分为锡基、铅基、铜基、铝基等。其中锡基和铅基轴承合金又称为巴氏合金。轴承合金的价格较贵。

轴承合金一般在铸态下使用,其编号方法是"Z+基本元素+主加元素+主加元素质量分数+辅助加入元素符号及质量分数"。其中 Z 是"铸"字汉语拼音首字母。例如:牌号为 ZSnSb11Cu6 表示是含 11%(质量分数)Sb 和 6%(质量分数)Cu 的锡基轴承合金。

1)锡基轴承合金(锡基巴氏合金)

锡基轴承合金是以 Sn 为基础,加入 Sb、Cu 等元素组成的合金。例如:ZSnSb11Cu6 合金中软基体为 Sb 溶于 Sn 的 α 固溶体,以 β 相(即 SnSb 为基的硬脆化合物)及高熔点的 Cu_3Sn 为硬质点。

与其他轴承材料相比,锡基轴承合金膨胀系数小,减摩性好,并具有良好的导热性、塑性和耐蚀性,适用于制造汽车、拖拉机、汽轮机等上的高速轴承,但其疲劳强度差。由于 Sn 的熔点低,其工作温度也较低(小于 120 ℃)。为提高疲劳强度和使用寿命,常采用离心浇注法将它镶嵌在低碳钢的轴瓦上,形成薄而均匀的内衬。这种双金属的轴承称为双金属轴承。即提高了轴承的使用寿命,又节约了大量昂贵的锡基轴承合金。

2)铅基轴承合金(铅基巴氏合金)

铅基轴承合金是以 Pb－Sb 为基,又加入少量的锡和铜的轴承合金,也是软基体上分布硬质点的轴承合金。常用牌号为 ZPbSb16Sn16Cu2 轴承合金,含 16%(质量分数)Sb、16%(质量分数)Sn 和 2%(质量分数)Cu。其软基体为 $\alpha+\beta$ 共晶体(α 相是 Sb 溶于 Pb 中的固溶体,β 相是以 Pb－Sb 为基的硬脆化合物),硬质点是 β 相(SnSb)和化合物。加入约 16%Sn 的作用是溶入 Pb 中强化基体,并能形成硬质点。加入约 2%Cu,能防止"比重偏析",同时形成 Cu_2Sb 硬质点,提高耐磨性。

铅基轴承合金的硬度、强度和韧性比锡基轴承合金低,但由于价格便宜,常做低速低载轴承,如汽车、拖拉机的曲轴轴承及电动机、破碎机轴承等,工作温度不超过 120 ℃。

3)铜基轴承合金

铜基轴承合金有铅青铜、锡青铜和铝青铜(如 ZCuPb30、ZCuSn10Pb1、ZCuAl10Fe3),常见的 ZCuPb30 青铜中,铅不溶于铜而形成软质点分布在铜(硬)基体中。铅青铜的疲劳强度高,导热性好,并具有低的摩擦系数,因此,可做承受高载荷、高速度及在高温下工作的轴承。

4）铝基轴承合金

铝基轴承合金密度小,导热性好,疲劳强度高,价格低廉,广泛用作高速轴承,但膨胀系数大,运转时易与轴胶合。目前主要有高锡铝基与铝锑镁轴承合金两类,都是硬基体上分布着软质点的轴承合金。

高锡铝基轴承合金(质量分数为 20%Sn,1%Cu,其余为 Al),具有高的疲劳强度及高的耐热性与耐磨性,且承载能力高,用来代替巴氏合金、铜基轴承合金,制作高速重载发动机轴承,已在汽车、拖拉机、内燃机车上推广使用。铝锑镁轴承合金具有高的疲劳强度与耐磨性,但承载能力不大,一般用来制造承载能力较小的内燃机轴承。

习　题

1. H62、LF5、HSn59 - 1 分别是什么材料? 说明字母和数字的含义。

2. 指出下列代号（牌号）合金的类别、主要合金元素及主要性能特征: 5Al1、7A04、ZL102、YG15、ZCuSn1OPl、H68、ZCuZn16Si4、TBe2、HPb59 - 1。

3. 铜合金分为几类? 指出每类铜合金的主要用途。

4. 轴瓦材料必须具备什么特性?

5. 硬质合金在组成、性能和制造工艺方面有何特点?

6. 试从机理、组织与性能变化上对铝合金固溶和时效处理与钢的淬火和回火处理进行比较。

7. 试述下列零件进行时效处理的作用:

（1）性状复杂的大型铸件在 500~600 ℃进行时效处理。

（2）铝合金淬火后在 140 ℃进行时效处理。

（3）GCr15 钢制造的高精度丝杠在 150 ℃进行时效处理。

8. 单相黄铜和双相黄铜哪个强度高?

9. 为什么工业用黄铜的含锌量大多不超过 45%?

10. 说出钛合金的特性、分类及各类钛合金的大致用途。

11. 如果铝合金的晶粒粗大,能否重新加热细化?

12. 一批紫铜在退火后一碰就脆断,试分析其原因。

13. 如何提高纯铜导线的强度?

第 7 章　非金属

长期以来,金属材料以其良好的使用性能和工艺性能,在机械制造业中占据主导地位。随着科学技术的不断进步及生产的不断发展,非金属材料在各个领域的应用迅速扩大。非金属材料不但具有优良的使用性能和工艺性能,而且成本低廉、外表美观,甚至具有某些特殊性能,如耐蚀性好、电绝缘性好、密度小等,这些是金属材料所不具备的。

非金属材料是指除金属材料以外几乎所有的材料,主要包括各类高分子材料(塑料、橡胶、合成纤维、部分胶黏剂等)、陶瓷材料(各种陶器、瓷器、耐火材料、玻璃、水泥及近代无机非金属材料)和各种复合材料。本章主要介绍高分子材料、陶瓷材料和复合材料。

7.1　高分子材料

7.1.1　概述

高分子材料是以高分子化合物为基础的材料,由相对分子质量较高的化合物构成,包括塑料、橡胶、纤维、涂料和胶黏剂等。

1) 高分子化合物的组成结构

(1) 高分子材料的基本结构。

高分子化合物的最基本特征是相对分子质量很大。一般相对分子质量小于500的称为低分子化合物,相对分子质量大于5 000的称为高分子化合物,有的高分子化合物的相对分子质量甚至高达几百万。表7-1列出了常见物质的相对分子质量。通常低分子化合物没有强度和弹性;而高分子化合物则具有一定的强度、弹性和塑性。

高分子化合物的相对分子质量虽然很大,但化学组成一般并不复杂,都是由一种或几种低分子化合物重复连接而成的。这类能组成高分子化合物的低分子化合物称为单体,单体是高分子化合物的合成原料,将单体转变成高分子化合物

表 7-1　常见物质的相对分子量

类别	低分子化合物				高分子化合物				
	水	石英	乙烯	单糖	天然高分子化合物		人工合成高分子化合物		
名称	H_2O	SiO_2	$CH_2{=}CH_2$	$C_6H_{12}O_6$	橡胶	淀粉	纤维素	聚苯乙烯	聚氯乙烯
相对分子质量	18	60	28	180	200 000~500 000	>200 000	≈570 000	>50 000	50 000~160 000

的过程称为聚合。因此,高分子化合物也称高聚物。例如,聚乙烯塑料($CH_2{=}CH_2$)就是由乙烯经聚合反应制成的,合成聚氯乙烯的单体为氯乙烯($CH_2{=}CHCl$)。也就是说,高分子化合物是由单体合成的。

　　高分子材料分为天然和人工合成两大类。羊毛、蚕丝、淀粉等属于天然高分子材料。工程上使用的高分子材料主要是人工合成的,如塑料、合成纤维和合成橡胶等。高分子化合物主要呈长链形,因此常称为大分子链或高分子链。大分子链由许多结构相同的基本单元重复连接构成。组成大分子链的这种结构单元称作链节。当高分子化合物只由一种单体组成时,单体的结构即为链节的结构,也是整个高分子化合物的结构。图 7-1 所示为高分子链的形状示意图。

　　高分子链可以呈不同的几何形状,一般可分为三种:线型分子链[图 7-1(a)],由许多链节组成的长链,通常是曲卷成团状,其直径小于 1 nm;支链型分子链[图 7-1(b)],在主链上带有长短不一的支链;体型分子链[图 7-1(c)],分子链间有许多链节相互交联,呈网状,使聚合物之间不易相互流动,这种形态也称为网状结构。

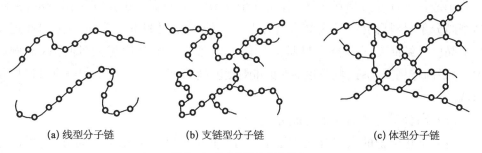

(a) 线型分子链　　　　　(b) 支链型分子链　　　　　(c) 体型分子链

图 7-1　高分子链的形状示意

　　高分子链的形态对高分子材料的性能有显著的影响。线型分子链、支链型分子链构成的高分子材料统称为线型高分子材料。这类高分子材料的弹性好,塑性好,硬度低,可以通过加热和冷却的方法使其重复地软化(或熔化)和硬化(或固化),故又称为热塑性高分子材料,如涤纶、尼龙、生橡胶等。体型分子链构成的高分子材料称为体型高分子材料,这类高分子材料的强度高,脆性大,无弹性和塑性,在加热、加压成型固化后,不能再加热熔化或软化,故又称为热固性高分子材料,如酚醛塑料、环氧树脂、硫化橡胶等。

（2）高分子材料的聚集态。

高分子材料的聚集态是指分子链聚集形成聚合物后的结构（图7-2）。对于一个分子链来说,碳原子之间,以及碳原子与其他原子之间,一般是以共价键结合的。所谓共价键,是指邻近原子共享价电子,服从8-N规则,具有很强的结合力。但是,分子链和分子链之间却是通过范德华力结合的,这是由分子瞬时偶极矩引起的作用力,也称为分子键,这种结合力比较弱。

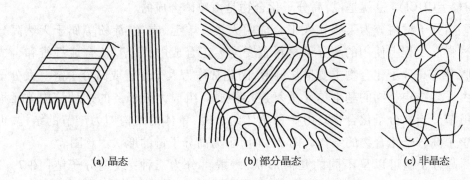

(a) 晶态　　　　　　　　(b) 部分晶态　　　　　　　(c) 非晶态

图7-2　高分子材料聚集态结构示意

一般,大分子链之间的排列就有两种可能:结晶型与无定型。

高分子材料结晶与金属结晶在概念上有明显区别。对于高分子材料的结晶而言,是在分子层次上看排列。其次,高分子材料的结晶存在不均匀性问题。由于分子链很长且容易相互交缠,所以分子在每一部分都规则排列是困难的,故结晶型高分子材料既含有晶区又含有非晶区。高分子材料晶区所占的比例被定义为结晶度。结晶度对高分子材料的性能影响很大。结晶度越大,即晶区比例越大、分子间作用力越强,则强度、硬度和刚度就越高,但弹性、伸长率和冲击韧性就越低。

（3）高分子材料的人工合成方式。

高分子化合物的人工合成方法有很多,但按最基本的化学反应分类,可以分为加成聚合反应（简称加聚反应）和缩合聚合反应（简称缩聚反应）两大类。

加聚反应是由一种或多种单体经过光照、加热或化学药品（称为引发剂）的作用后相互结合而连成大分子链的过程。加聚反应进行得较快,反应过程中不停留,没有中间物产生。加聚反应是目前高分子合成工业的基础,约80%的高分子材料是由加聚反应得到的。目前产量较大的高分子化合物的品种,如聚乙烯、合成橡胶等都是加聚反应的产品,如图 7-3 所示。加聚反应过程中没有副产物生成,因此生成物与其单体具有相同的成分,如乙烯单体 $CH_2\!=\!CH_2$ 在一定条件下,将双链打开,由单链逐一串联成长长的大分子,进行加聚反应,生成聚乙烯。

图 7-3　加聚反应示意

缩聚反应是具有官能团的单体相互反应结合成较大的大分子链的过程。缩聚反应是分步进行的,可以在反应过程中的某个阶段停留而得到中间产物,同时生成某些低分子物质(如水、氨)等,如图 7-4 所示。中间缩聚反应有较大的实用价值,如涤纶、尼龙、酚醛树脂和环氧树脂等重要工程材料的高分子化合物都是缩聚反应合成的。

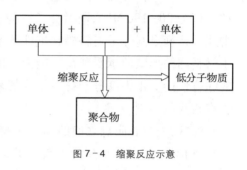

图 7-4　缩聚反应示意

缩聚反应是一种可逆反应,反应过程较复杂,但同样具有很大的使用价值。其反应生成物与原料物质的组成不同,一般相对分子质量不超过 30 000。

2）高分子材料的力学状态

高分子材料的力学状态是指高分子材料在不同温度下的形变状态,可用其形变温度曲线表征。线型无定型高分子材料的形变-温度曲线如图 7-5 所示。

线型结晶型高分子材料无玻璃态和高弹态,因此只存在熔点,当低于熔点时为小形变的固态,高于熔点时则熔融成黏流态。

线型无定型高分子材料的三种状态转变是在一定温度范围内完成的,并有两个转变温度,即玻璃化温度 t_g 和黏流化温度 t_f。玻璃化温度 t_g 是玻璃态和高弹态之间的转变温度,黏流化温度 t_f 是高弹态和黏流态之间的转变温度。通常

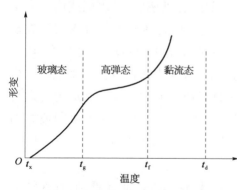

图 7-5　线型无定型高分子材料的形变-温度曲线

把 t_g 高于室温的高聚物称为塑料;t_g 低于室温的高聚物称为橡胶;t_f 低于室温,在常温下处于黏流态的高分子材料称为流动性树脂。一些高分子材料的玻璃化温度见表 7-1。对于橡胶而言,要保持高弹性,则 t_g 是工作温度下限(耐寒性的标志),故可选如 t_g 低、t_f 高的高分子材料,这样高弹态的温度范围宽。例如,天然橡

胶的 t_g 为 $-73\ ℃$，t_f 为 $180 \sim 200\ ℃$；硅橡胶的 t_g 为 $-109\ ℃$，t_f 为 $250\ ℃$，$t_g - t_f$ 差值大，故硅橡胶作为橡胶性能更好，即耐热耐寒性更好。塑料和纤维在玻璃态下使用，t_g 是工作温度的上限（耐热性的标志），故 t_g 越高越好；同时，作为塑料应易于加工并很快成型，则 $t_g - t_f$ 的差值还要小。例如：聚苯乙烯的 t_g 为 $80\ ℃$，t_f 为 $80 \sim 150\ ℃$，可作为一种塑料来应用。故对成型来说，t_f 低好；对耐热性，t_f 高好。

3）高分子材料的特征

高分子材料的抗拉强度是衡量抗拉能力的尺度，一般来说，高分子材料的抗拉强度为 $30 \sim 190\ MPa$，断后伸长率为 $40\% \sim 1\ 000\%$，拉伸模量为 $1 \sim 9.8\ MPa$。冲击强度是衡量高分子材料棒状试件抗弯能力或韧性的尺度，抗压强度是衡量高分子材料圆柱形试件承受载荷的能力。硬度往往用来表示高分子材料耐磨、抗划痕的综合性能。由于高分子材料结构的复杂性和特殊性，不同分子材料的拉伸特性也有较大的区别。

通常，处在屈服点之前的高分子材料满足胡克定律，在这一区域内对高分子材料进行拉伸，实质是高分子链中的共价键弯曲和伸长的结果。越过屈服点后，高分子材料的拉伸转变为高分子链的不可逆滑移。同时，高分子材料的相对分子质量、交联程度、结晶性质、分子链取向、环境温度、拉伸速度、环境压力等也对拉伸性能具有一定的影响。

从宏观破坏角度讲，高分子材料的断裂主要包括冲击断裂、疲劳断裂、磨损断裂、蠕变断裂等。从断裂性质角度讲，分为脆性断裂和韧性断裂两种。脆性断裂时，断面较光滑，残余应力较小。韧性断裂时，断面较粗糙，存在着明显的屈服痕迹。

一些高分子材料制品，如聚丙乙烯塑料、透明的有机玻璃，其表面或内部会出现一些闪闪发光的细丝般裂纹，称为银纹，这种现象称为高分子化合物的开裂现象。高分子化合物出现银纹，一方面与材料的性质和结构的不均匀性有关（如高分子材料中的添加料、夹杂、气泡等）；另一方面，外界应力作用也会产生银纹。当应力逐渐大于产生裂纹的临界应力后，高分子材料产生初始裂纹。当应力方向与裂纹方向垂直时，随着应力的增大，裂纹产生和扩张严重。通过应力去除或施加压应力，可使银纹逐渐消除，加热可促进银纹消除。高分子材料的主要特性如下。

（1）高弹性。

高弹性主要的特征是：有很大的弹性形变，有显著的松弛现象，而且弹性形变随时间延长而逐渐发展。

一般的高分子材料与金属相比，其弹性模量低，弹性变形大，断后伸长率大，如橡胶的断后伸长率可达 $100\% \sim 1\ 000\%$，而一般金属材料只有 $0.1\% \sim 1.0\%$。

（2）黏弹性。

高分子化合物是一种黏弹性材料，在外力作用下表现出的是一种黏弹性的力学特征,即形变与外力不同步。黏弹性的主要外在表现为蠕变、应力松弛等。

黏弹性可在应力保持恒定的条件下,使应变随时间的变化而增加,这种现象称为蠕变,如架空的聚氯乙烯电线管会缓慢变弯。金属材料一般在高温下才产生蠕变,而高分子材料在常温下就会缓慢地沿受力方向伸长产生蠕变。机械零件应选用蠕变较小的材料制造。

黏弹性也可在应变保持恒定的条件下使应力不断降低,这种现象称为应力松弛。例如连接管道的法兰盘中间的硬橡胶密封垫片,在使用一定时间后,会由于应力松弛导致密封失效。

（3）高冲击强度。

冲击韧性是材料在高速冲击状态下的韧性或对断裂的抗力,在高分子化合物中也称为冲击强度。由于高分子化合物在断裂前能吸收较大的能量,因此高分子化合物的韧性较好。例如,热塑性塑料冲击韧性一般为 $2 \sim 15 \ kJ/m^2$,热固性塑料冲击韧性一般为 $0.5 \sim 5 \ kJ/m^2$。但是,由于高分子化合物强度低,其冲击韧性比金属小得多,仅为其百分之一。这也是高分子化合物作为工程结构材料使用时遇到的主要问题之一。

（4）高的减摩性和耐磨性。

大多数塑料对金属、塑料的摩擦系数见表 7-2。

表 7-2　几种常见摩擦副的静摩擦系数

摩擦副材料	静摩擦系数
软钢-软钢	0.30
硬钢-硬钢	0.15
软钢-软钢（油润滑）	0.08
聚四氟乙烯-聚四氟乙烯	0.04

一部分高分子材料除了摩擦系数低以外,更主要的优点是磨损率低。其原因是它们的自润滑性能较好,消声、吸振能力强,同时,对工作条件及磨粒的适应性、就范性和埋嵌性好。所以,高分子材料是很好的轴承材料及其他耐磨件的材料。在无润滑和少润滑的摩擦条件下,它们的耐磨性、减摩性是金属材料无法比拟的。

（5）易老化。

高分子材料的老化是指随着时间的推移,在长期使用和存放过程中,高分子材料性能消失或逐渐劣化,逐渐丧失使用价值的现象。老化的主要表现为材料硬化、龟裂、脆断、软化、发黏、失去光泽和褪色等。这种退化现象几乎存在于所有的高分子材料中,主要原因是,高分子化合物出现了降解和交联两种不可逆的化学变化。降解是高分子化合物在各种能量作用下发生裂解,断裂成小分子,导致材料变软、发黏的现象。交联是在分子链之间形成了化学键,形成网状结构,使材料硬度增加。引起老化的因素众多,如阳光、紫外线等物理因素,酸、碱、盐腐蚀等化学因素,以及加工过程中的热、力因素等。由于这些现象是不可逆的,所以老化是高分子材料的一个主要缺点。在高分子化合物中加入防老化剂可以抑制老化,炭黑、二氧化钛等都可以作为防老化剂。同时,在高分子化合物的表面涂覆涂料,隔绝外界环境因素对高分子材料的直接作用,也可以起到防止材料老化的作用。

7.1.2　常用高分子材料

高分子材料种类繁多,其分类方法也较多,最为常见的是按工艺性质分类,可分为塑料、橡胶、合成纤维、涂料及胶黏剂等。

7.1.2.1　塑料

塑料是一种以有机合成树脂为主要组成的高分子材料,它可以采用多种成型加工方法,使其在一定温度和压力作用下具有可塑流动性,从而塑制成型得到所需的固体制品,故称为塑料。塑料是一类范围很大、应用很广的高分子合成材料。它具有质量小、比强度高、耐腐蚀、消声、隔热,以及良好的减摩性、耐磨性和电性能等特点。随着工程塑料的快速发展,塑料在制造业中得到了广泛的应用。

树脂是相对分子质量不固定的,在常温下呈固态、半固态或半流动状态的有机物质,可分为天然树脂和合成树脂两大类。它们在受热时能软化或熔融,在外力作用下可呈塑性流动状态。

1) 塑料的组成及分类

(1) 塑料的基本组成。

除个别塑料是由纯树脂组成外,大多数塑料的主要成分是有机合成树脂,还有加入的各种添加剂,如填料(或增强材料)、固化剂、增塑剂、稳定剂、着色剂和发泡剂等,如图7-6所示。

有机合成树脂是由低分子化合物在一定温度和压力下通过缩聚或加聚反应合成的高分子化合物,如酚醛树脂和聚乙烯等。合成树脂是塑料的最主要成分,是塑料的基体材料,它决定了塑料的基本性能,并起着胶黏剂的作用。在一定的温度和压力条件下,合成树脂可软化并塑制成型。在工程塑料中,合成树脂的用量一般占40%~100%。

添加剂是指为改善或弥补塑料物理、化学、力学或工艺性能而特别加入的其他成分的助剂。常用的添加剂有以下几种:

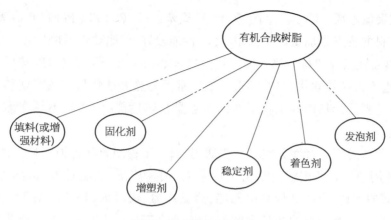

图 7 - 6　塑料的基本组成

① 填料(或增强材料)。填料在塑料中主要起增强作用,例如加入石墨、石棉纤维或玻璃纤维等,可以改善塑料的力学性能。有时填料也可改善或提高塑料的某些特殊性能,如加入石棉粉可提高塑料的耐热性,加入云母粉可提高塑料对光的反射能力等。通常填料的用量可达 20% ~ 50%。

② 固化剂。固化剂的作用是使树脂具有体型网状结构,成为较坚硬和稳定的塑料。

③ 增塑剂。增塑剂是用以提高树脂可塑性和柔性的添加剂,从而使塑料变得柔软而富有弹性。如聚氯乙烯树脂中加入邻苯二甲酸二丁酯,可使塑料变得柔软而有弹性。

④ 稳定剂。加入稳定剂是为了防止塑料受热、光等的作用而过早老化。例如,加入铝可以提高塑料对光的反射能力并防止老化;添加酚类和胺类等有机物能抗氧化;添加炭黑则可使塑料吸收紫外线等。

⑤ 着色剂。着色剂可使塑料具有各种鲜艳、美观的颜色。常用有机染料和无机颜料作为着色剂。

⑥ 发泡剂。能够使塑料形成微孔结构或蜂窝状结构的物质称为发泡剂。

此外,还有其他一些添加剂加入塑料中,以优化塑料各种特定性能,如润滑剂、阻燃剂、抗静电剂和抗氧剂等。

（2）塑料的分类。

按照塑料的物理、化学性能分类可分为热塑性工程塑料和热固性工程塑料两类。

① 热塑性工程塑料。热塑性工程塑料加热时软化,可塑制成型,冷却后变硬,这种变化是一种物理变化,可以重复多次,化学结构基本不变,即是在特定的温度范围内能反复加热软化和冷却硬化的塑料。常用的热塑性工程塑料有聚乙

烯（PE）、聚氯乙烯（PVC）、聚丙烯（PP）、聚苯乙烯（PS）和聚酰胺（PA）等。热塑性工程塑料的特点是加工成型简单，力学性能较好，但耐热性及刚性差。

② 热固性工程塑料。热固性工程塑料加热时软化，塑制成型冷却后，既不溶于溶剂，也不再受热软化，只能塑造一次。常用的热固性塑料有酚醛塑料、氨基塑料和环氧塑料等。热固性工程塑料的特点是耐热性能好，受压不易变形，但力学性能较差。

按照塑料的使用特性分类可分为通用塑料、工程塑料和特种塑料三种。

① 通用塑料。通用塑料是指生产量大、用途广泛、成型性好、力学性能表现一般、价廉的塑料，主要品种有聚乙烯、聚氯乙烯、聚丙烯、聚苯乙烯等，它们都是热塑性塑料。这类塑料的产量占塑料总产量的 75% 以上，构成了塑料业的主体，一般在工农业生产及日常生活中使用较多。

② 工程塑料。工程塑料是指力学性能好并有良好尺寸稳定性、耐热、耐寒、耐蚀、电绝缘性良好的塑料，在高、低温和较苛刻的环境条件下仍能保持其优良的力学性能、耐磨性，它们可以取代金属材料制造机械零件和工程结构。其主要品种有聚酰胺、聚砜、聚苯醚、耐热环氧等。

③ 特种塑料。特种塑料一般是指具有某种特殊功能和应用要求的塑料，可用于航空、航天等特殊应用领域，如耐辐射塑料、超导电塑料、医用塑料、导磁塑料、感光塑料等。这类塑料包括氟塑料、有机硅塑料、聚酰亚胺等，氟塑料和有机硅塑料具有突出的耐高温、自润滑的特殊优点。

2）塑料的性质

塑料是生产和日常生活中应用广泛的材料之一。由于塑料的组成和结构的特点，使塑料具有许多特殊的性能。其性质优缺点见表 7-3。

表 7-3　塑料的物理、化学性质优、缺点

优　　　点	缺　　　点
密度小；成型自由，可制造复杂形状；加工成本低；良好的耐蚀性；优良的绝缘性；自润滑性，减摩、耐磨性好；着色自由，手感柔性；消声吸振；可进行二次加工（着色、光亮处理、涂装、浮雕等）	强度低；耐热性差；耐疲劳性差；修理性不好；耐候性差；耐蠕变性差；尺寸不稳定；废弃处理困难

塑料具有以下性质优点。

（1）相对密度小。塑料密度为 $0.9 \sim 2.2 \ \text{g/cm}^3$，只有钢铁的 1/8～1/4 和铝的 1/2，这对减轻产品自重有重要意义。

（2）耐蚀性好。塑料大分子链由共价键结合，不存在自由电子或离子，不发生电化学过程，故没有电化学腐蚀问题。同时又由于大分子链卷曲缠结，使链上

的基团大多被包在内部,只有少数暴露在外面的基团才能与介质作用,所以塑料的化学稳定性很高,能耐酸、碱、油、有机溶液、水及大气等物质的腐蚀。其中聚四氟乙烯还能耐强氧化剂王水的侵蚀。因此工程塑料特别适合于制造化工机械零件及在腐蚀介质中工作的零件。

（3）电绝缘性好。塑料电绝缘性可与陶瓷、橡胶等绝缘材料媲美。由于塑料分子的化学键为共价键,不能电离,没有自由电子,因此塑料是良好的电绝缘体。当塑料的组分变化时,电绝缘性也随之变化。如由于填充剂、增塑剂的加入,塑料的电绝缘性会降低。

（4）减摩、耐磨性好。塑料的硬度比金属低,但多数塑料的摩擦系数小,如聚四氟乙烯对聚四氟乙烯的摩擦系数只有 0.04,聚酰胺、聚甲醛、聚碳酸酯等也都有较小的摩擦系数,因此有很好的减摩性能。有些塑料甚至本身还有自润滑能力,对工作条件的适应性和磨粒的嵌藏性好,因此在无润滑和少润滑的摩擦条件下,其减摩性能是金属材料所无法比拟的。工程上已应用这类高聚物来制造轴承、轴套、衬套及机床导轨贴面等,取得了较满意的结果。

（5）消声吸振性好。

（6）成型加工性好。大多数塑料可直接采用注射或挤出工艺成型,方法简单,生产效率高。

塑料的性质缺点如下。

（1）塑料的强度低。45 钢正火抗拉强度 R_m 为 700~800 MPa,而塑料的抗拉强度只有 30~150 MPa,最高的玻璃纤维强化尼龙也只达到铸铁的强度;刚度和韧性都很差,为钢铁材料的 1/100~1/10,所以塑料只能用于制作承载量不大的零件。但由于塑料的密度小,因此塑料的比强度、比模量很高。对于能够发生结晶的塑料,当结晶度增加时,材料的强度可提高。此外热固性工程塑料由于具有交联的网状结构,强度比热塑性工程塑料高。塑料没有加工硬化现象,且温度对性能影响很大,温度稍有微小差别,同一塑料的强度与塑性就有很大变化。

（2）蠕变温度低,常温下受力时便会发生蠕变,易老化。不同的塑料在相同温度下抗蠕变的性能差别很大。机械零件应选用蠕变较小的塑料。蠕变和应力松弛只是表现形式不同,其本质都是由于高聚物材料受力后大分子链构象的变化所引起的,而大分子链构象调整需要一定时间才能实现,故呈现出黏弹性。

（3）耐热性差。耐热性是指保持高聚物工作状态下的形状、尺寸和性能稳定的温度范围。由于塑料遇热易老化、分解,故其耐热性较差,大多数塑料只能在100 ℃左右使用,仅有少数品种可在 200 ℃左右长期使用;线胀系数大,是钢铁的3~10 倍,所以塑料零件的尺寸精度不够稳定,受环境温度影响较大;热导率小,只有金属的 1/600~1/200,虽具有良好的绝热性,但易摩擦发热,这对运转零件是不利的。

塑料也可通过喷涂、浸渍、粘贴等工艺覆盖于其他材料表面,塑料表面也可镀敷金属层。除了塑料成型外,还可以对塑料进行切削加工、焊接和粘接,可以将注射或压制成型的制品进一步加工或修整。

对于泡沫塑料,可以用木工工具及设备加工,也可以用电热器具进行熔割。

3)常用塑料

(1)通用塑料。

通用塑料是产量大、价格低廉、应用范围广的一类塑料。常用的有聚乙烯、聚氯乙烯、聚丙烯、酚醛塑料和氨基塑料等,其产量占全部塑料产量的 3/4 以上,通常制成管、棒、板材和薄膜等制品,广泛用于工农业中的一般机械零件和日常生活用品中。

聚乙烯由乙烯单体聚合而成,为塑料第一大品种。聚乙烯无毒,无味,无臭,外观呈乳白色的蜡状固体,其密度随聚合方法不同而异,为 $0.91 \sim 0.97 \ g/cm^3$。聚乙烯是一种密度小,具有优异的耐化学腐蚀性、电绝缘性及耐低温性的热塑性塑料,易于加工成型,因此被广泛应用于机械制造业、电气工业、化学工业、食品工业及农业等领域。

根据密度不同,聚乙烯可分为低密度聚乙烯(LDPE)和高密度聚乙烯(HDPE)。低密度聚乙烯主要用于制造家用膜和日用包装材料,还被广泛用于医疗器具生产,以及药物和食品的保鲜,少部分用于制作各种轻、重包装膜,如购物袋,货物袋,工业重包装袋,复合薄膜和编织内衬,各种管材、电线、电缆绝缘护套及电器部件等。高密度聚乙烯的刚度、抗拉强度、抗蠕变性等皆优于低密度聚乙烯,所以更适于制成各种管材、片材、板材、包装容器、绳索等及承载量不高的零件和部分产品,如齿轮、轴承、自来水管、水下管道、燃气管、80 ℃以下使用的耐腐蚀输液管道等。

聚氯乙烯是最早生产的塑料产品之一,也是产量很大的通用塑料,在工业、农业和日常生活中得到广泛应用。它的突出优点是化学稳定性高、绝缘性好、阻燃、耐磨,具有消声减振的作用,成本低,加工容易。但耐热性差,冲击强度低,还有一定的毒性。为了用于食品和药品的包装,可用共聚和混合方法改进,制成无毒聚氯乙烯产品。根据所加配料不同,聚氯乙烯可制成硬质和软质的塑料。

硬质聚氯乙烯的密度仅为钢的 1/5,铝的 1/2,耐热性差,但其力学性能较好,并具有良好的耐蚀性。它主要用于化工设备和各种耐蚀容器,例如储槽、离心泵、通风机、各种上下管道及接头等,可代替不锈钢和钢材。软质聚氯乙烯的增塑剂加入量达 30%~40%,其使用温度低,但伸长率较高,制品柔软,并具有良好的耐蚀性和电绝缘性等。它主要用于制作薄膜、薄板、耐酸碱软管及电线、电缆包皮、绝缘层、密封件等。

加入适量发泡剂可制作聚氯乙烯泡沫塑料,它质轻、有弹性、松软,具有隔热、隔声、防振作用,可用作各种衬垫和包装。

(2)工程塑料。

① 热塑性工程塑料。

聚酰胺又称尼龙或锦纶。它是最早发现的能承受载荷的热塑性工程塑料,在机械工业中应用广泛。聚酰胺具有良好的韧性(耐折叠)和一定的强度,有较小的摩擦系数和良好的自润滑性,可耐固体微粒的摩擦,甚至可在干摩擦、无润滑条件下使用,同时有较好的耐蚀性。它的热稳定性差,有一定的吸水性,这两点会影响聚酰胺制品的尺寸精度和强度。聚酰胺一般在 100 ℃以下工作,适用于制造耐磨的机器零件,如柴油机燃油泵齿轮、蜗轮、轴承、各种螺钉、垫圈、高压密封圈、输油管、储油容器等。

聚甲醛(POM)是继聚酰胺之后发展起来的一种没有侧链、带有柔性链、高密度和高结晶性的线型结构聚合物。它具有优良的综合性能,其疲劳强度在热塑性工程塑料中是最高的,耐磨性和自润滑性好,具有高的硬度和弹性模量,刚度大于其他塑料,可在 $-40 \sim 100$ ℃范围内长期工作。它吸水性小,具有好的耐水、耐油、耐化学腐蚀性和电绝缘性,尺寸稳定。它的缺点是热稳定性差、易燃,长期在大气中暴晒会老化。聚甲醛可代替非铁金属及其合金,用于汽车、机床、化工、电气仪表、农机等领域轴承、衬套、齿轮、凸轮、管道、配电盘、线圈座和化工容器等的制造。

聚甲基丙烯酸甲酯(PMMA)也叫有机玻璃,它的密度小,透明度高,透光率为 92%,比普通玻璃(透光率为 88%)还高。有机玻璃的密度只有无机玻璃的一半,但强度却高于无机玻璃,抗破碎能力是无机玻璃的 10 倍。一般使用温度不超过 80 ℃,导热性差,线胀系数大,主要用于制造有一定透明度和强度要求的零件,如油杯,窥孔玻璃,汽车、飞机的窗玻璃和设备标牌等;也用于飞机座舱盖、炮塔观察孔盖、仪表灯罩及光学玻璃片、防弹玻璃、电视和雷达图的屏幕、仪表设备的防护罩和仪表外壳等。由于其着色性好,也常用于各种生活用品和装饰品。

ABS 塑料又称"塑料合金",是丙烯腈(A)、丁二烯(B)和苯乙烯(S)三种单体的三元共聚物,因而兼有丙烯腈的高硬度、高强度、耐油性、耐蚀性,丁二烯的高弹性、高韧性、耐冲击性和苯乙烯的绝缘性、着色性和成型加工性的优点。它的强度高,韧性好,刚度大,是一种综合性能优良的工程塑料,因此在机械工业及化学工业等部门得到广泛的应用。例如用于齿轮、泵叶轮、轴承、转向盘、扶手、电信器材、仪器仪表外壳、机罩等的制造,还可用于低浓度酸碱溶剂的生产装置、管道和储槽内衬等的生产。ABS 塑料表面可电镀一层金属,代替金属部件,既能减轻零件自重,又能起绝缘作用。它不耐高温,不耐燃,耐候性也差,但都可通过改性来提高性能。

聚碳酸酯(PC)是新型热塑性工程塑料,品种很多,工程上用的是芳香聚碳酸酯。它的综合性能很好,近年来发展很快,产量仅次于聚酰胺。聚碳酸酯的化学稳定性也很好,能抵抗日光、雨水和气温变化的影响,透明度高,成型收缩率小,制件尺寸精度高,广泛用于机械、仪表、电信、交通、航空、光学照明、医疗器械等方面。如波音747飞机上有2 500个零件用聚碳酸酯制造,总质量达2 t。

聚砜(PSF)又称聚苯醚砜,是以线型非晶态高聚物聚砜树脂为基的塑料,其强度高,弹性模量大,耐热性好,长期使用温度可达150~170 ℃,蠕变强度高,尺寸稳定性好,脆性转化温度低,约为-100 ℃,所以聚砜使用温度范围较宽。聚砜的电绝缘性能是其他工程塑料不可比拟的。它主要用于制造要求高强度、耐热、抗蠕变的结构件、仪表件、电气绝缘件、精密齿轮、罩、线圈骨架、仪表盘衬垫、垫圈、电动机、电子计算机的积分电路板等。由于聚砜具有良好的电镀性,故可通过电镀金属制成印制电路板和印制线路薄膜,也可用于生产洗衣机、厨房用具和各种容器等。

② 热固性工程塑料。

酚醛塑料(PE)是以酚醛树脂为基本成分,加入各种添加剂制成的。酚醛树脂是由酚类和醛类有机化合物在催化剂的作用下缩聚而得的,其中以苯酚和甲醛缩聚而成的酚醛树脂应用最广。

酚醛树脂在固化处理前为热塑性树脂,处理后为热固性树脂。热塑性酚醛树脂主要做成压塑粉,用于制造模压塑料,由于有优良的电绝缘性而被称为电木。热固性酚醛树脂主要是用于和多层片状填充剂一起制造层压塑料,可在110~140 ℃使用,并能抵抗除强碱外的其他化学介质侵蚀,电绝缘性好,在机械工业中用它制造齿轮、凸轮、带轮、轴承、垫圈、手柄等;在电器工业中用它制造电器开关、插头、收音机外壳和各种电器绝缘零件;在化学工业中用它制造耐酸泵;在宇航工业中用它制造瞬时耐高温和烧蚀的结构材料。

环氧塑料(EP)是以环氧树脂线型高分子化合物为主,加入增塑剂、填料及固化剂等添加剂经固化处理后制成的热固性工程塑料。环氧塑料强度高,有突出的尺寸稳定性和耐久性,能耐各种酸、碱和溶剂的侵蚀,也能耐大多数霉菌的侵蚀,在较宽的频率和温度范围内有良好的电绝缘性,但成本高,所用固化剂有毒性。环氧塑料广泛用于机械、船舶、汽车、建材等行业,主要用于制造塑料模具、精密量具、各种绝缘器件的整体结构,也可用于制造层压塑料、浇注塑料等。

氨基塑料主要有脲甲醛塑料(UF),它是由尿素和甲醛缩聚合成,然后与填料、润滑剂、颜料等混合,经处理后得到的热固性工程塑料。氨基塑料的性能与酚醛塑料相似,但强度低,着色性好,表面光泽如玉,俗称电玉。氨基塑料适用于制造日用器皿、食具等。由于电绝缘性好,也常用作电绝缘材料;还可用作木材黏结剂,制造胶合板、刨花板、纤维板、装饰板(塑料贴面)等。因此氨基塑料广泛用于家具、建筑、车辆、船舶等方面,作为表面和内壁装饰材料。

7.1.2.2　橡胶

橡胶是一种在使用温度范围内处于高弹性状态的高分子材料。在较小的载荷作用下能产生很大变形,载荷卸除后又能很快恢复原来的状态。它的伸长率很高,为 100% ~ 1 000%,具有优良的拉伸性能和储能性能。橡胶还具有优良的耐磨性、隔声性和绝缘性,可用作弹性材料、密封材料、减振材料和传动材料。在机械零件中,橡胶广泛用于制造密封件、减振件、传动件、轮胎和电线等。目前橡胶产品已达几万种,广泛用于国防、国民经济和人民生活各方面,起着其他材料不能替代的作用。最早使用的是天然橡胶,天然橡胶资源有限,人们大力发展了合成橡胶,目前已生产了七大类几十种合成橡胶。习惯上将未经硫化的天然橡胶及合成橡胶称作生胶,硫化后的橡胶称作橡皮,生胶和橡皮又可统称橡胶。

1) 橡胶的特性

橡胶最显著的特点是具有高的弹性、回弹性、强度和可塑性。

(1) 高弹性。

橡胶在使用温度下处于高弹力状态。高弹性是橡胶性能的主要特征。在 −50 ~ 150 ℃ 的温度范围内,当橡胶受外力作用时会产生高弹变形,而且这种变形是可逆的。橡胶还具有良好的回弹性,因此橡胶是一种优良的减振、抗冲击材料。

(2) 黏弹性。

在低温和老化状态时,当外力作用在橡胶上,高弹形变缓慢发展,外力去除后,弹性变形随时间延长而逐渐恢复。由于橡胶的黏弹性,使橡胶表现为内耗、应力松弛、蠕变,这也是橡胶的又一显著特征。

(3) 强度。

橡胶有优良的伸缩性和储存能量的能力,有一定的强度和优异的疲劳极限。橡胶的相对分子质量越大,其强度值就越高。

(4) 耐油性。

橡胶制品在与矿物油系中的润滑油、润滑脂类、燃料、乙二醇系等工作油接触时,不会引起橡胶性能的变化。

(5) 耐磨性。

橡胶有良好的耐磨性。橡胶的磨损是由于表面摩擦而引起的,在热和机械力的作用下,大分子链开始断裂,使小块橡胶从表面撕裂下来。所以,橡胶强度越高,磨损量越小,耐磨性越好。

（6）热塑性。

橡胶在一定温度下会暂时失去弹性,并转入黏流状态。热可塑性是指橡胶在外力作用下发生变形,加工成不同形状和尺寸,并可在外力去除后保持这种形状和尺寸。

除以上特性外,橡胶还具有耐候性、绝缘性、隔声、防水、缓冲、吸振等性能。

2）橡胶的基本组成

橡胶是以生胶为原料,加入适量的配合剂,经硫化后得到的一种材料。

（1）生胶。

生胶是指未加配合剂的天然橡胶或合成橡胶,它是橡胶制品的主要成分,决定了橡胶制品的性能。按其来源不同,生胶可分为天然橡胶和合成橡胶两大类。

天然橡胶是橡胶工业中应用最早的橡胶。天然橡胶以热带橡胶树上流出的天然白色乳胶为主要原料,经一定的处理和加工(凝固、干燥、加压等工序)制成,也可制成固体天然橡胶,作为生产原材料。

合成橡胶是用化学合成方法制成的与天然橡胶性质相似的高分子材料,是以从石油、天然气中得到的某些低分子不饱和烃作为原料,在一定条件下经聚合反应而得到的产物,如丁苯橡胶、氯丁橡胶等。

由于生胶的分子结构多为线型或支链型长链状分子,性能不稳定,如受热发黏、遇冷变硬,只能在 $5 \sim 35 \ ℃$ 范围内保持弹性,且强度低,耐磨性差,不耐溶剂等,故生胶一般不能直接用来制造橡胶制品。

（2）配合剂。

为了制造可以使用的橡胶制品,改善橡胶的工艺性能和降低制品成本而添加的物质称为配合剂。按照各种配合剂在橡胶中所起到的主要作用不同,可以分为硫化剂、硫化促进剂、硫化活性剂、防焦剂、防老化剂、增强填充剂、软化剂、着色剂等。

对于一些特殊用途的橡胶,还有专用的发泡剂、硬化剂溶剂等。

① 硫化剂。通常以硫黄作为硫化剂,并加入氧化锌和硫化促进剂来加速硫化,以缩短硫化时间,降低硫化温度,同时可减少硫化剂用量,以改善橡胶性能。

② 软化剂。加入硬脂酸、石蜡及油类物质等软化剂,可以提高橡胶的塑性和耐寒性,降低硬度,改善其黏附力。

③ 防老化剂。加入石蜡、蜂蜡或其他比橡胶更具氧化性的物质作为防老化剂,在橡胶表面形成稳定的氧化膜,可防止和延缓橡胶制品老化,提高橡胶使用寿命。

④ 增强填充剂。用炭黑、陶土、滑石粉等作为填充剂,可以增加橡胶制品的

强度,降低成本。

此外,在制作橡胶制品时,还常用天然纤维、人造纤维、金属材料等作为橡胶制品的骨架,以提高其力学性能,如强度、硬度、耐磨性和刚性等,防止橡胶制品的变形。

橡胶最重要的特性是高弹性,因此在使用和储存过程中要特别注意保护其弹性。氧化、光照(特别是紫外线照射)均会促使橡胶老化、破裂、发黏或变脆,从而丧失弹性。

3)常用橡胶材料

生产上常用的橡胶材料有天然橡胶、合成橡胶和再生胶。

(1)天然橡胶。

天然橡胶属于天然树脂,是以天然胶为生胶制成的橡胶材料,是橡胶树上流出的浆液,经过凝固、干燥、加压等工序制成片状生胶,再经硫化工艺制成弹性体,代号为 NR。其生胶质量分数在 90%以上,主要成分为聚异戊二烯天然高分子化合物。其聚合度 n 为 10 000 左右,相对分子质量为 10 万~180 万,平均相对分子质量为 70 万左右。

天然橡胶具有优良的弹性,弹性模量为 3~6 MPa,约为钢的 1/30 000,而伸长率则为 300 倍。天然橡胶弹性伸长率可达 1 000%,弹性温度范围为 −70~130 ℃,在 130 ℃时仍能正常使用,温度低于 −70 ℃时才失去弹性。天然橡胶属于通用橡胶,具有较高的强度和优异的耐磨性、耐寒性、防水性、绝热性和电绝缘性,较好的力学性能、耐碱性及良好的加工性能。缺点是耐油、耐溶剂性差,易溶于汽油和苯类等溶剂,易受强酸腐蚀,耐老化性和耐候性差,且易自燃。

天然橡胶材料有广泛的用途,大量用于制造各类轮胎,尤其是子午线轮胎和载货汽车轮胎。另外,还用于制造电线电缆的绝缘护套、胶带、胶管、各种工业用橡胶制品,以及胶鞋等日常用品和医疗卫生制品。

(2)合成橡胶。

天然橡胶虽然具有良好的性能,但其性能和产量满足不了现代工业发展的需要,所以要大力发展合成橡胶。合成橡胶种类繁多,规格复杂,但各种橡胶制品的工艺流程基本相同,主要包括塑炼→混炼→成型→硫化→修整→检验。随着石油工业的快速发展,合成橡胶由于原料来源丰富,成本低廉,在各行各业得到了广泛的应用,也成为汽车行业的一种重要的材料。

合成橡胶的主要品种有丁苯橡胶、顺丁橡胶、氯丁橡胶、丁腈橡胶、异戊橡胶、丁基橡胶、乙丙橡胶、丙烯酸酯橡胶、氯醇橡胶等。

合成橡胶多以烯烃为主要单体聚合而成。

① 丁苯橡胶(SBR)是目前产量最大、应用最广的合成橡胶,产量占合成橡胶

的一半以上,占合成橡胶消耗量的 80%。丁苯橡胶是以丁二烯和苯乙烯为单体,在乳液或溶液中用催化剂进行催化共聚而成的浅黄褐色弹性体。它的耐磨性、耐热性、耐油性和抗老化性都较好,特别是耐磨性超过了天然橡胶,价格也低廉。由于强度低和成型性较差,丁苯橡胶主要与其他橡胶混合使用,能以任何比例和天然橡胶混合,主要用于制造轮胎、胶管、胶鞋等。

② 顺丁橡胶(BR)是最早用人工方法合成的橡胶之一,来源丰富,成本低。其发展速度很快,产量已跃居第二位。其分子结构式与天然橡胶十分接近,是目前各种橡胶中弹性最好的品种。其耐磨性比一般天然橡胶高 30% 左右,耐寒性也好。它的缺点是可加工性不好,抗撕裂性较差。顺丁橡胶硫化速度快,因此通常和其他橡胶混合使用。顺丁橡胶的 80%~90% 用来制造轮胎,其寿命可高出天然橡胶轮胎寿命的两倍。其余用来制造耐热胶管、三角带、减振器制动皮碗、胶辊和鞋底等。

③ 氯丁橡胶(CR)的力学性能和天然橡胶相似,但耐油性、耐磨性、耐热性、耐燃烧性、耐溶剂性、耐老化性等均优于天然橡胶,故有"万能橡胶"之称。但氯丁橡胶耐寒性差,密度大,成本高。氯丁橡胶常用于制造高速运转的三角带、地下矿井的运输带、电缆等,还可制作输送腐蚀介质的管道、输油胶管以及各种垫圈。由于其与金属、非金属材料的黏着力好,可用作金属、皮革、木材、纺织品的胶黏剂。

④ 丁腈橡胶(NBR)属于特种橡胶,其突出的特点是耐油性好,可抵抗汽油、润滑油、动植物油类侵蚀,故常作为耐油橡胶使用。此外,丁腈橡胶还有高的耐磨性、耐热性、弹性、耐水性、气密性和抗老化性,但电绝缘性、耐寒性和耐酸性较差。所以,丁腈橡胶中丙烯腈的质量分数一般为 15%~50%,过高则失去弹性,过低则失去耐油的特性。丁腈橡胶主要用于制作各种耐油制品,如耐油胶管、储油槽、油封、输油管、燃料油管、耐油输送带等。

由于现代科学技术的迅猛发展,可以对橡胶进行各种改性,按照使用要求的需要提高某种性能。橡胶的改性方法很多,可以通过添加各种配合剂,或者根据需要设计特殊的结构,以及通过某些化学反应加以处理。橡胶的改性是提高橡胶性能的重要途径。

(3) 再生胶。

再生胶是硫化胶的边角废料和废旧橡胶制品经粉碎、化学和物理方法加工后,去掉硫化胶的弹性,恢复塑性和黏性,再重新硫化的橡胶。再生胶对于可持续发展、环保和生产资料的再利用意义重大。再生胶的特点是强度较低,硫化速度快,操作比较安全,并有良好的耐老化性,加工容易,成本低廉。

再生胶广泛地用于各种橡胶制品的生产。轮胎工业中用于制造垫带、钢丝圈胶、角胶条、封口胶条等。汽车上也用作胶板、橡胶地毡、汽车用橡胶零件等。再生胶也可用于制作胶管、胶带以及制造胶鞋的鞋底等。

7.1.2.3　涂料

涂料是一种呈液态的或粉末状态的有机物质,是一种高分子材料,可以采用不同的工艺将其涂覆在物体表面上,形成黏附牢固、具有一定强度的连续固态薄膜。涂覆形成的膜通称涂膜,又称漆膜或涂层。

1) 涂料的作用及特点

(1) 涂料的作用。

涂料在物件表面形成一层保护膜,能阻止或延迟锈蚀、腐蚀和风化等破坏作用,延长材料的寿命,起保护作用。涂料可以改善材料表面的外观形象,起到美化装饰的作用。涂料能够提供多种不同的特殊功能,如改善材料表面的力学、物理、化学和微生物学等方面的性能。

(2) 涂料的特点。

涂料适用面广,可广泛应用于各种材质的物体表面并能适应不同性能的要求。使用方便,一般用比较简单的方法和设备就可以进行施工。涂膜大多为有机物质,且一般涂层较薄,只能在一定的时间内发挥一定程度的作用。

2) 涂料的组成

涂料包含成膜物质、溶剂、颜料和助剂四个组分。

(1) 成膜物质。

成膜物质是组成涂料的基础,它具有黏结涂料中其他组分形成涂膜的作用,对涂料和涂膜的性质起着决定性的作用。

(2) 溶剂。

溶剂的作用是溶解成膜物质,施工后又能从薄膜中挥发出来,使薄膜成为固态涂层,也称为挥发剂。水、无机化合物和有机化合物等都可用作溶剂,其中使用有机化合物的品种最多,常用的有各种脂肪烃、芳香烃、醇、酯等,总称为有机溶剂。

(3) 颜料。

颜料是有颜色的涂料。颜料使涂膜具有一定的遮盖能力,还能增强涂膜的力学性能和耐久性能,并使涂膜具有某种特殊功能(如耐腐蚀、导电、防延燃等)。

(4) 助剂。

助剂是材料的辅助成分,其作用是改善涂料或涂膜的某些性能。助剂类型有:对涂料生产过程起作用的助剂,如消泡剂、分散剂等;对涂料储存过程起作用的助剂,如防沉剂、防结皮剂等;对涂料施工成膜过程起作用的助剂,如固化剂、流平剂等;对涂膜性能起作用的助剂,如增塑剂、防静电剂等。

3）涂料的种类及用途

涂料品种繁多，按其主要成膜物质的不同主要有三大类：以单纯油脂为成膜物质的油性涂料，如清油、厚漆、油性调和漆；以油、天然树脂为成膜物质的油基涂料，如磁性调和漆；以合成树脂为主要成膜物质的各类涂料等。工业上的金属设备常用的涂料多以合成树脂作为主要成膜物质，主要有酚醛树脂涂料、氨基树脂涂料、环氧树脂涂料和防锈涂料等。

7.1.2.4 合成纤维

纤维是指长度比直径大得多，并且有一定柔韧性的细长物质，包括天然纤维、人造纤维和合成纤维等几种。

天然纤维包括棉、麻、毛、丝等，其生产易受自然条件限制，在品种和性能上都不能满足生产和生活的需要，于是，人们便开始生产人造纤维和合成纤维。

人造纤维是用自然界的纤维加工制成的，如"人造丝、人造棉"的黏胶纤维及醋酸纤维等。合成纤维是以石油、天然气、煤和石灰石等为原料，经过提炼和化学反应合成高分子化合物，再将其熔融或溶解后纺丝制得的纤维。

1）合成纤维的性能

合成纤维具有比天然纤维和人造纤维在物理、化学和力学等方面更优越的性能，如强度高、保暖、密度小、弹性好、耐磨、耐蚀、抗霉菌、耐酸碱性好、不怕虫蛀、隔热、隔光、隔声，密封性、电绝缘性较好等，而且表面较光亮纤维弹力高，色泽牢固鲜艳，耐皱性、耐磨性、耐冲击性好，具有良好的化学稳定性，在一般条件下不怕汗液、海水、肥皂、碱液等的侵蚀。其缺点是耐热性的表现一般。

2）常用合成纤维

合成纤维的发展极为迅速，品种繁多，目前大规模生产的约有几十种，但产量占合成纤维90%以上的有六大品种。常用的合成纤维如下。

聚酯纤维又名涤纶，弹性接近于羊毛，具有强度高、耐冲击、耐磨、耐蚀、易洗快干等特性。除大量用作纺织品材料外，工业上广泛用于制作运输带、传动带、帆布、渔网、绳索、轮胎帘子线及电器绝缘材料等。

聚酰胺纤维，又名锦纶，强度高于天然纤维，耐磨性相比于其他纤维最高，具有弹性好、耐日光性差等特性，长期在日光照射下颜色变黄，强度下降。聚酰胺纤维多用于轮胎帘线、降落伞、宇航飞行服、渔网、针织内衣、尼龙袜、手套等工农业及日常生活用品。

聚丙烯腈又名腈纶，也称奥纶、开司米、人造毛，具有毛型手感，织物轻柔、蓬松、耐晒、耐蚀、保暖；强度低、不耐磨，具有较好的染色性能。多数用来制造毛线及室外用的帐篷、幕布、船帆等织物，还可与羊毛混纺，织成各种衣料。

聚乙烯醇纤维又名维纶，耐磨性好，耐日光性好，吸湿性好，性能很像棉花，故又称合成棉花。价格低廉,可用于制作包装材料、帆布、过滤布、缆绳、渔网等。

聚氯乙烯纤维又名氯纶,具有化学稳定性好、耐磨、不燃、耐晒、耐蚀、染色性差、热收缩大等特点。可用于制作化工防腐和防火的用品,以及绝缘布、窗帘、地毯、渔网、绳索等。

除上述品种之外,还有增强纤维,包括玻璃纤维、碳纤维等。玻璃纤维具有很多优越的性能,作为增强材料效果非常显著,其产量大,价格低,使用优势明显。碳纤维比玻璃纤维弹性模量高,热导率大,耐磨性好。目前,新型的高强度、高弹性模量的碳纤维已经进入商业化生产,尤其在宇航方面应用发展迅速,汽车制造行业也开始应用。

7.1.2.5　胶黏剂

能将同种或两种及两种以上同质或异质的制件(或材料)连接在一起,固化后具有足够强度的有机或无机的、天然或合成的一类物质,统称为胶黏剂或黏结剂,俗称胶。

胶接是采用胶黏剂连接工件的连接形式,是一种连接成型方法,属于不可拆连接。近年来与焊接、铆接、胀接、螺纹连接等传统的连接形式共同发展。胶接技术是一种实用性很强,并已在许多领域得到广泛应用的新技术。相比于传统连接方式,它具有快速、牢固、经济、节能等特点。

1)胶黏剂的组成与分类

(1)胶黏剂的组成。

胶黏剂除天然胶黏剂外,还有合成胶黏剂。合成胶黏剂通常是一种由多成分配制而成的混合料,由基料、固化剂与硫化剂、增塑剂与增韧剂、稀释剂与溶剂、填料及其他附加剂配合而成。胶黏剂的组成根据使用性能要求而采用不同的配方,胶黏剂中的其他添加剂是根据胶黏剂的性质及使用要求选择的。

① 基料。基料是胶黏剂的主要组分,它对胶黏剂的性能起主要作用,使胶黏剂获得良好的黏附性能,以及良好的耐热性、抗老化性等。常用的黏性基料有淀粉、蛋白质、虫胶及天然橡胶、环氧树脂、酚醛树脂、丁腈橡胶等。

② 固化剂和硫化剂。固化剂和硫化剂又称为硬化剂,它能使线型分子形成体型网状结构,从而使胶黏剂固化。固化剂主要用于基料为合成树脂的胶黏剂中。例如以环氧树脂为基料的胶黏剂,可选用胺类、酸酐类及高分子化合物固化剂等。硫化剂主要用于基料为橡胶的胶黏剂中,主要有硫、过氧化物、金属氧化物等。

③ 填料。填料的加入可以增加胶黏剂的弹性模量,降低成本,增加胶黏强度和耐热性,降低脆性和制件成型应力,改善胶黏剂的耐水性、耐热性等。常用的填料有石棉纤维、玻璃纤维、硅藻土粉、石墨粉、炭黑、氧化铝粉等。

④ 稀释剂。稀释剂能降低合成胶黏剂的黏度,改善其工艺性能,延长使用期

限,增强流动性,提高浸透力。常用稀释剂有环氧丙烷、环氧戊烷、乙醇、甲苯、丙酮等。

⑤ 增韧剂。增韧剂能改良胶黏剂的性能,增加韧性,降低脆性,提高接头结构的抗剥离、抗冲击能力等。但会使胶黏剂的抗切强度、弹性模量、抗蠕变性能、耐热性能有所下降。

⑥ 其他附加剂。其他附加剂指为增加胶黏剂某些方面的性能而加入的各种附加剂。例如,高温条件下使用的胶黏剂要加入阻燃剂;防止胶层过快老化要加入防老化剂;提高难黏材料的黏结力要加入增黏剂。

（2）胶黏剂的分类。

胶黏剂品种繁多,成分各异,应用范围也各不相同。通常把胶黏剂分为有机胶黏剂和无机胶黏剂两大类。有机胶黏剂又分为天然胶黏剂和合成胶黏剂。

天然胶黏剂是由天然有机物制成的,按来源分为植物胶黏剂、动物胶黏剂和矿物胶黏剂。合成胶黏剂按其基料组成不同,可分为热固性树脂胶黏剂、热塑性树脂胶黏剂、橡胶型胶黏剂和混合型胶黏剂。按使用性能和应用对象分为结构型胶黏剂、非结构型胶黏剂和特种胶黏剂。按形态可分为水溶型胶黏剂、水乳型胶黏剂、溶剂型胶黏剂及各种固态型胶黏剂等。

2）常用胶黏剂

随着合成材料工业的迅速发展,合成胶黏剂因其良好的性能而得到广泛使用。目前我国的合成胶黏剂有 300 多种,常用的胶黏剂有环氧树脂胶黏剂、酚醛树脂胶黏剂和合成橡胶胶黏剂等。

（1）热塑性树脂胶黏剂。

该类胶黏剂是以线型热塑性树脂为基料,与溶剂配制成溶液或直接通过熔化的方式胶接。这类胶黏剂使用方便,容易保存,具有良好的柔韧性、耐冲击性和初黏能力;但耐溶剂性和耐热性较差,强度和抗蠕变性能低。

聚醋酸乙烯酯胶黏剂是常用的热塑性树脂胶黏剂,可以制备成乳液胶黏剂、溶液胶黏剂或热熔胶等,其中,乳液胶黏剂是使用最多,也是最重要的品种。这类胶黏剂用于胶接多孔性易吸水的材料（如纸张、木材、纤维织物）,以及塑料和铝箔等的黏合。它在装订、包装、家具和建筑施工中都有较广泛的应用。

（2）热固性树脂胶黏剂。

该类胶黏剂以中低相对分子质量的聚合物为基料,在加热或固化剂的作用下,聚合物直接发生交联反应,形成胶层。聚合物相对分子质量小,容易扩散渗透,具有很高的胶接强度和硬度,以及良好的耐热性与耐溶剂性;缺点是起始胶接力较小,固化时容易产生体积收缩和内应力,一般需加入填料来弥补缺陷。

常用的热固性树脂胶黏剂为环氧树脂胶黏剂,其基料是环氧树脂,加入固化剂使其结构变化,温度升高也不能再次软化和熔化,同时也不溶于有机溶剂。环氧树脂的突出优点是:对金属、陶瓷、塑料、木材、玻璃等都有很强的黏附力,被称为"万能胶",内聚力强,在被胶黏物受力破坏时,断裂往往发生在被胶黏物体内部;工艺性能好,机械强度高,化学稳定性和电绝缘性能较好。环氧树脂胶黏剂的主要缺点是耐候性较差,部分添加剂有毒,容易固化,配制后需尽快使用。

环氧树脂胶黏剂常用于各种金属和非金属材料,在机械、化工、建筑、航空等行业得到广泛的应用。在汽车维修中,最适合粘接离合器摩擦片、制动蹄片等。

(3) 橡胶型胶黏剂。

橡胶型胶黏剂是以合成橡胶或天然橡胶为基料配制成的胶黏剂,具有较高的剥离强度和优良的弹性,适用于柔软的或线胀系数相差很大的材料的胶接。

橡胶型胶黏剂主要有以下两种。

① 氯丁橡胶胶黏剂的基料为氯丁橡胶,具有较高的内聚强度和良好的黏附性,耐燃性、耐候性、耐油性和耐化学试剂性能均较好。它的主要缺点是稳定性和耐低温性较差。其广泛用于非金属、金属材料的胶接,在汽车、飞机、船舶制造和建筑等方面得到广泛应用。

② 丁腈橡胶胶黏剂基料为丁腈橡胶,突出特点是耐油性好,并有良好的耐化学介质性能和耐热性能。适用于金属、塑料、木材、织物及皮革等多种材料的胶接,在各种耐油产品中得到广泛的应用,尤其适合难以黏合的聚乙烯塑料。

(4) 混合型胶黏剂。

混合型胶黏剂又称复合型胶黏剂。它由两种或两种以上高分子化合物彼此掺混或相互改性而制得,构成胶黏剂基料的是不同种类的树脂或者树脂与橡胶。

混合型胶黏剂主要有以下几种。

酚醛-聚乙烯醇缩醛胶黏剂简称酚醛-缩醛胶黏剂,它以甲基酚醛树脂为主体,加入聚乙烯醇缩醛树脂进行改性而成。兼具了两者在结构方面的特征,克服了酚醛树脂性脆和聚乙烯醇缩醛树脂耐热性差的缺点,表现出良好的综合性能。这类胶黏剂对金属和非金属都有很好的黏附性,胶接强度高,耐冲击和疲劳强度良好。此外,它还具有良好的耐大气老化和耐水性,是一种应用广泛的结构型胶黏剂。酚醛-缩醛胶黏剂适用于金属、陶瓷、玻璃、塑料及木材等的胶接,它是目前最通用的飞机结构胶之一,可用于胶接金属结构和蜂窝结构。此外,还可用于汽车制动片、轴瓦、印制电路板及导波元件等的胶接。近年来,人们在这类胶黏剂的基础上加入环氧树脂,制得酚醛-缩醛—环氧胶黏剂,其胶接强度大大提高,性能进一步改善,尤其适用于铝、铜、钢等金属及玻璃的胶接。

酚醛-丁腈胶黏剂综合了酚醛树脂和丁腈橡胶的优点,既有良好的柔韧性,又有较高的耐热性,是综合性能优良的结构胶黏剂。酚醛-丁腈胶黏剂可用于金属和大部分非金属材料的胶接,如汽车制动摩擦片的黏合、飞机结构中轻金属的黏合、印制电路板中铜箔与层压板的黏合及各种机械设备的修复等。

胶黏剂的选用通常应综合考虑胶黏剂的性能、胶接对象、使用条件、固化工艺和经济成本等各方面的因素。

7.2   陶瓷材料

陶瓷是无机非金属材料的通称。它与金属材料、高分子材料一起称为三大固体材料。我国生产陶瓷的历史非常悠久。随着生产技术的发展,现已研发出许多具有优异性能的新型陶瓷。特别是近 30 年来,新型陶瓷发展很快,广泛应用于国防、宇航、电气、化工和机械领域。

传统上的陶瓷一词是陶器和瓷器的总称,是指含有土矿物原料而又经高温烧结的制品。陶瓷的定义为:凡经原料配制、坯料成型、窑炉烧成工艺制成的产品,都称为陶瓷(这也包括粉末冶金制品)。现代陶瓷材料是以特种陶瓷为基础、由传统陶瓷发展起来的有鲜明特点的一类新型工程材料。当今陶瓷的含义已扩大,它早已超出了传统陶瓷的概念和范畴,扩大到了所有无机非金属材料,是一种高新技术产物,凡固体无机材料,不管其含黏土与否,也无论制造方法,通称为陶瓷。陶瓷的范围包括单晶体、多晶体及两者的混合体、玻璃、无机薄膜和陶瓷纤维等。

7.2.1   分类

陶瓷的种类很多,陶瓷材料可以根据原料来源、化学组成、性能或用途等不同方法进行分类。

1)按原料来源分类

按原料来源分类,陶瓷通常可分为传统陶瓷和特种陶瓷两大类。

(1)传统陶瓷。

传统陶瓷又称为普通陶瓷,是以天然的硅酸盐矿物为原料(如黏土、高岭土、长石、石英等),经粉碎、成型和烧结等过程制成的。传统陶瓷可分为日用陶瓷、建筑陶瓷、卫生陶瓷、电气绝缘陶瓷、化工陶瓷、多孔陶瓷(过滤、隔热陶瓷)等,它们可满足各种工程的需求。主要用于制造日用品,建筑、卫生及工业上的低压和高压电瓷,耐酸制品和过滤制品等。

(2)特种陶瓷。

特种陶瓷又称新型陶瓷,它是用纯度较高的人工化合物为原料(如氧化物、氮化物、碳化物、硼化物、硅化物、氟化物和特种盐类等），用与普通陶瓷类似的加工工艺制成新型陶瓷。由于新型陶瓷的化学组成、显微结构不同于普通陶瓷，因此具有许多优异性能，可作为工程结构材料和功能材料应用于机械、电子、化工、能源、宇航等领域。

2）按用途分类

按用途，陶瓷可分为结构陶瓷和功能陶瓷两大类。

结构陶瓷主要利用材料的力学性能，承受各种载荷；功能陶瓷则利用材料的热、电、磁、光、声等方面的性能特点，应用于各种场合，如日用陶瓷、建筑陶瓷、电器绝缘陶瓷、化工耐腐蚀陶瓷，以及保温隔热用的多孔陶瓷和过滤用陶瓷等。

3）按性能分类

按性能，陶瓷有高强度陶瓷、耐磨陶瓷、高温陶瓷、耐酸陶瓷、压电陶瓷和光学陶瓷等种类。

4）按化学组成分类

按化学组成，陶瓷可分为氧化物陶瓷、氮化物陶瓷、碳化物陶瓷及几种元素化合物复合的陶瓷等。

7.2.2　性能

陶瓷材料具有耐高温、抗氧化、耐腐蚀及其他优良的物理、力学、化学性能。

1）物理性能

（1）热性能。

陶瓷材料属于耐高温材料，一般都具有高的熔点，在 2 000 ℃以上。陶瓷具有极好的化学稳定性和特别优良的抗氧化性，已广泛用作高温材料，如制作耐火砖、耐火泥、炉衬、耐热涂层等。刚玉（Al_2O_3）可耐 1 700 ℃高温，能制成耐高温的坩埚。陶瓷导热能力远低于金属材料，它常作为高温绝热材料；陶瓷线胀系数比金属低，更远低于高聚物。

（2）电性能。

室温下的大多数陶瓷是良好的绝缘体，具有高电阻率，因而大量用来制作低电压（1 kV 以下）到超高压（110 kV 以上）的隔电瓷质绝缘器件。某些特种陶瓷具有导电性和导磁性，是作为功能材料开发的特殊陶瓷品种。

铁电陶瓷［钛酸钡（$BaTiO_3$）和其他类似的钙钛矿结构］具有较高的介电常数，可用来制作较小的电容器，获得较大的电容，更有效地改进电路。铁电陶瓷具有压电材料的特性，可用来制作扩音机中的换能器，以及超声波仪器等。少数陶瓷材料还具有半导体性质，如经高温烧结的氧化锡就是半导体，可用来制作整流器。

（3）磁学性能。

通常被称为铁氧体的磁性陶瓷材料（如 $MgFe_2O_3$、Fe_3O_4、$CoFe_2O_4$）在录音磁带与唱片、变压器铁芯、大型计算机的记忆元件等方面有着广泛的用途。

2）力学性能

与金属材料相比，陶瓷的弹性模量大、硬度高。

（1）塑性与韧性。

大多数陶瓷材料在常温下受外力作用时都不会产生塑性变形，而是在弹性变形后直接发生脆性断裂，其冲击韧性和断裂韧性要比金属材料低得多，抵抗裂纹扩展的能力很低。

（2）强度。

陶瓷材料由于制备工艺的原因，会形成各种各样的缺陷，导致陶瓷的实际强度远低于理论值。陶瓷的抗拉强度较低，但它具有较高的抗压强度，可以用于承受压缩载荷的场合，例如用来作为地基、桥墩和大型结构与重型设备的底座等。

（3）硬度。

陶瓷的硬度在各类材料中最高。其硬度大多在 1 500 HV 以上，而淬火钢为 500~800 HV。氮化硅和立方氮化硼（CBN）具有接近金刚石的硬度。

氮化硅和碳化硅（SiC）都是共价化合物，键的强度高，具有较好的抗热振性能（温度急剧变化时，抵抗破坏的能力）。陶瓷作为超硬耐磨损材料，性能特别优良。除 Si_3N_4、SiC、CBN 是一种新型的刀具材料外，近年来又开发了高强度、高稳定性的二氧化锆（ZrO_2）陶瓷刀具，广泛应用于高硬难加工材料的加工及高速切削、加热切削等加工。

3）化学性能

陶瓷的组织结构非常稳定，具有优良的抗氧化性且耐高温，对酸、碱、盐及熔融的有色金属（如铝、铜）等有较强的抵抗能力，不会发生老化。陶瓷在室温及 1 000 ℃以上的高温环境中都不会被氧化。

7.2.3　常用陶瓷材料

1）普通陶瓷

普通陶瓷可分为日用陶瓷和工业陶瓷。工业陶瓷主要用于家用电器、化工、建筑等部门，按用途可分为建筑卫生瓷、电工瓷、化学化工瓷等。

普通陶瓷的基本原料是天然矿物或岩石。矿物是指自然化合物或自然元素，岩石是矿物的集合体。普通陶瓷的主要原料为黏土（$Al_2O_3 \cdot 2SiO_2 \cdot 2H_2O$），石英

（SiO_2）和长石（$K_2O \cdot Al_2O_3 \cdot 6SiO_2$）。普通陶瓷制品的性能取决于以上三种原料的类型、纯度、粒度和比例。

黏土是一种含水铝硅酸盐矿物,由地壳中含长石类岩石经过长期风化与地质作用而生成。黏土矿物主要有高岭石、伊利石、蒙脱石、水铝英石及叶蜡石五类。最典型的黏土为高岭土,俗称瓷土,主要为由高岭石组成的纯净黏土。黏土属于可塑性物质,在陶瓷工艺中起塑化和结合作用,是成瓷的基础。

石英为瘠性材料,在瓷坯中起骨架作用。石英的主要类型有水晶、脉石英和硅石。长石则属于熔剂原料,高温下熔融后可以溶解一部分石英及高岭土分解产物,起高温胶接作用。长石有四种基本类型:钠长石、钾长石、钙长石和钡长石。

2）特种陶瓷

特种陶瓷的原料为人工精制合成的无机粉末原料(含氧化物和非氧化物两大类)。特种陶瓷按用途可分为结构陶瓷和功能陶瓷,包括压电陶瓷、磁性陶瓷、电容器陶瓷、高温陶瓷等。作为结构和工具材料的主要是高温陶瓷,它包括氧化物陶瓷、硼化物陶瓷、碳化物陶瓷、氮化物陶瓷等。

几种常用特种陶瓷的性能见表 7-4。

表 7-4　几种常用特种陶瓷的性能

名　　称		弹性模量/ ×10³ MPa	莫氏硬度 /级	抗拉强度 /MPa	抗压强度 /MPa	熔点 /℃	最高使用温度 (空气中)/℃
氧化铝(Al_2O_3)		350~415	9	265	2 100~3 000	2 050	1 980
氧化锆(ZrO_2)		175~252	7	140	1 440~2 100	2 700	2 400
氧化镁(MgO)		214~301	5~6	60~80	780	2 800	2 400
氧化铍(BeO)		300~385	9	97~130	800~1 620	2 700	2 400
氮化硼 (BN)	六方	34~78	2	100	238~315	—	1 100~1 400
	立方	—	8 000~9 000 HV	345	800~1 000	—	2 000
氮化硅 (Si_3N_4)	反应烧结	161	70~85 HRA	141	1 200	2 173	1 100~1 400
	热压烧结	302	2 000 HV	150~275	3 600	2 173	1 850
碳化硅(SiC)		392~417	2 500~2 550 HK	70~280	574~1 688	3 110	1 400~1 500

（1）氧化物陶瓷。

Al_2O_3,ZrO_2、MgO、CaO、BeO 等属于氧化物陶瓷。典型的是氧化铝（刚玉）陶瓷,O^{2-} 排成密排六方结构,Al^{3+} 占据间隙。两 Al^{3+} 对三个 O^{2-} 形成化合价,故其 2/3

间隙被填充。由于杂质的原因,可形成红宝石或蓝宝石。氧化铝陶瓷熔点高(2 050 ℃)、抗氧化性能好,可用作耐火材料,如内燃机火花塞。微晶刚玉硬度高、热硬性好(高达 1 200 ℃),可制作切削刀具、拔丝模等。氧化铝单晶可制作蓝宝石激光器。

(2)碳化物陶瓷。

WC、TiC、B_4C、SiC、NbC、VC 等属于碳化物陶瓷。碳化物陶瓷的熔点通常在2 000 ℃以上,其硬度高、耐磨性好,但抗氧化能力差、脆性大。其中 WC、TiC 可制作硬质合金刀具。热压碳化硅是目前高温强度最高的陶瓷,在 1 400 ℃下仍保持500~600 MPa 的抗弯强度。主要用于高温结构件,如火箭尾喷管喷嘴、浇注金属液用的喉嘴、泵的密封圈、燃气轮机叶片、轴承等。

(3)氮化硅陶瓷。

氮化硅(Si_3N_4)陶瓷的特点是摩擦系数小,具有自润滑性、抗热振性能,在陶瓷中名列前茅。按生产方法可分为反应烧结与热压烧结两种氮化硅。反应烧结氮化硅陶瓷的气孔率高达 20%~30%,强度较低。优点是制品尺寸精度高,可制成形状复杂的制品,但厚度不宜超过 20~30 mm。主要用于制作泵的耐蚀耐磨密封环、高温轴承、燃气轮机叶片等零件。热压烧结氮化硅陶瓷组织致密,具有更高的强度、硬度与耐磨性,缺点是制品形状简单。主要用于制作燃气轮机转子叶片与发动机叶片、高温轴承,以及加工如淬火钢、冷硬铸铁、钢结硬质合金等难切削材料的刀具。

(4)氮化硼陶瓷。

氮化硼(BN)陶瓷按晶体结构分为六方与立方两种。立方氮化硼硬度极高,仅次于金刚石,目前只用于磨料与高速切削刀具。六方氮化硼的结构与石墨相似,故有“白石墨”之称,硬度较低,可以进行切削加工,具有自润滑性,可制成自润滑高温轴承、玻璃成型模具等。

(5)赛纶陶瓷。

近些年来,一类被称为赛纶(Sialon)陶瓷的材料发展很快。这类陶瓷是在Si_3N_4 中添加适量的 Al_2O_3 在常压下烧结而成的,其性能接近热压法 Si_3N_4 陶瓷,而优于反应烧结 Si_3N_4 陶瓷。这种陶瓷的特点是有很高的常温和高温强度,优异的常温和高温化学稳定性,很强的耐磨性,良好的热稳定性和不高的密度等。可用于制造柴油机气缸、活塞,还可用来制造汽轮机转动叶片及高温下使用的模具和夹具等。

(6)增韧陶瓷。

氧化物陶瓷的缺点是脆性大,通过用氧化锆增韧后,可大幅度提高材料的韧性。这类陶瓷具有很高的强度和韧性,称为增韧氧化物陶瓷,增韧的基本原理是这类陶瓷中添加的氧化锆为亚稳定状态的物质,当受到外力作用时,这些物质发生相变而吸收能量,使裂纹扩展减慢或终止,从而大幅度提高材料的韧性。目前该类陶瓷主要有两类:一是氧化锆增韧氧化铝,二是氧化锆增韧氧化镁。

最近研制成功的氧化锆增韧陶瓷,平均抗弯强度已 2 400 MPa,达到了高合金钢的水平,相当于铸铁和硬质合金的水平。这种陶瓷制品甚至可抵抗铁锤敲击,因此有陶瓷钢的美称。另外,由于它具有热导率低、绝热性好等优点,故常作为高温结构陶瓷,已成为某些发动机的主要备选材料。

（7）功能陶瓷材料。

具有热、电、声、光、磁、化学、生物等功能的陶瓷称作功能陶瓷。功能陶瓷是一种采用粉末冶金方法制成的精细陶瓷。功能陶瓷大致可分为电功能陶瓷、磁功能陶瓷、光功能陶瓷和生化功能陶瓷等。

陶瓷类敏感元件或传感器是借助功能陶瓷的物理量或化学量对电参量变化的敏感性,实现对温度、湿度、电、磁、声、光、力和射线等信息进行检测的器件,而功能陶瓷作为其主体材料得到日益广泛的应用。

半导体陶瓷是导电性介于导电介质和绝缘介质之间的陶瓷材料,主要有钛酸钡陶瓷,用于电动机、收录机、计算机、复印机、暖风机、阻风门、线路温度补偿等。

广泛应用的铁电材料有钛酸钡、钛酸铅、锆酸铝等。铁电陶瓷应用最多的是铁电陶瓷电容器,还可用于制造压电元件、热释电元件、电光元件、电热器件等,以及用于电动机、收录机、计算机、复印机、暖风机、阻风门、线路温度补偿等。

广泛应用的铁电材料有钛酸钡、钛酸铅、锆酸铝等。铁电陶瓷应用最多的是铁电陶瓷电容器,还可用于制造压电元件、热释电元件、电光元件、电热器件等。

生物陶瓷（氧化铝陶瓷和氧化锆陶瓷）与生物肌体有较好的相容性,常被用于生物体中承受载荷部位的矫形整修,如人造骨骼等。

功能陶瓷的材料设计师能够根据设计要求,从微观结构的尺度确定材料的组成、结构和生产工艺过程。功能陶瓷是一种技术密集的高技术材料,它的研制、开发、应用和发展对于材料科学的发展具有重要意义。

7.3　复合材料

复合材料是指由两种或两种以上的、物理和化学性质不同的物质,撷取各组成成分的优点组合起来而得到的一种多相固体材料。如图 7 - 7 所示,这些组分虽宏观上相互牢固地结合成一个整体,但它们之间既不产生化学反应,也不相互溶解,各组分的界面能明显区分开来。它保留了各相物质的优点,得到单一材料无法比拟的综合性能,是一种新型工程材料。

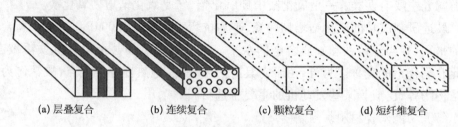

(a) 层叠复合   (b) 连续复合   (c) 颗粒复合   (d) 短纤维复合

图 7-7 复合材料结构示意

复合材料是多相体系,一般分为两个基本组成相。一个相是连续相,称为基体相,主要起黏结和固定作用;另一个相是分散相,称为增强相,主要起承受载荷作用。

基体相常用强度低、韧性好、低弹性模量的材料组成,如树脂、橡胶、金属等。这种材料既保持了各组分材料自身的特点,又使各组分之间取长补短,互相协同,形成优于原有材料的特性。增强相常用高强度、高弹性模量和脆性大的材料,如玻璃纤维、碳纤维、硼纤维、芳纶纤维、碳化硅纤维及陶瓷颗粒等。例如钢筋混凝土是钢筋、水泥和砂石组成的人工复合材料;现代汽车中的玻璃纤维挡泥板,就是由脆性玻璃和韧性聚合物相复合而成的。

现代复合材料主要是指经人工特意复合而成的材料,通过对复合材料的研究和使用表明,人们不仅可复合出质轻、力学性能良好的结构材料,也能复合出耐磨、耐蚀、导热或绝热、导电、隔声、减振、吸波、抗高能粒子辐射等一系列特殊的功能材料。

7.3.1 分类

复合材料的分类方法有多种,尚没有统一的规定。目前主要采用以下几种分类方法。

按照基体材料来分,复合材料有聚合物基复合材料、金属基复合材料、陶瓷基复合材料、石墨基复合材料(碳-碳复合材料)、混凝土基复合材料等。按照复合材料的用途来分,有用于制造结构零件的结构复合材料,在汽车生产中常见的有纤维增强聚合物基复合材料,在风力发电设备中,叶片和塔身就采用了混合碳纤维树脂基复合材料;有具有特种物理或化学性能的功能复合材料(导电、导热和磁性材料),如军事领域中的雷达天线罩就是利用了具有良好的电磁波透过性的复合材料玻璃钢。

7.3.2　特点

1）比强度与比模量高

比强度（抗拉强度/相对密度）、比模量（弹性模量/相对密度）是度量材料承载能力的重要指标。随着技术的不断进步，汽车、高速列车、飞机、运载火箭中越来越多的装备承载结构件在达到规定的强度时，对轻质性提出了新的要求。复合材料的这两项指标比其他材料高得多，这表明复合材料具有较高的承载能力，已成为轻质零部件设计时的重要材料。例如，可采用金属基复合材料来制作汽车活塞、制动部件和连杆等零件。由复合材料制成的汽车自重与使用钢材制造的汽车相比要小 1/3～1/2，这对提高整车动力性能、降低油耗、增加负载非常有益。

常用工程材料和复合材料的性能比较见表 7-5。

表 7-5　常用工程材料和复合材料的性能比较

材料名称	密度/ （g/cm^3）	抗拉强度/ MPa	弹性模量/ MPa	比强度/ （×10^4 N·m/kg）	比模量/ （×10^4 N·m/kg）
钢	7.8	1 030	210 000	13	2.7
铝	2.8	470	75 000	17	2.6
钛	4.5	960	114 000	21	2.5
玻璃钢	2.0	1 060	40 000	53	2.1
硼纤维/铝	2.65	1 000	200 000	38	7.5
硼纤维/环氧	2.1	1 380	210 000	66	10
高强碳纤/环氧	1.45	1 500	140 000	103	2.1
高模碳纤/环氧	1.6	1 070	240 000	67	15
有机纤维/环氧	1.4	1 400	80 000	100	5.7
SiC 纤维/环氧	2.2	1 090	102 000	50	4.6

2）良好的抗疲劳性能

复合材料的疲劳强度较高，基体与增强相之间的界面可以阻止疲劳裂纹扩展。通常，金属材料的疲劳极限只有强度极限的 40%～50%，而碳纤维-聚酯树脂复合材料的疲劳极限是拉伸强度的 70%～80%。

3）耐磨性好

向金属中加入陶瓷耐磨颗粒或向热塑性塑料中加入少量短纤维，可以大大提高其耐磨性,如将聚氯乙烯与碳纤维复合后,其耐磨性提高了近 4 倍。

4)减振性能好

复合材料具有高的比模量,因此也具有高的自振频率。结构振动出现在所有工作的结构体中,材料的比模量大,则自振频率高,工作过程中会产生共振现象。复合材料中,碳纤维与基体材料之间的界面具有吸振能力,阻尼特性较好,振动衰减较快,可以有效防止在工作状态下产生共振及由此引起的早期破坏。对相同形状和尺寸的梁进行振动试验,同时起振时,轻合金梁需要 9 s 才能停止振动,而碳纤维复合材料的梁只需 2.5 s。

5)耐热性能好

大多数复合材料在高温下仍保持高强度。由于纤维在高温下强度变化不大,纤维增强金属基材料的高温强度和弹性模量均较高。例如 7075 铝合金在 400 ℃时,其弹性模量趋近于零,耐热合金最高工作温度一般不超过 900 ℃,而陶瓷颗粒弥散型复合材料的最高工作温度可达 1 200 ℃以上,石墨纤维复合材料瞬时高温可达 2 000 ℃。

6)工作安全性好

因纤维增强复合材料基体中有大量独立的纤维,这类材料的构件一旦超载并发生少量的纤维断裂时,载荷会重新迅速分布在未破坏的纤维上,从而使这类结构不致在短时间内有整体破坏的危险,因而提高了结构的安全可靠性。

7)材料的可设计性

通过纤维的排布,可将复合材料进行定制化设计,将潜在的性能集中到需要的结构上。通过调整复合材料的组成成分、结构与排布形式,可以使构件承受不同方向的作用力,同时兼有良好的力学性能。

8)其他性能

复合材料的减摩性、耐蚀性和工艺性都较好。对于形状复杂的构件,根据受力情况采用模具可以一次整体成型,减少了零件数目,材料利用率较高,达到减少加工工序、降低材料消耗、降低生产成本的目的。一些复合材料还具有耐辐射性、抗蠕变性高及特殊的光、电、磁等性能。

7.3.3　常用复合材料

1)纤维增强复合材料

纤维增强复合材料是目前使用最多的复合材料,纤维增强材料均匀地分布在基体材料内。它的性能主要取决于纤维的特性、含量和排布方式,其在纤维方向上的强度可超过垂直纤维方向的几十倍。材料中承受载荷的主要是增强相纤维,而增强相纤维与基体彼此隔离,其表面受到基体的保护,不易受到损伤。塑性和韧性较好的基体能阻止裂纹扩展,对纤维起到黏结的作用,复合材料的强度因此提高。用作增强相的纤维种类很多,增强材料按化学成分可分为有机纤维和无机纤维。有机纤维如聚酯纤维、聚酰胺纤维、芳纶纤维等;无机纤维如玻璃纤维、碳纤维、碳化硅纤维、硼纤维及金属纤维等。现代复合材料中的增强纤维主要是指高强度、高模量的玻璃纤维、碳纤维、硼纤维、石墨纤维等。

2)颗粒增强复合材料

颗粒增强复合材料是由一种或多种颗粒均匀分布在基体内所组成的材料。颗粒增强复合材料中承受载荷的主要是基体,颗粒增强的作用在于阻碍基体中位错或分子链运动,从而达到增强的效果。增强效果与颗粒的体积含量、分布、粒径、粒间距有关,颗粒直径为 $0.01 \sim 0.10\ \mu m$ 的称为弥散强化材料,此时的增强效果最好。

按化学组分不同,颗粒主要分为金属颗粒和陶瓷颗粒。不同的金属颗粒具有不同的功能,如需要导电、导热性能时,可以加银粉、铜粉;需要导磁性能时,可加入 Fe_2O_3 磁粉;加入 MoS_2,可提高材料的减摩性。

陶瓷颗粒增强金属基复合材料具有高强度、耐热、耐磨、耐腐蚀和线胀系数小等特性,用来制作高速切削刀具、重载轴承及火焰喷管的喷嘴等高温工作零件。

3)层叠复合材料

层叠复合材料由两层或两层以上不同性质的材料复合而成,达到增强目的。其中各个层片既可由各层片纤维位向不同的相同材料组成(如多层纤维增强塑性薄板),也可由完全不同的材料组成(如金属与塑料的多层复合)。多层复合材料广泛应用于要求高强度、耐蚀、耐磨、装饰及安全防护等零件的制造。

用层叠法增强的复合材料可使对强度、刚度、耐磨、耐蚀、绝热、隔声、减轻自重等的要求分别得到满足。多层复合材料有双层金属复合材料、夹层结构复合材料和塑料-金属多层复合材料三种。

(1)双层金属复合材料。

双层金属复合材料是将性能不同的两种金属,用胶合或熔合等方法复合在一起,以满足某种性能要求的材料。如将两种具有不同线胀系数的金属板胶合在一起的双层金属复合材料,常用作测量和控制温度的简易恒温器。

目前在我国已生产了多种普通钢-合金钢复合钢板和多种钢-非铁金属双金属片。

(2)夹层结构复合材料。

夹层结构复合材料由两层薄而强的面板(或称蒙皮)夹着一层轻而弱的材料组成。面板由抗拉、抗压强度高,弹性模量大的材料复合而成,如金属、玻璃钢、增强塑料等。而芯料有泡沫和蜂窝格子两类。芯料根据要求的性能而定,常用泡沫、塑料、木屑、石棉、金属箔、玻璃钢等。面板与芯料可用胶黏剂胶接,金属材料还可以采用焊接连接。

夹层结构的特点是:密度小,减轻了构件自重;抗弯强度高,刚度和抗压稳定性好;可按需要选择面板、芯料的材料,以得到绝热、隔声、绝缘等所需的性能。夹层结构复合材料常用于制作飞机机翼、船舶外壳、火车车厢、运输容器、滑雪板等。

(3)塑料-金属多层复合材料。

以钢为基体、烧结铜网为中间层、塑料为表面层的塑料-金属多层复合材料,具有金属基体的力学、物理性能和塑料的耐摩擦、耐磨损性能。这种材料可用于制造机械、车辆等在无润滑或少润滑条件下使用的各种轴承,并在汽车、矿山机械、化工机械等部门得到广泛应用。

习　题

1. 解释下列名词。
(1) 单体、链节、聚合度。
(2) 加聚反应、缩聚反应。
(3) 线型高聚物、支链型高聚物、体型高聚物。
(4) 玻璃态、高弹态、黏流态。
(5) 热固性塑料、热塑性塑料。
(6) 大分子链的构象。
2. 什么是高聚物的结晶度? 其大小对高聚物的性能有何影响?
3. 什么是高聚物的蠕变、应力松弛和老化?
4. 工程塑料、橡胶与金属相比在性能和应用上有哪些主要区别?
5. 何谓陶瓷? 其组织由哪几个相组成? 它们对陶瓷性能的影响如何?
6. 简述工程陶瓷材料的性能特点.
7. 陶瓷性能的主要缺点是什么? 分析原因,并指出改进方向。
8. 试举出三种陶瓷材料及其在工业中的应用实例。
9. 何谓复合材料? 有哪些增强结构类型?
10. 试举例说明复合材料的性能特点。
11. 了解复合材料在工程上的应用,并举出实例。

第三部分

工程材料成型技术

第8章 液态金属铸造成型

铸造是指熔炼金属、制造铸型,并将熔融金属浇注、压射或吸入铸型型腔,凝固后获得一定形状和性能的零件或毛坯的金属成型工艺。大多数铸件还需经机械加工后才能使用,故铸件一般为机械零件的毛坯。它是金属材料液态成型的一种重要方法。

铸造的特点是使金属一次成型,工艺灵活性大,各种成分、尺寸、形状和重量的铸件几乎都能适应,且成本低廉。适于形状十分复杂,特别是具有复杂内腔的毛坯,如各种箱体、机床床身等。铸件的形状、尺寸与零件十分接近,采用铸件可节约金属和机械加工工作量。

当然,铸造生产还存在一些缺点,如铸件的力学性能低于同样金属制成的锻件;铸造生产的工序多,且难以精确控制,使得铸件的质量不够稳定、工人的劳动条件较差等。由于铸造有许多优点,因而在国民经济建设中占有极其重要的地位。

8.1 铸造成型工艺方法

铸造方法很多,按照铸型特点可分为砂型铸造和特种铸造两大类。砂型铸造是最基本的铸造方法,目前用砂型铸造生产的铸件约占铸件总产量的90%以上,除砂型铸造以外的铸造方法统称为特种铸造,如熔模铸造、金属型铸造、压力铸造等。

8.1.1 砂型铸造

将液态金属浇入用型砂捣实成的铸型中,待凝固冷却后,将铸型破坏,取出铸件的铸造方法称为砂型铸造。砂型铸造是传统的铸造方法,适用于各种形状、大小及各种常用合金铸件的生产。套筒的砂型铸造过程如图 8-1 所示,主要工序包括制造模样和型芯盒、制备造型材料、造型、造芯、合型、熔炼、浇注、落砂、清理与检验等。

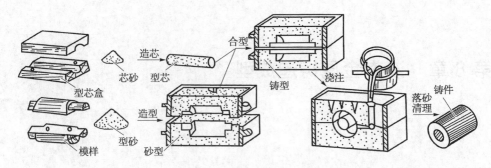

图 8-1 套筒的砂型铸造过程

8.1.1.1 造型材料的选择

制造铸型(芯)用的材料为造型材料,主要由砂、黏土、有机或无机黏结剂和其他附加物组成。造型材料按一定比例配制,经过混制获得符合要求的型(芯)砂。每生产 1 t 合格铸件,需 4~5 t 型(芯)砂。型(芯)砂应具备的性能是良好的成型性、透气性和退让性,足够的强度和高的耐火性等。铸件中的常见缺陷,如砂眼、夹砂、气孔及裂纹等的产生常是由于型(芯)砂的性能不合格引起的。采用新的造型材料也常能促使造型或造芯工艺的变革。因此合理选择造型材料,制备符合要求的型(芯)砂,可提高铸件质量,降低成本。

按使用黏结剂的不同,型(芯)砂有下列几类。

1) 黏土砂

黏土砂是由砂、黏土、水及附加物(煤粉、木屑等)按一定比例制备而成的,以黏土为黏结剂。黏土砂的适应性很强,铸铁、铸钢及铝、铜合金等铸件均适宜,并且不受铸件的大小、重量、形状和批量的限制。它既广泛用于造型,又可用来制造形状简单的大、中型芯,并且黏土砂可用于手工造型,也可用于机器造型。另外,黏土的储量丰富、来源广、价格低廉。黏土砂的回用性好,旧砂仍可重复使用多次,因此应用最广泛。

黏土砂可分为湿型砂和干型砂两大类。湿型砂主要用于中小铸件;干型砂主要用于质量要求高的大、中型铸件。

2) 水玻璃砂

水玻璃砂是以水玻璃为黏结剂的一种型砂。目前生产中广泛采用的水玻璃砂是用二氧化碳气体来硬化的。目前,正在推广在水玻璃砂中加入有机酯硬化剂而制得的水玻璃自硬砂。

水玻璃砂制成的砂型一般不需要烘干,硬化速度快,生产周期短。同时,型砂强度高,易于实现机械化,工人劳动条件得以显著改善。但不足之处是铸铁件及大的铸钢件易粘砂,出砂性差,致使铸件的落砂清理困难。此外,水玻璃砂的回用性差。

3) 油砂、合脂砂及树脂砂

黏土砂和水玻璃砂,虽然也可用来制造型芯,但对结构形状复杂、要求很高的型芯,则难以满足要求,因此要求芯砂具备更高的干强度、透气性、耐火性、退让性和良好的出砂性,同时要求较低的发气性和吸湿性,并且不易粘芯盒。为满足上述要求,芯砂常需用特殊黏结剂来配制。

(1) 油砂及合脂砂。

长期以来,植物油(如桐油、亚麻仁油等)一直是制造复杂型芯的主要黏结剂。到目前为止,生产汽车、柴油机等的工厂仍然用油砂制造发动机缸体、气缸盖、排气管等复杂型芯。因为油砂的强度高,烘干后不易吸湿返潮,且在合金浇注后,由于油料燃烧掉使芯砂强度很低,所以其退让性及出砂性好,并且不易粘砂。

尽管油砂性能优良,但油料来源少,价格昂贵,因此常用合脂来代替。用合脂为黏结剂配制的型(芯)砂称为合脂砂。合脂是制皂工业的副产品,性能与植物油相近,且来源丰富,价格便宜,故已得到广泛应用。

(2) 树脂砂。

以合成树脂为黏结剂配制的型(芯)砂称为树脂砂。树脂砂包括热芯盒砂、冷芯盒砂。热芯盒砂使用的黏结剂是液态呋喃树脂,芯砂射入热芯盒后,在热的作用下固化;冷芯盒砂使用的黏结剂是酚醛树脂,芯砂射入冷芯盒后,在催化剂的作用下硬化。

树脂砂制备的型(芯)不需要烘干,可迅速硬化,故生产率高;型芯强度比油砂高,型芯的尺寸精确、表面光滑,其退让性和出砂性好,同时便于实现机械化和自动化。

8.1.1.2　造型与造芯

造型是用造型混合料及模样等工艺装备制造铸型的过程,它是砂型铸造的最基本工序。通常分为手工造型和机器造型。生产中应根据铸件的尺寸、形状、生产批量、铸件的技术要求及生产条件等因素,合理地选择造型方法。

1) 手工造型

手工造型是指造型主要的两工序(紧实和起模)是由手工完成的,它主要用于单件小批生产。各种手工造型方法的特点和适用范围见表 8 - 1。

表 8 - 1　各种手工造型方法的特点和适用范围

造型方法		主 要 特 点	适 用 范 围
按砂型特征分类	两箱造型	造型的最基本方法,铸型由上箱和下箱构成,操作方便	批量生产各种大小的铸件
	三箱造型	铸型由上、中、下三箱构成。中箱高度必须与铸件两个分型面的间距相适应。三箱造型操作费工,且需配有合适的砂箱	单件小批生产,具有两个分型面的铸件

造型方法		主 要 特 点	适 用 范 围
按砂型特征分类	脱箱造型（无箱造型）	在可脱砂箱内造型,合型后浇注前,将砂箱取走,重新用于新的造型。用一个砂箱可重复制作很多铸型,节约砂箱。需用型砂将铸型周围填实,或在铸型上加套箱,以防浇注时错箱	生产小铸件。因砂箱无箱带,所以砂箱尺寸小于 400 mm × 400 mm × 150 mm
	地坑造型	在地面以下的砂坑中造型,不用砂箱或只用上箱,大铸件需在砂床下面铺以焦炭,埋上出气管,以便浇注时引气。减少了制造砂箱的费用和时间,但造型费工,劳动量大,对工人技术水平要求较高	砂箱不足或生产批量不大、质量要求不高的铸件,如砂箱压铁、炉栅、芯骨等。
按模样特征分类	整模造型	模样是整体的,分型面是平面,铸型型腔全部在一个砂箱内。选型简单,铸件不会产生错型缺陷	最大截面在一端且为平面的铸件
	挖砂造型	模样是整体的,分型面为曲面。为起出模样,造型时用手工挖去阻碍起模的型砂。造型费工,生产率低,对工人技术水平要求高	单件小批生产,分型面不是平面的铸件
	假箱造型	克服了挖砂造型的挖砂缺点,在造型前预先制作一个与分型面相吻合的底胎,然后在底胎上造下箱。因底胎不参加浇注,故称假箱。比挖砂造型简便,且分型面整齐	在成批生产中需要挖砂的铸件
	分模造型	将模样沿最大截面处分为两半,型腔位于上、下两个砂箱内,造型简单,节省工时	最大截面在中部的铸件
	活块造型	铸件上有妨碍起模的小凸台、肋条等。制模时将这些部分做成活动的(即活块)。起模时先起出主体模样,然后再从侧面取出活块。造型费工,对工人技术水平要求高	单件小批生产。带有突出部分难以起模的铸件
	刮板造型	用刮板代替实体模样造型。可降低模样成本,节约木材,缩短生产周期。但生产率低,对工人技术水平要求高	等截面的或回转体的大、中型铸件的单件小批生产,如带轮、铸管、弯头等

2）机器造型

机器造型是指用机器完成全部或至少完成紧实和起模两主要工序的操作。机器造型可提高生产率,提高铸件精度和表面质量,铸件加工余量小,改善了劳动条件,但只有大批量生产时才能显著降低铸件成本。各种机器造型方法的特点和适用范围见表8-2。

机器造型是采用模板进行两箱造型的。模板是将模样、浇注系统沿分型面与模底板联结成一整体的专用模具,造型后模底板形成分型面,模样形成铸型型腔。机器造型不能进行三箱造型,同时也应避免活块,否则会显著降低造型机的生产率。在设计大批量生产的铸件及确定其铸造工艺时,应考虑这些要求。

表 8-2　各种机器造型方法的特点和适用范围

型砂紧实方法	主要特点	适用范围
压实紧实	用较低的比压(砂型单位面积上所受的压力,MPa)压实砂型。机器结构简单、噪声小、生产率高、消耗动力少。型砂的紧实度沿砂箱高度方向分布不均匀,越往下越小	成批生产,高度小于 200 mm 的铸件
高压紧实	用较高的比压(大于 0.7 MPa)压实砂型。砂型紧实度高,铸件精度高,表面粗糙度值小,废品率低,生产率高,噪声小,灰尘少,易于实现机械化、自动化;但机器结构复杂,制造成本高	大批大量生产,中、小型铸件,如汽车、机车车辆、纺织机械、缝纫机等产品较为单一的制造业
震击紧实	依靠震击力紧实砂型。机器结构简单,制造成本低;但噪声大,生产率低,要求厂房基础好。砂型紧实度沿砂箱高度方向越往下越大	成批生产,中小型铸件
震压紧实	经多次震击后再加压紧实砂型。生产率较高,能量消耗少,机器磨损少,砂型紧实度较均匀,但噪声大	广泛用于成批生产,中、小型铸件
微震压实	在加压紧实型砂的同时,砂箱和模板作高频率、小振幅振动。生产率较高,紧实度较均匀,噪声较小	广泛用于成批生产,中、小型铸件
抛砂紧实	用机械的力量,将砂团高速抛入砂箱,可同时完成填砂和紧实两工序。生产率高,能量消耗少,噪声小,型砂紧实度均匀,适应性广	单件小批生产,成批、大量生产,大、中型铸件或大型芯
射压紧实	用压缩空气将型(芯)砂高速射入砂箱,同时完成填砂、紧实两工序,然后再用高比压压实砂型。生产率高,紧实度均匀,砂型型腔尺寸精确,表面光滑,劳动强度小,易于实现自动化;但造型机调整、维修复杂	大批大量生产形状简单的中、小型铸件

3) 造芯

为获得铸件中的内孔或局部外形,用芯砂或其他材料制成的、安放在型腔内部的铸型组元,称为型芯。型芯的主要用途是构成铸件空腔部分;型芯在浇注过程中受到金属液流冲刷和包围,工作条件恶劣,因此要求型芯应具有比型砂更高的强度、透气性、耐火度和退让性,并便于清理。

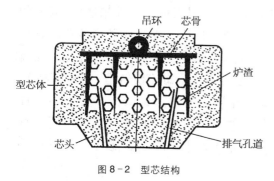

图 8-2　型芯结构

型芯由型芯体和芯头两部分构成,如图 8-2 所示。型芯体形成铸件的内腔;芯头起支撑、定炉渣位和排气作用。

(1) 芯骨为了增强型芯的强度和刚度,在其内部应安放芯骨。小型芯的芯骨常用铁丝制成,大型芯所用的芯骨通常用铸铁铸成,并铸出吊环,以便型芯的吊装。

（2）排气孔道　型芯中应开设排气孔道。小型芯的排气孔道可用气孔针扎出；形状复杂不便扎出气孔的型芯，可采用埋设蜡线的方法做出；大型型芯中要放入焦炭或炉渣等加强通气。

（3）上涂料及烘干　为防止铸件产生黏砂，型芯外表要喷刷一层有一定厚度的耐火涂料。铸铁件一般用石墨涂料，而铸钢件则常用硅石粉涂料。型芯一般需要烘干以增加其透气性和强度。黏土型芯烘干温度为 $250 \sim 350$ ℃，油型芯烘干温度为 $180 \sim 240$ ℃。

根据型芯的尺寸、形状、生产批量及技术要求的不同，造芯方法也不相同，通常有手工造芯和机器造芯两大类。手工造芯一般为单件小批生产，分为整体式芯盒造芯、对开式芯盒造芯和可拆式芯盒造芯三种，如图 8-3 所示。成批大量的型芯可用机器制出。机器造芯生产率高，紧实均匀，型芯质量好。常用的机器造芯方法有壳芯式、射芯式、挤压式、热芯盒射砂式、振实式等多种。

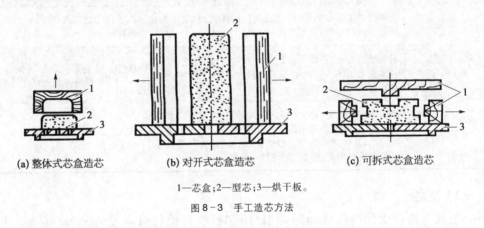

(a) 整体式芯盒造芯　　　　(b) 对开式芯盒造芯　　　　(c) 可拆式芯盒造芯

1—芯盒；2—型芯；3—烘干板。

图 8-3　手工造芯方法

8.1.2　特种铸造

砂型铸造虽然是应用最普遍的一种铸造方法，但其铸造尺寸精度低，表面粗糙度值大，铸件内部质量差，生产过程不易实现机械化。为改变砂型铸造的这些缺点，满足一些特殊要求的零件的生产，人们在砂型铸造的基础上，通过改变铸型的材料（如金属型、磁型、陶瓷型铸造）、模样材料（如熔模铸造、实型铸造）、浇注方法（如离心铸造、压力铸造）、金属液充填铸型的形式或铸件凝固的条件（如压铸、低压铸造）等，又创造了许多其他的铸造方法。通常把这些不同于普通砂型铸造的铸造方法通称为特种铸造。特种铸造一般至少能实现以下一种性能：

（1）提高铸件的尺寸精度和表面质量；

（2）提高铸件的物理及力学性能；

（3）提高金属的利用率（工艺出品率）；

（4）减少原砂消耗量；

（5）适宜高熔点、低流动性、易氧化合金铸造；

（6）改善劳动条件，便于实现机械化和自动化。

特种铸造工艺有压力铸造、金属型铸造、石膏型铸造、熔模铸造、消失模铸造、细晶铸造等方式。

8.1.2.1　压力铸造

压力铸造是一种将液态或半固态金属或合金，或含有增强物相的液态金属或合金，在高压下以较高的速度充入压铸型的型腔内，并使金属或合金在压力下凝固形成铸件的铸造方法，也就是金属液在其他外力（不含重力）的作用下注入铸型的工艺。广义的压力铸造包括压铸机的压力铸造和真空铸造、低压铸造、离心铸造等；狭义的压力铸造专指压铸机的金属型压力铸造，简称压铸。这几种铸造工艺是目前非铁金属铸造中最常用的，也是相对价格最低的。

压力铸造时常用的压力为 4～500 MPa，金属充填速度为 0.5～120 m/s。因此，高压、高速是压力铸造法与其他铸造方法的根本区别，也是重要特点。1838年美国人首次用压力铸造法生产印报的铅字，次年申请了压力铸造专利。19 世纪 60 年代以后，压力铸造法得到很大的发展，不仅能生产锡铅合金压铸件、锌合金压铸件，也能生产铝合金、铜合金和镁合金压铸件。20 世纪 30 年代后又进行了钢铁压力铸造法的试验。

压力铸造的原理主要是金属液的压射成型原理。通常设定的铸造条件是通过压铸机上的速度、压力，以及速度的切换位置来调整的，其他的通过压铸型进行选择。

压铸机分为热室压铸机和冷室压铸机两类。热室压铸机自动化程度高，材料损耗少，生产率比冷室压铸机更高，但受机件耐热能力的制约，目前还只能用于锌合金、镁合金等低熔点材料的铸件生产。当今广泛使用的铝合金压铸件熔点较高，因此只能在冷室压铸机上生产。压铸的主要特点是金属液在高压、高速下充填型腔，并在高压下成型、凝固。压铸件的不足之处是：因为金属液在高压、高速下充填型腔的过程中，会不可避免地把型腔中的空气夹裹在铸件内部，形成皮下气孔，所以铝合金压铸件不宜热处理，锌合金压铸件不宜表面喷塑（但可喷漆）。否则，铸件内部气孔在做上述处理加热时，将遇热膨胀而致使铸件变形或鼓泡。此外，压铸件的机械切削加工余量也应取得小一些，一般在 0.5 mm 左右，这样既可减小铸件质量，减少切削加工量以降低成本，又可避免穿透表面致密层，露出皮下气孔,造成工件报废。

8.1.2.2　金属型铸造

金属型铸造是用金属(耐热合金钢、球墨铸铁、耐热铸铁等)制作的铸造用中空铸型模具的现代工艺。

金属型既可采用重力铸造,也可采用压力铸造。金属型的铸型模具能反复多次使用,每浇注一次金属液,就获得一次铸件,寿命很长,生产率很高。金属型的铸件不但尺寸精度好,表面光洁,而且在浇注相同金属液的情况下,其铸件强度要比砂型的更高,更不容易损坏。因此,在大批量生产非铁金属的中、小铸件时,只要铸件材料的熔点不过高,一般都优先选用金属型铸造。但是,金属型铸造也有一些不足之处:因为耐热合金钢和在它上面做出中空型腔的加工都比较昂贵,所以金属型的模具费用不菲,不过总体和压铸模具费用比起来则便宜多了。对小批量生产而言,分摊到每件产品上的模具费用明显过高,一般不易接受。又因为金属型的模具受模具材料尺寸和型腔加工设备、铸造设备能力的限制,所以对特别大的铸件也显得无能为力。因而在小批量及大件生产中,很少使用金属型铸造。此外,金属型模具虽然采用了耐热合金钢,但耐热能力仍有限,一般多用于铝合金、锌合金、镁合金的铸造,在铜合金铸造中已较少应用,而用于钢铁材料铸造就更少了。

8.1.2.3　石膏型铸造

石膏型铸造是 20 世纪 70 年代发展起来的一种精密铸造新技术。它是将熔模组装,并固定在专供灌浆用的砂箱平板上,在真空下把石膏浆料灌入,待浆料凝结后经干燥即可脱除熔模,再经烘干、焙烧成为石膏型,在真空下浇注获得铸件。

石膏型铸造分为拔模型石膏铸造和失蜡铸造。石膏型铸造适于生产尺寸精确、表面光洁的精密铸件,特别适宜生产大型复杂薄壁铝合金铸件,也可用于锌、铜、金、银等合金铸件。铸件最大尺寸达 1 000 mm × 2 000 mm,质量为 0.03 ~ 908 kg,壁厚为 0.8 ~ 1.5 mm(局部 0.5 mm)。石膏型铸造已被广泛应用于航空、航天、兵器、电子、船舶、仪器、计算机等行业的零件制造上。

8.1.2.4　熔模铸造

失蜡法铸造现称熔模精密铸造,是一种少切屑或无切屑加工的铸造工艺,是铸造行业中的一项优异的工艺技术,其应用非常广泛。它不仅适用于各种类型、各种合金的铸造,而且生产出的铸件尺寸精度、表面质量比其他铸造方法要高,甚至其他铸造方法难以铸得的复杂、耐高温、不易于加工的铸件,均可采用熔模精密铸造铸得。

熔模精密铸造是在古代蜡模铸造的基础上发展起来的。作为文明古国,中国是使用这一技术较早的国家之一,远在公元前数百年,我国古代劳动人民就创造了这种失蜡铸造技术,用来铸造带有各种精细花纹和文字的钟鼎及器皿等制品,如春秋时的曾侯乙墓尊盘等。曾侯乙墓尊盘底座为多条相互缠绕的龙,它们首尾相连,上下交错,形成中间镂空的多层云纹状图案,这些图案用普通铸造工艺很难制造出来,而用失蜡法铸造工艺,利用石蜡没有强度、易于雕刻的特点,用普通工具就可以雕刻出与所要得到的曾侯乙墓尊盘一样的石蜡材质的工艺品,然后再附加浇注系统,涂料、脱蜡、浇注,就可以得到精美的曾侯乙墓尊盘。

现代熔模铸造方法在工业生产中得到实际应用是在 20 世纪 40 年代。当时航空喷气发动机的发展,要求制造像叶片、叶轮、喷嘴等形状复杂、尺寸精确及表面光洁的耐热合金零件。由于耐热合金材料难以机械加工,零件形状复杂,以致不能或难以用其他方法制造,因此,需要寻找一种新的精密成型工艺,于是借鉴古代流传下来的失蜡铸造,经过对材料和工艺的改进,现代熔模铸造方法在古代工艺的基础上获得重要的发展。所以,航空工业的发展推动了熔模铸造的应用,而熔模铸造的不断改进和完善,也为航空工业进一步提高性能创造了有利的条件。

我国于 20 世纪五六十年代开始将熔模铸造应用于工业生产。其后这种先进的铸造工艺得到巨大的发展,相继在航空、汽车、机床、船舶、内燃机、汽轮机、电信仪器、武器、医疗器械及刀具等制造工业中被广泛采用,同时也用于工艺美术品的制造。

所谓熔模铸造工艺,简单说就是用易熔材料(如蜡料或塑料)制成可熔性模型(简称熔模或模型),在其上涂覆若干层特制的耐火涂料,经过干燥和硬化形成一个整体型壳后,再用蒸汽或热水从型壳中熔掉模型,然后把型壳置于砂箱中,在其四周填充干砂造型,最后将铸型放入焙烧炉中经过高温焙烧(如采用高强度型壳时,可不必造型而将脱模后的型壳直接焙烧),铸型或型壳经焙烧后,于其中浇注熔融金属而得到铸件。

熔模铸件尺寸精度较高,一般可达 CT4~CT6(砂型铸造为 CT10~CT13,压铸为 CT5~CT7)。当然,由于熔模铸造的工艺过程复杂,影响铸件尺寸精度的因素较多,如模料的收缩、熔模的变形、型壳在加热和冷却过程中的线量变化、合金的收缩率及在凝固过程中铸件的变形等,所以普通熔模铸件的尺寸精度虽然较高,但其一致性仍需提高(采用中、高温蜡料的铸件尺寸一致性要提高很多)。

压制熔模时,采用型腔表面粗糙度值小的压型,因此熔模的表面粗糙度值也比较小。此外,型壳由耐高温的特殊黏结剂和耐火材料配制成的耐火涂料涂挂在熔模上而制成,与熔融金属直接接触的型腔内表面粗糙度值小。所以,熔模铸件的表面粗糙度值比一般铸造件小,可达 Ra1.6~3.2 μm。

熔模铸造最大的优点就是由于熔模铸件有着很高的尺寸精度和较小的表面粗糙度值,所以可减少机械加工工作量,只需在零件上要求较高的部位留少许加工余量即可,甚至某些铸件只留打磨、抛光余量,无须机械加工即可使用。由此可见,采用熔模铸造方法可大量节省机床设备和加工工时,大幅度节约金属原材料。

熔模铸造方法的另一个优点是,它可以铸造各种合金的复杂铸件,特别是可以铸造高温合金铸件。如喷气式发动机的叶片,其流线型外廓与冷却用内腔,用机械加工工艺几乎无法形成。用熔模铸造工艺不仅可以做到批量生产,保证了铸件的一致性,而且避免了机械加工后残留刀纹的应力集中。

8.1.2.5 消失模铸造

消失模铸造技术(EPC 或 LFC)是用泡沫塑料制作成与零件结构和尺寸完全一样的实型模具,经浸涂耐火黏结涂料烘干后进行干砂造型,振动紧实,然后浇入金属液使模样受热气化消失,而得到与模样形状一致的金属零件的铸造方法。消失模铸造是一种近无余量、精确成型的新技术,它不需要合箱取模,使用无黏结剂的干砂造型,减少了污染。

消失模铸造技术主要有以下几种。

1)压力消失模铸造技术

压力消失模铸造技术是消失模铸造技术与压力凝固结晶技术相结合的铸造新技术,它是在带砂箱的压力罐中,浇注金属液使泡沫塑料气化消失后,迅速密封压力罐,并通入一定压力的气体,使金属液在压力下凝固结晶成型的铸造方法。这种铸造技术的特点是能够显著减少铸件中的缩孔、缩松、气孔等铸造缺陷,提高铸件致密度,改善铸件力学性能。

2)真空低压消失模铸造技术

真空低压消失模铸造技术是将负压消失模铸造方法和低压反重力浇注方法复合而发展的一种新铸造技术。真空低压消失模铸造技术的特点是:综合了低压铸造与真空消失模铸造的技术优势,在可控的气压下完成充型过程,大大提高了合金的铸造充型能力;与压铸相比,设备投资小,铸件成本低,铸件可热处理强化;而与砂型铸造相比,铸件的精度高,表面粗糙度值小,生产率高,性能好;反重力作用下,直浇道成为补缩通道,浇注温度的损失小,液态合金在可控的压力下进行补缩凝固,合金铸件的浇注系统简单有效,成品率高,组织致密;真空低压消失模铸造的浇注温度低,适合于多种非铁金属合金。

3)振动消失模铸造技术

振动消失模铸造技术是在消失模铸造过程中施加一定频率和振幅的振动,使铸件在振动场的作用下凝固。由于消失模铸造凝固过程中对金属溶液施加了一定时间振动,振动力使液相与固相间产生相对运动,而使枝晶破碎,增加液相内结晶核心数量,使铸件最终凝固组织细化,补缩提高,力学性能改善。该技术利用消失模铸造中现成的紧实振动台,通过振动电动机产生的机械振动,使金属液在动力激励下生核,达到细化组织的目的,是一种操作简便、成本低廉、无环境污染的方法。

4) 半固态消失模铸造技术

半固态消失模铸造技术是消失模铸造技术与半固态技术相结合的新铸造技术。由于该工艺的特点在于控制液、固相的相对比例,也称转变控制半固态成型。该技术可以提高铸件致密度,减少偏析,提高尺寸精度和铸件性能。

5) 消失模型壳铸造技术

消失模型壳铸造技术是熔模铸造技术与消失模铸造结合起来的新型铸造方法。该方法是将用发泡模具制作的与零件形状一样的泡沫塑料模样表面涂上数层耐火材料,待其硬化干燥后,将其中的泡沫塑料模样燃烧气化消失而制成型壳,经过焙烧,然后进行浇注获得较高尺寸精度铸件的一种新型精密铸造方法。它具有消失模铸造中的模样尺寸大、精密度高的特点,又有熔模精密铸造中结壳精度高、强度高等优点。与普通熔模铸造相比,其特点是泡沫塑料模料成本低廉,模样粘接组合方便,气化消失容易,克服了熔模铸造模料容易软化而引起的熔模变形的问题,可以生产较大尺寸的各种合金复杂铸件。

6) 消失模悬浮铸造技术

消失模悬浮铸造技术是消失模铸造工艺与悬浮铸造结合起来的一种新型实用铸造技术。该技术工艺过程是金属液浇入铸型后,泡沫塑料模样气化,夹杂在冒口模型的悬浮剂(或将悬浮剂放置在模样某特定位置,或将悬浮剂与 EPS 一起制成泡沫模样)与金属液发生物化反应,从而提高铸件整体(或部分)组织性能。

消失模铸造技术具有成本低、精度高、设计灵活、清洁环保、适合复杂铸件等特点,符合铸造技术发展的总趋势,有着广阔的发展前景。

8.1.2.6 细晶铸造

细晶铸造技术(FGCP)的原理是通过控制普通熔模铸造工艺,强化合金的形核机制,在铸造过程中使合金形成大量结晶核心,并阻止晶粒长大,从而获得平均晶粒尺寸小于 1.6 mm 的均匀、细小、各向同性的等轴晶铸件,较典型的细晶铸件晶粒度为美国标准 ASTM02 级。细晶铸造在使铸件晶粒细化的同时,还使高温合金中的初生碳化物和强化相尺寸减小,形态改善。因此,细晶铸造的突出优点是大幅度地提高铸件在中低温(≤760 ℃)条件下的低周疲劳寿命,并显著减小铸件力学性能数据的分散度,从而提高铸造零件的设计容限。同时该技术还在一定程度上改善了铸件抗拉性能和持久性能,并使铸件具有良好的热处理性能。

细晶铸造技术还可改善高温合金铸件的机加工性能,减小螺孔和切削刃形锐利边缘等处产生加工裂纹的潜在危险,因此该技术可使熔模铸件的应用范围扩大到原先使用锻件、厚板机加工零件和锻铸组合件等领域。在航空发动机零件的精铸生产中,使用细晶铸件代替某些锻件或用细晶铸造的锭料来做锻坯已很常见。

8.2 铸造成型理论基础

液态金属铸造成型理论是研究铸件从浇注金属液开始,在充型、结晶、凝固和冷却过程中发生的一系列力学、物理、化学的变化,包括铸件内部的变化,以及铸件与铸型的相互作用。

在液态合金成型过程中,合金的铸造性能对于是否能获得健全的铸件是非常重要的。合金铸造时的工艺性能称为合金的铸造性能,它包括流动性、凝固、收缩、偏析、氧化和吸气等。

8.2.1 液态合金的流动性与充型能力

1) 流动性

熔融金属的流动能力,称为合金的流动性。

液态合金的流动性通常以螺旋形试样(图8-4)长度来衡量。显然,在相同的浇注条件下,合金的流动性越好,所浇出的试样越长。试验得知,在常用铸造合金中,灰铸铁、硅黄铜的流动性最好,铸钢的流动性最差。

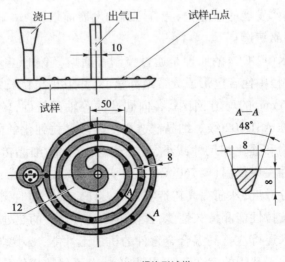

图8-4 螺旋形试样

　　影响合金流动性的因素很多,但其中化学成分的影响最为显著。不同种类的合金具有不同的流动性。同类合金中,成分不同的合金因具有不同的结晶特点,流动性也不同。共晶成分合金的结晶是在恒温下进行的,此时,液态合金从表层逐层向中心凝固,由于其结晶的固体层内表面比较光滑[图 8-5(a)],对尚未凝固的液态合金流动的阻力小,有利于合金充填型腔。此外,在相同的浇注温度下,由于共晶成分合金的凝固温度最低,相对来说合金的过热度大,推迟了合金的凝固,因此共晶成分合金的流动性最好。除纯金属外,其他成分合金是在一定温度范围内逐步凝固的,即经过液、固共存的两相区。在两相共存区域中,由于初生的枝晶使已结晶固体层内表面参差不齐[图 8-5(b)],阻碍液态合金的流动。合金成分越远离共晶,结晶温度范围越宽,流动性越差。因此,选择铸造合金时,在满足使用要求的前提下,应尽量选择靠近共晶成分的合金。

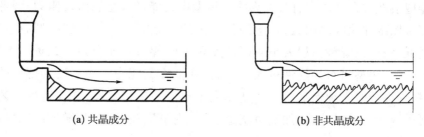

(a) 共晶成分　　　　　　　　　　　(b) 非共晶成分

图 8-5　不同成分合金的流动性

　　图 8-6 所示为 Fe-C 合金流动性与含碳量的关系。由图可见,结晶温度范围宽的合金流动性差,结晶温度范围窄的合金流动性好,共晶成分合金的流动性最好。

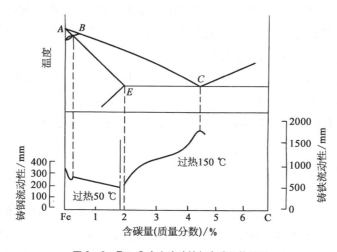

图 8-6　Fe-C 合金流动性与含碳量的关系

铸铁中的其他元素（如 Si、Mn、P、S）对流动性也有一定影响。Si、P 可提高铁液的流动性,而 S 则降低铁液的流动性。

2) 充型能力

液态合金填充铸型的过程简称充型;液态合金充满铸型型腔,获得轮廓清晰,形状和尺寸符合要求铸件的能力,称为充型能力。液态合金的充型能力和流动性是两个不同的概念。充型能力是考虑铸型及工艺因素影响的熔融金属的流动性,流动性则是指熔融金属本身的流动能力,因而它是影响充型能力的主要因素之一。合金的流动性越好,充型能力就越强。同时流动性好,也有利于非金属夹杂物和气体的上浮与排除,还有利于对合金冷凝过程所产生的收缩进行补缩。

合金的流动性不好,充型能力就弱。充型能力不足,会使铸件产生轮廓不清晰、冷隔、浇不足等缺陷。影响充型能力的主要因素还有铸型条件、浇注温度等。

铸型条件对充型能力有很大影响。铸型中凡能增大金属流动阻力、降低流速和提高金属冷却速度的因素,均会降低合金的充型能力。如铸型中型腔过窄、直浇道过低、浇注系统截面积太小或布置得不合理、型砂中水分过多或透气不足、铸型排气不畅、铸型材料导热性过大等,均会降低充型能力。为了改善铸型的充型条件,铸件设计时必须保证铸件的壁厚大于规定的最小壁厚,并在铸型工艺上针对需要采取相应的措施,如加高直浇道、扩大内浇道横截面积、增加出气口、对铸型烘干、铸型表面刷涂料等。

浇注温度对合金的充型能力影响也很显著。浇注温度高,液态合金的黏度下降;同时,因过热度大,液态合金所含热量增加,故液态合金传给铸型的热量增多,减缓了合金的冷却速度,这都使充型能力得到提高。因此,提高合金的浇注温度,是改善充型能力的重要工艺措施。必须指出,浇注温度过高,合金的总收缩量增加,吸气增多,氧化也严重,铸件易产生缩孔、缩松、粘砂、气孔等缺陷。因此,在保证充型能力足够的前提下,尽可能做到“高温出炉,低温浇注”。但是,对于形状复杂或薄壁铸件,浇注温度以略高些为宜。

综上所述,为提高合金的充型能力,改善铸件质量,应尽可能选用流动性好的共晶成分,或结晶温度范围窄的合金。在合金成分确定的情况下,需从改善铸型条件、提高浇注温度和改进铸件结构等几个方面来提高充型能力。

8.2.2　铸件的凝固

液态合金浇入铸型以后,由于铸型的冷却作用,液态合金的温度就逐渐下降,当其温度降低到液相线至固相线温度范围内,合金就要发生从液态转变为固态的过程。这种状态的变化称为一次结晶或凝固。铸件中出现的许多铸造缺陷,如缩孔、缩松、热裂、偏析、气孔、夹杂物等都产生在凝固期间。因此,正确地控制凝固过程,不但可避免和减少铸造缺陷,而且可提高铸件组织和性能的均匀性。

1) 凝固动态曲线

图 8-7 所示为铸件的凝固动态曲线,它是根据直接测量的铸件断面的温度-时间曲线绘制的。首先在图 8-7(a)上给出合金的液相线温度(t_L)和固相线温度(t_S),把两条直线与温度-时间曲线相交的各点分别标注在图 8-7(b)中的 x/R-时间坐标系上,再将各点连接起来,即得凝固动态曲线。凝固动态曲线 1,2,…,l_i 对应于 $x/R=0,0.2,…,1.0$。纵坐标中的分子 x 是铸件表面向中心方向的距离,分母 R 是壁厚之半或圆柱体和球体的半径。因凝固是从铸件壁两侧同时向中心进行,所以 $x/R=1$ 表示凝固至铸件中心。

曲线 I 与铸件断面上各时刻的液相线等温线相对应,称为液相边界。曲线 II 与固相线等温线相对应,称为固相边界。液相边界从铸件表面向中心移动,所到达之处凝固就开始,固相边界离开铸件表面向中心移动,所到达之处凝固完毕。因此,也称液相边界为凝固始点,固相边界为凝固终点。图 8-7(c)铸件断面上某一时刻的凝固情况。

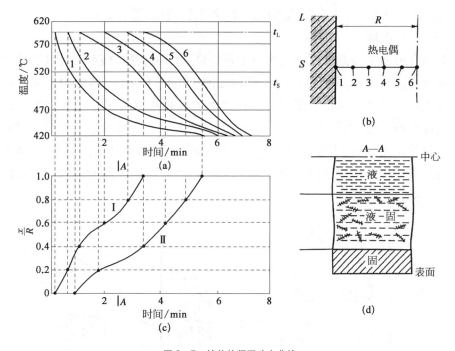

图 8-7　铸件的凝固动态曲线

铸件在凝固过程中除纯金属和共晶成分合金外,断面上一般都存在三个区域,即固相区、凝固区和液相区。它们按凝固动态曲线所示的规律向铸件中心推进。

2）铸件的凝固方式及其影响因素

一般将铸件的凝固方式分为三种类型：逐层凝固方式、体积凝固方式（或称糊状凝固方式）和中间凝固方式。铸件的凝固方式是由凝固区域的宽度（图8-8）决定的。

（1）逐层凝固。

纯金属或共晶成分合金在凝固过程中不存在液固并存的凝固区［图8-8（a）］，故断面上外层的固体和内层的液体由一条界线（凝固前沿）清楚地分开。随着温度下降，固体层不断加厚，液体层不断减少，直达铸件的中心，这种凝固方式称为逐层凝固。如果合金的结晶温度范围很小，或断面温度梯度很大，铸件断面的凝固区域很窄，也属于逐层凝固方式。

（2）体积凝固（糊状凝固）。

如果合金的结晶温度范围很宽，且铸件的温度分布较为平坦，则在凝固的某段时间内，铸件表面并不存在固体层，而液、固并存的凝固区贯穿整个断面，表面温度尚高于固相线温度［图8-8（b）］，这种凝固方式称为体积凝固。由于这种凝固方式与水泥类似，即先呈糊状而后固化，故也称为糊状凝固。

（3）中间凝固。

如果合金的结晶温度范围较窄或因铸件断面的温度梯度较大，铸件断面上的凝固区域宽度介于逐层凝固和糊状凝固之间［图8-8（c）］，则称为中间凝固方式。凝固区域宽度可以根据凝固动态曲线上的液相边界与固相边界之间的纵向距离直接判断，该距离的大小是划分凝固方式的准则。合金的结晶温度范围是由合金本身性质决定的，当合金成分确定之后，合金的结晶温度范围即确定，铸件断面上的凝固区域宽度则取决于温度梯度。通常，铸件凝固控制便是通过控制温度梯度实现的。

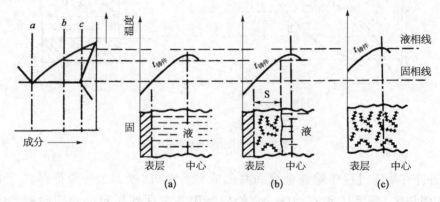

图8-8 铸件的凝固方式

8.2.3 铸件的收缩

1）收缩的概念

在合金从液态冷却至室温的过程中，体积缩小的现象称为收缩。收缩是铸造合金的物理本性，也是铸件产生缩孔、缩松、变形、裂纹、残余应力等铸造缺陷的基本原因。为使铸件的形状、尺寸符合技术要求，内部组织致密，必须对收缩的规律加以研究。

任何一种液态合金注入铸型以后，从浇注温度冷却到室温都要经历以下三个阶段，如图 8-9 所示。

（1）液态收缩，从浇注温度到凝固开始温度（即液相线温度）的收缩。

（2）凝固收缩，从凝固开始温度到凝固终止温度（即固相线温度）的收缩。

（3）固态收缩，从凝固终止温度到室温的收缩。

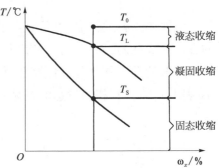

图 8-9 液态金属冷却收缩过程

合金的液态收缩和凝固收缩表现为合金的体积缩小，它是铸件产生缩孔、缩松的基本原因。常用单位体积的收缩量所占比率，即体收缩率来表示。合金的固态收缩虽然也是体积变化，但它只引起铸件外部尺寸的缩减，因此常用单位长度上的收缩量所占比率，即线收缩率来表示。它是铸件产生内应力、变形和裂纹的基本原因。

不同合金的收缩率不同。在常用合金中，铸钢的收缩率最大，灰铸铁的收缩率最小。灰铸铁收缩率小是由于其中大部分碳以石墨状态存在，而石墨的比体积大，液态灰铸铁在结晶过程中析出的石墨所产生的体积膨胀抵消了合金的部分收缩。几种铁碳合金的收缩率见表 8-3。

表 8-3　几种铁碳合金的收缩率

收缩率/%	碳素钢	白口铸铁	灰铸铁	球墨铸铁
体收缩率	10~14	12~14	5~8	–
线收缩率（自由状态）	2.17	2.18	1.08	0.81

2）铸件的实际收缩

铸件的实际收缩不仅与合金的收缩率有关，还与铸型条件、浇注温度和铸件结构等有关。铸型材料导热性差、浇注温度高,铸件的实际收缩值就大,反之就小。铸件在固态收缩过程中由于受到铸型和型芯的阻碍不能自由收缩,此时收缩率显然要小于自由收缩率。铸件形状越复杂,其收缩率(线收缩率)一般越小。因此,在铸件生产时,必须根据合金的种类、铸件的结构、铸型条件等因素确定适宜的实际收缩率(常用的为线收缩率)。

8.2.4 铸件的缩孔和缩松

铸件在凝固过程中,由于合金的液态收缩和凝固收缩,往往在铸件最后凝固的部位形成孔洞,称为缩孔。容积大而集中的孔洞,称为集中缩孔,简称缩孔;细小而分散的孔洞称为分散性缩孔,简称缩松。收缩孔洞的表面粗糙不平,形状也不规则,可以看到相当发达的枝晶末梢,而气孔则比较光滑和圆整,故两者可明显区分。

1) 缩孔和缩松的形成

(1) 缩孔。

集中在铸件上部或最后凝固部位容积较大的孔洞称为缩孔。缩孔多呈倒圆锥形,内表面粗糙,通常隐藏在铸件的内层,但在某些情况下,可暴露在铸件的上表面,呈明显的凹坑。

为便于分析缩孔的形成,现假设铸件呈逐层凝固,其形成过程如图8-10所示。液态合金填满铸型型腔[图8-10(a)]后,由于铸型的吸热,靠近型腔表面的金属很快凝结成一层外壳 而内部仍然是高于凝固温度的液体[图8-10(b)]。温度继续下降、外壳加厚,但内部液体因液态收缩和补充凝固层的凝固收缩,体积缩减、液面下降,使铸件内部出现了空隙[图8-10(c)]。直到内部完全凝固,在铸件上部形成了缩孔[图8-10(d)]。已经产生缩孔的铸件继续冷却到室温时,因固态收缩使铸件的外廓尺寸略有缩小[8-10(e)]。

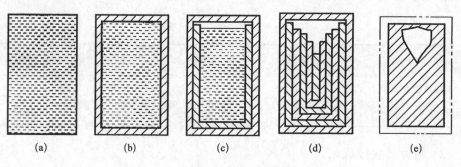

(a)   (b)   (c)   (d)   (e)

图8-10 缩孔形成过程示意

合金液态收缩和凝固收缩越大(如铸钢、白口铸铁、铝青铜等),收缩的体积就越大,越易形成缩孔。合金浇注温度越高,液态收缩也越大(通常每提高 100 ℃,体积收缩增加 1.6%左右),越易产生缩孔。纯金属或共晶成分的合金,易于形成集中的缩孔。

(2)缩松。

缩松实质上是将集中缩孔分散为许多极小的缩孔。对于相同的收缩容积,缩孔的分布面积比缩松大得多。形成缩松的基本原因和形成缩孔一样,是由于合金的液态收缩和凝固收缩大于固态收缩,但是,形成缩松的条件是合金的结晶温度范围较宽,倾向于糊状凝固方式,缩孔分散;或者是在缩松区域内铸件断面的温度梯度小,凝固区域较宽,合金液几乎同时凝固,因液态和凝固收缩所形成的细小孔洞分散且得不到外部合金液的补充。铸件的凝固区域越宽,就越倾向于产生缩松,如图 8-11 所示。

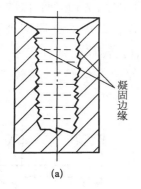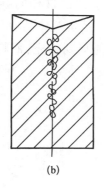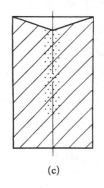

凝固边缘

(a)　　　　　　　(b)　　　　　　　(c)

图 8-11　缩松形成过程

缩松分为宏观缩松和显微缩松两种。宏观缩松是用肉眼或放大镜可以看出的小孔洞,多分布在铸件中心轴线处或缩孔的下方(图 8-12)。显微缩松是分布在晶粒之间的微小孔洞,要用显微镜才能观察出来,这种缩松的分布更为广泛,有时遍及整个截面。

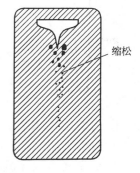

缩松

图 8-12　宏观缩松

缩孔、缩松的形成除主要受合金成分影响外,浇注温度、铸型条件及铸件结构也有一定的影响。浇注温度高,合金的缩孔倾向大。铸型材料对铸件的冷却速度影响很大,湿砂型比干砂型的冷却能力大,缩松减少;金属型的冷却能力更大,故缩松显著减少。铸件结构与形成缩孔、缩松的关系极大,设计时必须予以充分注意。

缩孔和缩松都使铸件的力学性能、气密性、物理性能、化学性能降低,以致成为废品。因此,缩孔和缩松都属于铸件的重要缺陷,必须根据技术要求,采取适当的工艺措施予以防止。

2)防止铸件产生缩孔和缩松的方法

收缩是合金的物理本性,一定化学成分的合金,在一定温度范围内会产生收缩。但并不是说,铸件的缩孔是不可避免的,只要铸件设计合理,工艺措施得当,即使收缩量大的合金,也可以获得没有缩孔的铸件。下面介绍防止缩孔与缩松的主要措施。

(1)合理选用铸造合金。从缩孔和缩松的形成过程可知,结晶温度范围宽的合金,易形成缩松,且缩松分布面广,难以消除。因此生产中在可能的条件下应尽量选择共晶成分的合金或结晶温度范围窄的合金。

(2)采用顺序凝固原则。所谓顺序凝固,就是在铸件上可能出现缩孔的厚大部位增设冒口等工艺,使铸件远离冒口的部位先凝固(图8-13),而靠近冒口的部位后凝固,最后冒口本身凝固。按照这样的凝固顺序,先凝固部位的收缩,由后凝固部位的金属液来补充,后凝固部位的收缩由冒口中的金属液来补充,从而使铸件上各个部位的收缩均能得到补充,而将缩孔转移到冒口之中。冒口是铸型中储存补缩合金液的空腔,浇注完成后为铸件的多余部分,待铸件清理时去除。

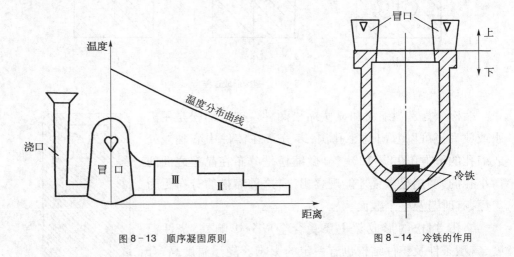

图8-13 顺序凝固原则　　　　　　　　　图8-14 冷铁的作用

为了实现顺序凝固,在安放冒口的同时,还可在铸件上某些厚大部位增设冷铁。如图8-14所示,铸件的热节不止一个,仅靠顶部冒口难以向底部凸台补缩,为此在该凸台的型壁上安放两个冷铁。冷铁加快了该处的冷却速度,使厚度较大的凸台反而最先凝固,从而实现了自下而上的顺序凝固,防止了凸台处缩孔、缩松的产生。可以看出,冷铁仅是加快某些部位的冷却速度,以控制铸件的凝固顺序,但本身并不起补缩作用。冷铁通常用钢或铸铁制成。

正确地估计出铸件上缩孔可能产生的部位是合理安放冒口和冷铁的重要依据。实际生产中,常用内接圆法求出易出现缩孔的热节,如图 8 - 15 所示。

安放冒口和冷铁,实现顺序凝固,虽可有效地防止缩孔和缩松(宏观缩松),但却耗费许多合金和工时,加大了铸件的成本。同时顺序凝固扩大了铸件各部分的温度差,增大了铸件产生变形和裂纹的倾向。因此,顺序凝固

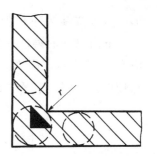

图 8 - 15　用内接圆法确定热节位置

原则主要用于收缩大或壁厚差别大、易产生缩孔的合金铸件,如铸钢、可锻铸铁、铝硅合金和铝青铜合金等。特别是铸钢件,由于其收缩大大超过铸铁,在铸造工艺上采用冒口、冷铁等措施实现顺序凝固非常有效。

8.2.5　铸造应力、变形和裂纹

铸件凝固以后,在冷却过程中将继续收缩。有些合金还会因发生固态相变而引起收缩或膨胀,这些都使铸件的体积和长度发生变化。此时,如果这种变化受到阻碍,就会在铸件内产生应力(称为铸造应力)。这种铸造应力可能是拉应力,也可能是压应力。

铸造应力可能是暂时的,当产生这种应力的原因被消除以后,应力就自行消失,这种应力称为临时应力。如果原因消除以后,应力依然存在,这种应力就称为残余应力。在铸件冷却过程中,两种应力可能同时起作用,冷却至常温并落砂以后,只有残余应力对铸件质量有影响。

1) 铸造应力的形成及防止

铸造应力按其产生的原因可分为三种:热应力、相变应力和机械阻碍应力。

(1) 热应力。

在冷却过程中,由于铸件各部分冷却速度不同,便会造成同一时刻各部分收缩量不同,因此在铸件内彼此相互制约的结果便产生应力。这种由于受阻碍而产生的应力称为热应力。

为了分析热应力的形成,首先必须了解合金凝固后,自高温冷却到室温时状态的变化,即区分塑性状态和弹性状态。固态合金在再结晶温度($T_{再}$)(钢和铸铁为 620~650 ℃)以上时,处于塑性状态。此时,在较小的应力作用下,就可产生塑性变形,由塑性变形产生的内应力自行消失。在再结晶温度($T_{再}$)以下的合金处于弹性状态,由于铸件薄厚部位收缩不同造成的应力,致使铸件产生弹性变形,变

形后应力继续保持下来。

　　下面以框形铸件来分析热应力的形成过程,如图8-16所示,其中"+"表示拉应力,"-"表示压应力。框形铸件的结构如图8-16(a)所示。其中杆Ⅰ较粗,冷却较慢;杆Ⅱ较细,冷却较快。

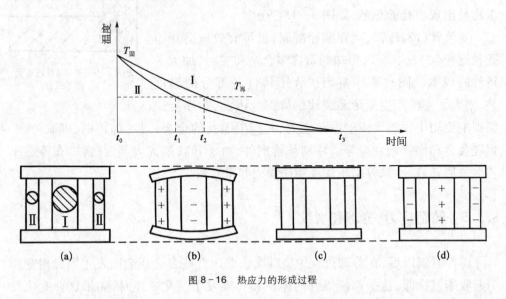

图8-16　热应力的形成过程

　　当铸件处于高温阶段$(t_0 \sim t_1)$,两杆均处于塑性状态,尽管两杆的冷却速度不同,收缩不一致,但瞬时的应力均可通过塑性变形而自行消失。继续冷却后$(t_0 \sim t_1)$,冷却速度较快的细杆Ⅱ已进入了弹性状态,而粗杆Ⅰ仍处于塑性状态。由于细杆Ⅱ冷却快,收缩大于粗杆Ⅰ,所以细杆Ⅱ受拉伸,粗杆Ⅰ受压缩[图8-16(b)],形成了暂时应力,但这个应力随之便被粗杆Ⅰ的微量塑性变形(压短)而抵消了[图8-16(c)]。当进一步冷却到更低温度$(t_2 \sim t_3)$时,粗杆Ⅰ也处于弹性状态。此时,尽管两杆长度相同,但所处的温度不同。粗杆Ⅰ的温度较高,在冷却到室温的过程中,还将进行较大的收缩;细杆Ⅱ的温度较低,收缩已趋停止。因此,粗杆Ⅰ的收缩必然受到细杆Ⅱ的强烈阻碍,于是,粗杆Ⅰ被弹性拉长一些,细杆Ⅱ被弹性压缩一些。由于两杆处于弹性状态,因此,在粗杆Ⅰ内产生拉伸应力,在细杆Ⅱ内产生压缩应力,直到室温,形成了残余应力[图8-16(d)]。

　　从上述分析来看,产生热应力的规律是,铸件冷却较慢的厚壁或心部存在拉伸应力,冷却较快的薄壁或表层存在压缩应力。铸件的壁厚差别越大,合金固态收缩率越大,弹性模量越大,产生的热应力越大。根据这个道理,采用定向凝固冷却的铸件,也会增大热应力。

　　预防热应力的基本途径是尽量减小铸件各个部位的温差,使其均匀地冷却。为此,要求设计铸件的壁厚尽量均匀一致,并在铸造工艺上,采用同时凝固原则。

在零件能满足工作条件的前提下,选择弹性模量小和收缩系数小的铸造合金,有利于减小热应力。

（2）相变应力。

铸件在冷却过程中往往产生固态相变。相变时相变产物往往具有不同的比热容。假如铸件各部分温度均匀一致,固态相变同时发生,则可能不产生宏观应力,而只有微观应力。如铸件各部分温度不一致,固态相变不同时发生,则会产生相变应力。如相变前后的新旧两相比热容差别很大,同时产生相变的温度低于塑性向弹性转变的临界温度,都会在铸件中产生很大的相变应力,甚至引起铸件产生裂纹。

（3）机械阻碍应力。

铸件中的机械阻碍应力是由于合金在冷却过程中,因收缩受到机械阻碍而产生的。机械阻碍的来源大致有以下几个方面:

① 铸型和型芯高温强度高,退让性差;

② 砂箱箱带或芯骨形状、尺寸不当;

③ 浇、冒口系统或铸件上的凸出部分形成阻碍;

④ 铸件上的拉肋和产生的披缝形成阻碍。

机械阻碍应力一般使铸件产生拉伸应力或切应力,形成的原因一经消除（如铸件落砂或去除浇口后）,应力也就随之消失,故为临时应力,但若临时应力与残余应力共同起作用,则会促使裂纹的形成。

2）铸件的变形与防止

从前面分析铸造应力产生的原因可知,当残余应力是以热应力为主时,铸件中冷却较慢的部分有残余拉应力,铸件中冷却较快的部分有残余压应力。处于应力状态（不稳定状态）的铸件能自发地进行变形,以减小内应力,以便趋于稳定状态。显然,只有原来受弹性拉伸部分产生压缩变形,而原来受弹性压缩部分产生拉伸变形时,才能使铸件中的残余应力减小或消除。铸件变形的结果将导致铸件产生挠曲。

图 8 - 17 所示为厚薄不均匀的 T 字形梁铸件,厚的部分（Ⅰ）受拉应力,薄的部

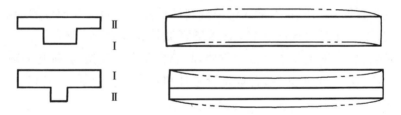

图 8 - 17　厚薄不均匀的 T 字形梁铸件

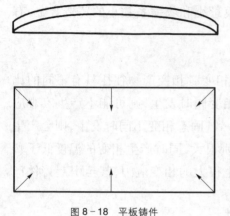

图 8-18 平板铸件

分（Ⅱ）受压应力,结果变形的方向是厚的部分向内凹,薄的部分向外凸,如图 8-17 中双点画线所示。

图 8-18 所示为平板铸件,其中心部分比边缘部分冷却得慢,产生拉应力。而铸型上面又比下面冷却快,于是平板发生如图 8-18 所示方向的变形。

为防止铸件产生变形,应尽可能使所设计的铸件壁厚均匀或使其形状对称。在铸造工艺上应采用同时凝固原则。有时,对于长而易变形的铸件,可采用反变形工艺。

3）铸件的裂纹与防止

（1）铸件裂纹的种类。

按裂纹产生的温度范围,裂纹可分为热裂纹、冷裂纹、温裂纹。

按裂纹存在的位置,可分为内裂纹、外裂纹。

按裂纹尺寸的大小,可分宏观裂纹、微观裂纹。

按裂纹产生的次序,可分初生裂纹、二次裂纹。

（2）热裂。

铸件在凝固后期,固相已形成完整的骨架,并开始线收缩。如果此时线收缩受到阻碍,铸件内将产生裂纹。由于这种裂纹是在高温下形成的,故称"热裂"。

热裂是铸钢件、可锻铸铁件和某些轻合金铸件生产中最常见的铸造缺陷之一。

热裂是铸件处于塑性变形的状态下产生的,由于铸件处于高温状态,热裂纹的表面被严重氧化而呈氧化色,没有金属光泽。对于铸钢件,裂口表面近似黑色,而铝合金则呈灰色。当铸钢件冷却缓慢时,裂口的边缘尚有脱碳现象,有时还可以发现树枝状结晶。存在于铸件表面的热裂纹,裂缝较宽,而且呈撕裂状。热裂纹的另一个特征是裂口总是沿晶粒产生的,与冷裂纹有显著的区别。

防止铸件产生热裂的主要措施如下。

在不影响铸件使用性能的前提下,可适当调整合金的化学成分,缩小凝固温度范围,减少凝固期间的收缩量或选择抗裂性较好的接近共晶成分的合金。

减少合金中有害元素的含量,应尽量降低铸钢中的硫、磷含量;在合金熔炼时,充分脱氧,加入稀土元素进行变质处理,减少非金属夹杂物,细化晶粒。

提高铸型、型芯的退让性;合理布置芯骨和箱带;浇注系统和冒口不得阻碍铸件的收缩。

设计铸件时应注意,壁厚应尽量均匀,厚壁搭接处应做出过渡壁,直角相接处应做出圆角等。

（3）冷裂。

冷裂是铸件处于弹性状态时，铸造应力超过合金的强度极限而产生的。冷裂往往出现在铸件受拉伸的部位，特别是有应力集中的地方。因此，铸件产生冷裂的倾向与铸件形成应力的大小密切相关。影响冷裂的因素与影响铸件应力的因素基本一致。冷裂的特征与热裂不同，外形是连续直线或圆滑曲线，而且常常是穿过晶粒，而不是沿晶界断裂。冷裂断口干净，且具有金属的光泽或轻微的氧化色。这说明冷裂是在较低的温度下形成的。

防止铸件冷裂的方法基本上与减小热应力和防止热裂的措施相同。另外，适当延长铸件在砂型中的停留时间，降低热应力；铸件凝固后及早卸掉压箱铁，松开砂箱紧固装置，减小机械阻碍应力，也是防止铸件冷裂的重要措施。

8.3　铸造成型工艺设计

铸造成型工艺设计是根据铸件的结构特点、技术要求、生产批量、生产条件等，确定铸件的铸造成型工艺方案和工艺参数，编制铸造成型工艺规程等。

在进行工艺设计过程中应当考虑到：保证获得优质的铸件；利用可能的条件，尽量提高劳动生产率和减轻体力劳动；减少机械加工余量，节约材料和能源；降低铸件成本；减少污染，保护环境。

8.3.1　铸件结构的铸造工艺性分析

铸件结构的铸造工艺性通常指的是铸件的本身结构应符合铸造生产的要求，既便于整个工艺过程的进行，又利于保证产品质量。对铸件结构进行工艺性审查，不但对简化铸造工艺、降低成本和提高生产率起到很大作用，而且可预测在铸造过程中可能出现的主要缺陷，以便在生产中采取相应的措施予以防止。

1）铸造工艺对铸件结构的要求

为了简化造型、制芯及减少工艺装备的制造工作量，便于下芯和清理，应着重从以下几方面进行要求。

（1）铸件结构应方便起模。

铸件侧壁上的凸台（旧称搭子）、凸缘、侧凹、肋条等，常常妨碍起模。为此，在大量生产中，不得不增加型芯；在单件小批生产量中，也不得不把这些凸台、凸缘、肋条等制成活动模样（活块）。如果能对其结构稍加改进，就可使铸造工艺大大简化,如图 8-19 所示。

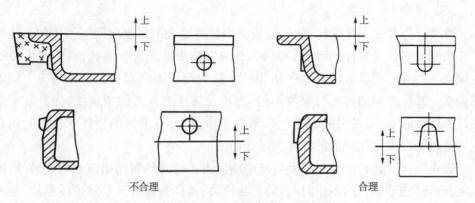

不合理   合理

图 8-19　改进妨碍铸件起模的结构

平行于起模方向的铸件侧面,应给出起模斜度,如图 8-20 所示。这样不仅起模方便,也可使起模时模样松动量减少,从而提高铸件尺寸的精度。

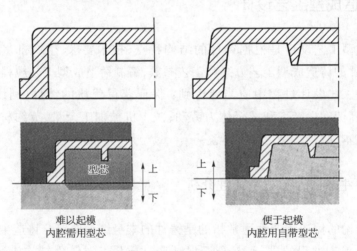

难以起模   便于起模
内腔需用型芯   内腔用自带型芯

图 8-20　铸件的起模斜度

（2）尽量减少和简化分型面。

铸型的分型面少,不仅可以减少砂箱用量,还可提高铸件尺寸精度。图 8-21 所示铸件,原设计的结构必须采用不平分型面,给模样、模板制造带来困难。改进结构设计后则可用一简单平直分型面造型。

（3）去除不必要的圆角。

虽然铸件的转角处几乎都希望用圆角相连接,这是铸件的结晶和凝固合理性决定的,但是有些外圆角对铸件质量影响不大,却对造型或制芯等工艺过程有不良效果,这时就应将圆角取消,如图 8-22 所示。

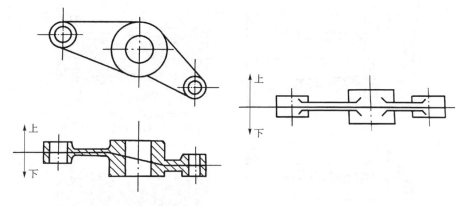

图 8 - 21 　简化分型面的铸件结构

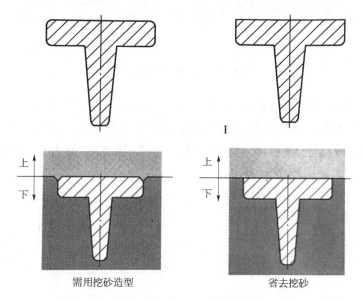

图 8 - 22 　去除不必要的圆角

（4）减少型芯,有利于型芯的安放、排气和清理。

图 8 - 23 所示撑架铸件,原设计需两个型芯,2 号型芯为悬臂式型芯,需用型芯撑固定。经修改设计后,使悬臂式型芯和轴孔型芯(1 号)连成一体,这样就不需采用型芯撑。

2）从避免铸造缺陷方面审查铸件结构

合理的铸件结构可以消除许多铸造缺陷。为保证获得优质铸件,对铸件结构的要求应考虑以下几个方面。

（1）铸件应有合适的壁厚。

为了避免浇不到、冷隔等缺陷,铸件应有一定的厚度。铸件的最小允许壁厚和铸造合金的流动性密切相关,但铸件壁厚也不可过大,否则壁厚的中心部位会

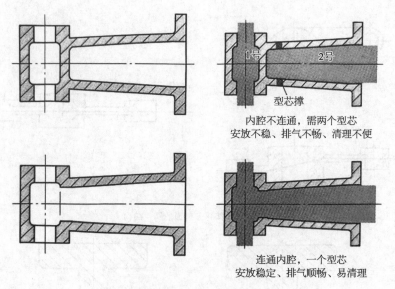

内腔不连通，需两个型芯
安放不稳、排气不畅、清理不便

连通内腔，一个型芯
安放稳定、排气顺畅、易清理

图 8-23　减少型芯支撑作用

产生粗大晶粒，力学性能会降低，而且常常容易在中心区出现缩孔、缩松等缺陷。一般铸件的临界壁厚可以按其最小允许壁厚的 3 倍来考虑。采用薄壁的 T 字形、工字形或箱形截面等，或用加强肋方法满足铸件力学性能要求，比单纯增加壁厚要科学合理，如图 8-24 所示。

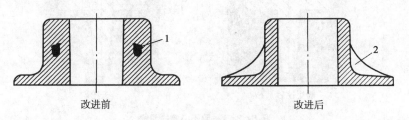

改进前　　　　　　　　　　改进后

图 8-24　设加强肋使铸件壁厚均匀

（2）铸件收缩时不应有严重阻碍，注意壁厚的过渡和铸造圆角。

对于收缩大的合金铸件尤应注意，以便防止因严重阻碍铸件收缩而造成裂纹。图 8-25 中给出两种铸钢件结构。原结构的两截面交接处呈直角形拐弯并

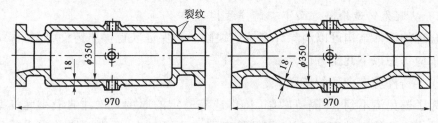

图 8-25　合理与不合理的铸钢件结构

形成热节,易形成热裂。改进设计后,热裂件壁厚均匀即消除。

铸件薄厚壁相接、拐弯、交接之处,都应采取过渡和转变的形式,并应采用较大的圆角连接,以免造成突然转变及应力集中,引起裂纹等缺陷,如图 8 – 25 所示。

(3)壁厚力求均匀,减少厚大部分,防止形成热节。

铸件应避免明显的壁厚不均匀,否则会存在较大的热应力,甚至引起缩孔、裂纹或变形,肋条布置应尽量减少交叉,防止形成热节,如图 8 – 26 所示。热节是一种在铸造过程中产生的效应。铸造热节是指铁液在凝固过程中,铸件内比周围金属凝固缓慢的节点或局部区域。也可以说是最后冷却凝固的地方。

图 8 – 26(a)中不合理结构中形成了较大的热节,采用图 8 – 26(b)所示结构改进后,消除了热节。

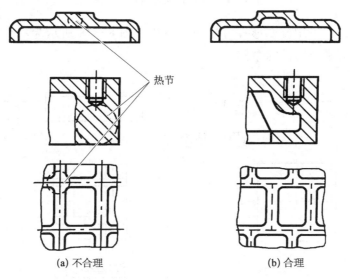

(a) 不合理   (b) 合理

图 8 – 26 壁厚力求均匀的实例

(4)避免水平方向出现较大的平面。

在浇注时,如果铸型内有较大的水平型腔存在,当液体合金上升到该位置时,由于断面突然扩大,上升速度缓慢,高温的液体合金较长时间烘烤顶部型面,极易造成夹砂、浇不到等缺陷,同时,也不利于夹杂物和气体的排除。因此,应尽量避免铸件在水平方向上出现较大的平面,如图 8 – 27 所示。

(5)注意防止铸件的翘曲变形。

某些壁厚均匀的细长铸件、较大面积的平板铸件,结构刚度差,铸件各面冷却条件的差别所引起应力即使不太大,也会使其变形。某些床身类铸件壁厚差别较大,厚处冷却速度慢于薄处,则引起较大的内应力而促使铸件变形,可用改进结构

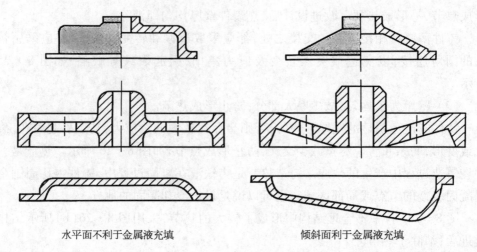

水平面不利于金属液充填   倾斜面利于金属液充填

图 8 – 27　避免较大水平面的铸件结构

设计、人工时效、采用反变形等方法予以解决。图 8 – 28 所示为不合理与合理的细长铸件和大平板铸件的结构设计。

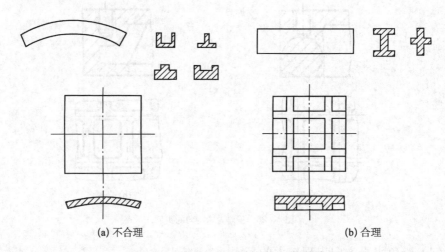

(a) 不合理   (b) 合理

图 8 – 28　细长铸件和大平板铸件的结构设计

（6）铸件内壁厚度应小于外壁。

　　铸件内部的肋和壁等，散热条件差，因此应比外壁薄些，以便使整个铸件的外壁和内壁能均匀地冷却，防止产生内应力和裂纹。铸件内部壁厚相对减薄的实例如图 8 – 29 所示。

（7）有利于补缩和实现顺序凝固。

　　合金体收缩较大的铸件容易形成缩孔及缩松缺陷，因此，铸件的结构要有利于实现顺序凝固，以方便于安放冒口、冷铁，如图 8 – 30 所示。

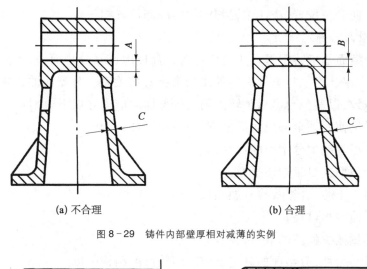

(a) 不合理　　　　　　　　　　　(b) 合理

图 8 - 29　铸件内部壁厚相对减薄的实例

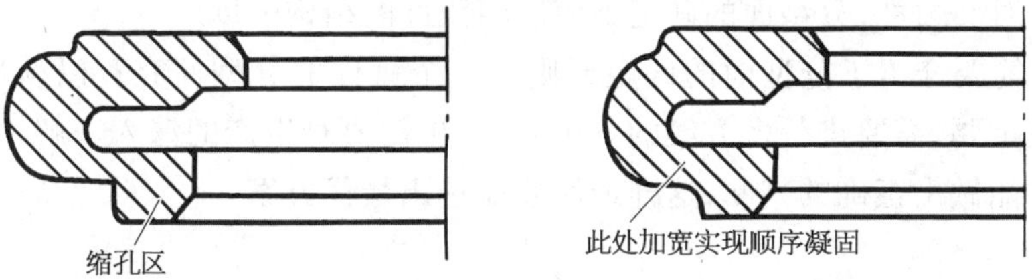

缩孔区　　　　　　　　　　此处加宽实现顺序凝固

图 8 - 30　按顺序凝固原则设计铸件结构

8.3.2　铸造工艺方案的确定

确定先进又切合实际的铸造工艺方案,对保证铸件质量、提高生产率、改善劳动条件、降低成本起着决定性的作用。因此,要予以充分的重视,认真分析研究,往往要先制订出几种方案进行分析对比,最后选取最优方案进行生产。

1)铸件浇注位置的确定

铸件的浇注位置是指浇注时铸件在铸型中所处的位置。浇注位置是根据铸件的结构特点、尺寸、质量、技术要求、铸造合金特性、铸造方法及生产车间的条件决定的。正确的浇注位置应能保证获得合格铸件,并使造型、造芯和清理方便。确定铸件浇注位置时,要遵守以下几个原则:

(1)铸件的重要加工面应处于底面或侧面;

(2)尽可能使铸件的大平面朝下;

(3)保证铸型能充满;

(4)应有利于实现顺序凝固;

(5)尽量减少型芯的数量,有利于型芯的定位、稳固和排气;

（6）应使合箱位置、浇注位置和铸件的冷却位置相一致。

2）分型面的确定

铸造分型面是指铸型组元间的结合面。合理地选择分型面，对于简化铸造工艺、提高生产率、降低成本、提高铸件质量都有直接关系。分型面的选择应尽量与浇注位置一致，以避免合型后翻转。确定分型面时应遵守以下原则：

（1）尽量使铸件全部或大部分置于同一半型内；

（2）应尽量减少分型面的数目；

（3）分型面应尽量选用平面；

（4）便于下芯、合箱及检查型腔尺寸；

（5）不使砂箱过高；

（6）尽量减少型芯的数目；

（7）对受力件，分型面的确定不应削弱铸件的结构强度。

以上简要介绍了分型面的确定原则。一个铸件的分型面究竟以满足哪几项原则为最重要，需要进行多方案的分析对比，也需要对生产的深入了解，有一定实践经验才能做出正确的判断，这样最后才能选出最优方案。

习 题

1. 形状复杂的零件为什么用铸造毛坯？受力复杂的零件为什么不采用铸造毛坯？

2. 什么是液态合金的充型能力？它与合金流动性有何关系？试分析铸钢和灰铸铁的流动性？提高金属流动性的主要工艺措施是什么？

3. 试分析铸件产生缩孔、缩松、变形和裂纹的原因及防治办法。

4. 什么是顺序凝固原则？什么是同时凝固原则？这两种凝固原则各适用于哪种场合？

5. 冒口补缩的原理是什么？冷铁是否可以补缩？冷铁的作用与冒口有何不同？

6. 铸件的气孔有哪几种？下列情况更容易产生哪种气孔：化铝时铝料油污过多、起模时刷水过多、春砂过紧、型芯撑有锈。

7. 黏土砂、水玻璃砂、油砂、合脂砂及树脂砂各有什么特点？说明其性能及应用场合。

8. 熔模铸造、金属型铸造、压力铸造和离心铸造的突出特点各是什么？

9. 为什么空心球难以铸造出来？要采取什么措施才能铸造出来？

10. 下列铸件在大批生产时采用什么铸造方法：

铝活塞、缝纫机头、汽轮机叶片、大口径污水管、车床床身、摩托车气缸体、气缸套、大模数齿轮滚刀、带轮及飞轮。

11. 何谓特种铸造？请分别说出它们的生产特点和适用场合。

12. 为什么压铸生产率高，表面质量好，但不适宜使用在致密要求高的场合？

13. 某定型生产的薄壁铸铁件，投产以来质量基本稳定，但最近一时期浇不足和冷隔缺陷突然增多，试分析其原因。

第9章　固态金属塑性成型

　　固态金属塑性成型是指利用外力的作用,使固态金属产生塑性变形,改变其形状、尺寸和性能,获得一定的型材、毛坯或零件的一种成型方法。固态金属塑性加工在国民经济的加工工业中占有重要的地位。

9.1　金属塑性成型的理论基础

　　金属在外力作用下产生变形,在外力被取消后,金属仍不能恢复到原始形状和尺寸的变形称为塑性变形。金属在外力作用下先产生弹性变形,然后随着外力的增大,进入塑性变形阶段。各种金属的塑性成型加工方法,都是通过对金属施加压力,使之产生塑性变形,从而得到一定的形状、尺寸和力学性能的零件。金属在外力作用下产生塑性变形的能力称为塑性,塑性成型正是利用金属的塑性对坯料进行加工的。

　　固态金属塑性成型的分类方法有多种。根据加工时金属受力和变形特点,固态金属塑性成型可分为体积成型和板料成型两大类。体积成型包括锻造、轧制、挤压和拉拔等,锻造有自由锻和模锻等;板料成型即板料冲压,如图9-1所示。轧制、挤压、拉拔通常用来生产原材料(如管材、板材、型材等),锻造和冲压用来生产零件或毛坯。

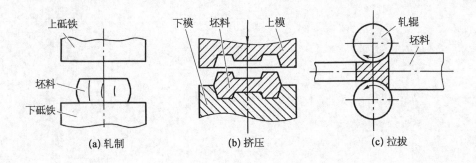

(a) 轧制　　　　　　(b) 挤压　　　　　　(c) 拉拔

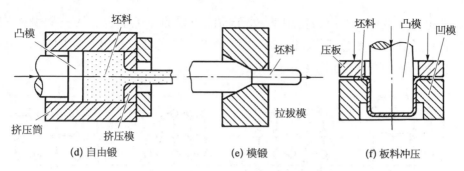

（d）自由锻　　　　　　　　　　（e）模锻　　　　　　　　（f）板料冲压

图 9-1　常用的固态金属塑性成型方法

9.1.1　金属塑性变形的实质

金属在外力作用下,其内部必将产生应力。此应力迫使原子离开原来的平衡位置,从而改变了原子间的距离,使金属发生变形,并引起原子位能的增高。但处于高位能的原子具有返回到原来低位能平衡位置的倾向。因而当外力停止作用后,应力消失,变形也随之消失。金属的这种变形称为弹性变形。

当外力增大到使金属的内应力超过该金属的屈服强度之后,即使外力停止作用,金属的变形也并不消失,这种变形称为塑性变形。金属塑性变形的实质是晶体内部产生滑移的结果。单晶体内的滑移变形如图 9-2 所示。在切应力作用下,晶体的一部分与另一部分沿着一定的晶面产生相对滑移(该面称为滑移面),从而造成晶体的塑性变形。当外力继续作用或增大时,晶体还将在另外的滑移面上发生滑移,使变形继续进行,因而得到一定的变形量。

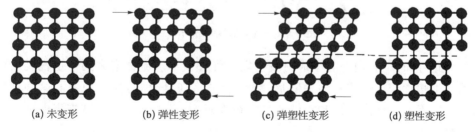

（a）未变形　　　　　（b）弹性变形　　　　　（c）弹塑性变形　　　　　（d）塑性变形

图 9-2　单晶体内的滑移变形示意

上述理论所描述的滑移运动,相当于滑移面上、下两部分晶体彼此以刚性整体做相对运动。实现这种滑移所需的外力要比实际测得的数据大几千倍,这说明实际晶体结构及其塑性变形并不完全如此。

近代物理学证明,实际晶体内部存在大量缺陷。其中,以位错[图 9-3(a)]对金属塑性变形的影响最为明显。由于位错的存在,部分原子处于不稳定状态。

在比理论值低得多的切应力作用下,处于高能位置的原子很容易从一个相对平衡的位置移动到另一个位置[图9-3(b)],形成位错运动。位错运动的结果,就实现了整个晶体的塑性变形[图9-3(c)]。

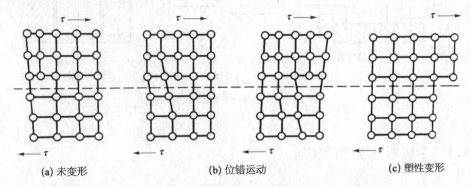

(a) 未变形   (b) 位错运动   (c) 塑性变形

图9-3 位错运动引起塑性变形示意

　　通常使用的金属都是由大量微小晶粒组成的多晶体。其塑性变形可以看成是由组成多晶体的许多单个晶粒产生变形(称为晶内变形)的综合效果。同时,晶粒之间也有滑动和转动(称为晶间变形),如图9-4所示。每个晶粒内部都存在许多滑移面,因此整块金属的变形量可以比较大。低温时,多晶体的晶间变形不可过大,否则将引起金属的破坏。

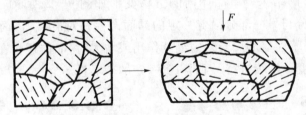

图9-4 多晶体的晶间变形示意

　　由此可知,金属内部有了应力就会发生弹性变形。应力增大到一定程度后使金属产生塑性变形。当外力去除后,弹性变形将恢复,称为弹复现象。这种现象对有些压力加工件的变形和工件质量有很大影响,必须采取工艺措施来保证产品的质量。

9.1.2 金属塑性变形时遵循的基本规律

金属塑性变形时遵循的基本规律主要有体积不变定律和最小阻力定律等。

1) 体积不变定律

体积不变定律是指金属材料在塑性变形前、后体积保持不变。金属塑性变形过程实际上是通过金属流动而使坯料体积进行再分配的过程。但实际上,由于钢锭再锻造时可消除内部的微裂纹、疏松等缺陷,使金属的密度提高,因此体积总会有一些减小,只不过这种体积变化量极其微小,可忽略不计。

2)最小阻力定律

最小阻力定律是指在塑性变形过程中,如果金属质点有向几个方向移动的可能时,则金属各质点将向阻力最小的方向移动。阻力最小的方向是通过该质点向金属变形的周边所作的法线方向,因为质点沿此方向移动的距离最短,所需的变形功最小。最小阻力定律符合力学的一般原则,它是塑性成型加工中最基本的规律之一。

利用最小阻力定律可以推断,任何形状的物体只要有足够的塑性,都可以在平锤头下镦粗使坯料逐渐接近于圆形。这是因为在镦粗时,金属流动距离越短,摩擦阻力越小。图 9-5 所示圆形截面的金属朝径向流动;方形、长方形截面则分成四个区域分别朝垂直于四个边的方向流动,最后逐渐变成圆形、椭圆形。由此可知,圆形截面金属在各个方向上的流动最均匀,镦粗时总是先把坯料锻成圆柱体再进一步锻造。

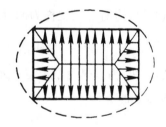

图 9-5　不同截面金属的流动情况

通过调整某个方向的流动阻力来改变某些方向上金属的流动量,以便合理成型,消除缺陷。例如:在模锻中增大金属流向分型面的阻力或减小流向型腔某一部分的阻力,可以保证锻件充满型腔。在模锻制坯时,可以采用闭式滚挤和闭式拔长模腔来提高滚挤和拔长的效率。

9.1.3　塑性变形对金属组织和性能的影响

金属在常温下经过塑性变形后,内部组织将发生变化:晶粒沿最大变形的方向伸长;晶格与晶粒均发生扭曲,产生内应力;晶粒间产生碎晶。

金属的力学性能随其内部组织的改变而发生明显变化。变形程度增大时,金属的强度及硬度升高,而塑性和韧性下降(图 9-6)。其原因是滑移面上的碎晶块和附近晶格的强烈扭曲,增大了滑移阻力,使滑移难以继续。这种随变形程度

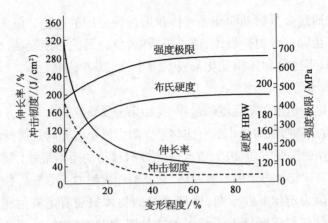

图 9-6　常温下塑性变形对低碳钢力学性能的影响

增大,强度和硬度上升而塑性下降的现象称为冷变形强化,又称为加工硬化。

冷变形强化是一种不稳定现象,具有自发地回复到稳定状态的倾向。但在室温下不易实现。当提高温度时,原子因获得热能,热运动加剧,使原子得以回复正常排列,消除了晶格扭曲,致使加工硬化得到部分消除,这一过程称为回复[图 9-7(b)],这时的温度称为回复温度,即

$$T_{回} = (0.25 \sim 0.3)T_{熔}$$

式中,$T_{回}$ 为以热力学温度表示的金属回复温度(K);$T_{熔}$ 为以热力学温度表示的金属熔点温度(K)。

温度升高

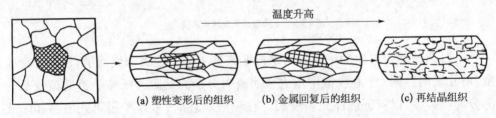

　　(a) 塑性变形后的组织　　(b) 金属回复后的组织　　(c) 再结晶组织

图 9-7　金属的回复和再结晶示意

当温度继续升高到该金属熔点热力学温度的 0.4 倍时,金属原子获得更多的热能,开始以某些碎晶或杂质为核心,按变形前的晶格结构结晶成新的晶粒,从而消除了全部冷变形强化现象,这个过程称为再结晶[图 9-7(c)],这时的温度称为再结晶温度,即

$$T_{再} = 0.4T_{熔}$$

式中,$T_{再}$ 为以热力学温度表示的金属再结晶温度(K)。

利用金属的冷变形强化可提高金属的强度和硬度,这是工业生产中强化金属

材料的一种重要手段。但在压力加工生产中,冷变形强化给金属继续进行塑性变形带来困难,应加以消除。在实际生产中,常采用加热的方法使金属发生再结晶,从而再次获得良好的塑性,这种工艺操作称为再结晶退火。

当金属在大大高于再结晶的温度下受力变形时,冷变形强化和再结晶过程同时存在,此时变形中的强化和硬化随即被再结晶过程所消除。

由于金属在不同温度下变形对其组织和性能的影响不同,因此金属的塑性变形分为冷变形和热变形两种。在再结晶温度以下的变形称为冷变形。变形过程中无再结晶现象,变形后的金属具有冷变形强化现象。所以冷变形的变形程度一般不宜过大,以避免产生破裂。冷变形能使金属获得较高的强度、硬度和低的表面粗糙度值,故生产中常用它来提高产品的性能。在再结晶温度以上的变形称为热变形。变形后,金属具有再结晶组织,而无冷变形强化痕迹。金属只有在热变形情况下,才能以较小的功达到较大的变形,同时能获得具有高力学性能的细晶粒再结晶组织。因此,金属压力加工生产多采用热变形来进行。

金属压力加工生产采用的最初坯料是铸锭,其内部组织很不均匀,晶粒较粗大,并存在气孔、疏松、非金属夹杂物等缺陷。铸锭加热后经过压力加工,通过塑性变形及再结晶,改变了粗大、不均匀的铸态结构[图9-8(a)],获得细化了的再结晶组织。同时可以将铸锭中的气孔、疏松等压合在一起,使金属更加致密,力学性能得到很大提高。

此外,铸锭在压力加工中产生塑性变形时,基体金属的晶粒形状和沿晶界分布的杂质形状都发生了变形,它们都将沿着变形方向被拉长,呈纤维形状。这种结构称为纤维组织[图9-8(b)]。

(a) 变形前的原始组织　　　　　　　　(b) 变形后的纤维组织

图9-8　铸锭热变形前后的组织

纤维组织使金属在性能上具有了方向性,对金属变形后的质量也有影响。纤维组织越明显,金属在纵向(平行于纤维方向)上塑性和韧性提高越显著,而在横向(垂直于纤维方向)上塑性和韧性降低越显著,纤维组织的明显程度与金属的变形程度有关。变形程度越大,纤维组织越明显。金属压力加工常用锻造比(y)来表示变形程度:

拔长时的锻造比为 $y_{拔} = A_0/A$;镦粗时的锻造比为:$y_{镦} = H_0/H$

式中,A_0、H_0 为坯料变形前的横截面积和高度;A、H 为坯料变形后的横截面积和高度。

纤维组织的稳定性很高,不能用热处理方法加以消除,只有经过锻压使金属变形,才能改变其方向和形状。因此,为了获得具有最好力学性能的零件,在设计和制造零件时,都应使零件在工作中产生的最大正应力方向与纤维方向重合,最大切应力方向与纤维方向垂直。并使纤维分布与零件的轮廓相符合,尽量使纤维组织不被切断。

例如,当采用棒料直接经切削加工制造螺钉时,螺钉头部与杆部的纤维被切断,受力时产生的切应力不能连贯起来,故螺钉的承载能力较弱[图 9-9(a)]。当采用同样棒料经局部镦粗方法制造螺钉时[图 9-9(b)],则纤维不被切断,连贯性好,纤维方向也较为有利,故螺钉质量较好。

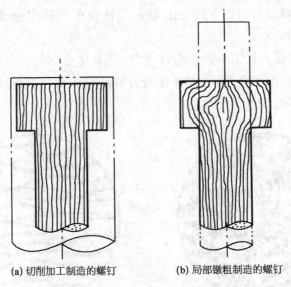

(a) 切削加工制造的螺钉　　　　　(b) 局部镦粗制造的螺钉

图 9-9　不同工艺方法对纤维组织状态的影响

9.1.4　金属的锻造性能

金属的锻造性能(又称为可锻性)是用来衡量压力加工工艺性好坏的主要工

艺性能指标。金属的锻造性能好,表明该金属适用于压力加工。衡量金属的可锻性,常从金属材料的塑性和变形抗力两个方面来考虑,材料的塑性越好,变形抗力越小,则材料的锻造性能越好,越适合压力加工。在实际生产中,往往优先考虑材料的塑性。

金属的塑性是指金属材料在外力作用下产生永久变形而不破坏其完整性的能力,用断后伸长率 A、断面收缩率 Z 来表示。材料的 A、Z 值越大或镦粗时变形程度越大且不产生裂纹,塑性越大。变形抗力是指金属在塑性变形时反作用于工具上的力。变形抗力越小,变形消耗的能量越少,锻造越省力。塑性和变形抗力是两个不同的独立概念。例如:奥氏体不锈钢在冷态下塑性很好,但变形抗力却很大。

金属的锻造性能取决于材料的性质(内因)和加工条件(外因)。

1)材料性质的影响

(1)化学成分。

不同化学成分的金属其锻造性能不同。纯金属的锻造性能较合金的好。钢中碳的质量分数对钢的锻造性能影响很大,对于以 $\omega_c < 0.5\%$ 的低碳钢,主要以铁素体为主(含珠光体量很少),其塑性较好。随着碳质量分数的增加,钢中的珠光体量也逐渐增多,甚至出现硬而脆的网状渗碳体,使钢的塑性下降,塑性成型性能也越来越差。

合金元素会形成合金碳化物,形成硬化相,使钢的塑性变形抗力增大,塑性下降,通常合金元素含量越高,钢的塑性成型性能越差。

杂质元素磷会使钢出现冷脆性,硫使钢出现热脆性,降低钢的塑性成型性能。

(2)金属组织。

金属内部的组织不同,其锻造性能有很大差别。纯金属及单相固溶体的合金具有良好的塑性,其锻造性能较好;钢中有碳化物和多相组织时,锻造性能变差;具有均匀细小等轴晶粒的金属,其锻造性能比晶粒粗大的铸态柱状晶组织好;钢中有网状二次渗碳体时,钢的塑性将大大下降。

2)加工条件的影响

金属的加工条件一般是指金属的变形温度、变形速度和应力状态等。

(1)变形温度。

随着温度升高,原子动能升高,削弱了原子之间的吸引力,减少了滑移所需要的力,因此塑性增大,变形抗力减小,提高了金属的锻造性能。变形温度升高到再结晶温度以上时,加工硬化不断被再结晶软化消除,金属的锻造性能进一步提高。

但加热温度过高,会使晶粒急剧长大,导致金属塑性减小,锻造性能下降,这种现象称为过热。如果加热温度接近熔点,会使晶界氧化甚至熔化,导致金属的塑性变形能力完全消失,这种现象称为过烧。坯料如果过烧将报废,因此加热要

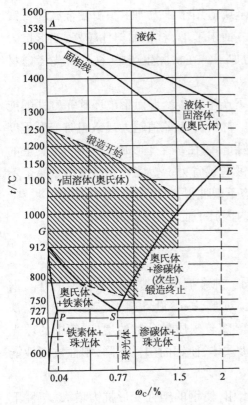

图 9-10 碳钢的锻造温度范围

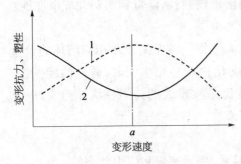

图 9-11 变形速度对塑性及变形抗力的影响

控制在一定范围内。锻造温度范围是指始锻温度(开始锻造的温度)和终锻温度(停止锻造的温度)间的温度区间。锻造温度范围的确定以合金相图为依据。碳素钢的锻造温度范围如图 9-10 所示,其始锻温度比 AE 线低 200 ℃ 左右,终锻温度为 800 ℃ 左右。终锻温度过低,金属的可锻性急剧变差,使加工难以进行,若强行锻造,将导致锻件破裂报废。

(2) 变形速度。

变形速度即单位时间内变形程度的大小。它对锻造性能的影响是矛盾的。一方面,随着变形速度的增大,金属在冷变形时的冷变形强化趋于严重,表现出金属塑性下降,变形抗力增大;另一方面,金属在变形过程中,消耗于塑性变形的能量一部分转化为热能,当变形速度很大时,热能来不及散发,会使变形金属的温度升高,这种现象称为热效应。变形速度越大,热效应现象越明显,有利于金属的塑性提高,变形抗力下降,锻造性能变好(图 9-11 所示 a 点以右)。但除高速锤锻造外,在一般的压力加工中变形速度不能超过 a 点的变形速度,故塑性差的材料(如高速钢)或大型锻件,还是应采用较小的变形速度为宜。若变形速度过快,会出现变形不均匀,造成局部变形过大而产生裂纹。

(3) 应力状态。

不同的压力加工方法在材料内部所产生的应力大小和性质(压应力和拉应力)是不同的。例如:金属在挤压变形时三向受压[图 9-12(a)],而金属在拉拔时为两向压应力和一向拉应力,如图 9-12(b)所示;镦粗时,坯料内部处于三向压应力状态,但侧表面在水平方向却处于拉应力状态[图 9-12(c)]。

实践证明,在三向应力状态下,压应力的数目越多,则其塑性越好;拉应力的数

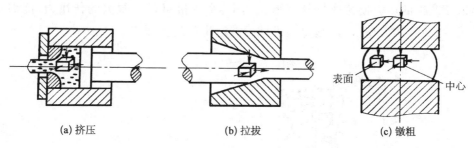

(a) 挤压　　　　　　　　(b) 拉拔　　　　　　　　(c) 镦粗

图 9-12　金属变形时的应力状态

目越多,则其塑性越差。其原因是在金属材料内部或多或少总是存在着微小的气孔或裂纹等缺陷,在拉应力作用下,缺陷处会产生应力集中,使缺陷扩展甚至达到破坏,从而使金属丧失塑性;而压应力使金属内部原子间距减小,又不易使缺陷扩展,因此金属的塑性会提高。从变形抗力分析,压应力使金属内部摩擦增大,变形抗力也随着增大。在三向受压的应力状态下进行变形时,其变形抗力较三向应力状态不同时大得多。因此,选择压力加工方法时,应考虑应力状态对金属塑性变形的影响。

综上所述,金属的锻造性能既取决于金属的本质,又取决于加工条件。在压力加工过程中,要根据具体情况,尽量创造有利的加工条件,充分发挥金属的塑性,降低其变形抗力,以达到塑性成型加工的目的。

9.2　常用锻造方法

在冲击力或静压力的作用下,使热锭或热坯产生局部或全部的塑性变形,获得所需形状、尺寸和性能的锻件的加工方法称为锻造。锻造分为自由锻造和模型锻造。

9.2.1　自由锻造

自由锻造(简称为自由锻)过程中,金属坯料在上、下砧铁间受压变形时,可朝各个方向自由流动,不受限制,其形状和尺寸主要由操作者的技术来控制。

自由锻分为手工锻造和机器锻造两种,手工锻造只适合生产单件小型锻件,机器锻造则是自由锻的主要生产方法。

1) 自由锻的设备及生产特点

自由锻所用设备根据它对坯料施加外力的性质不同,分为锻锤和液压机两大类。锻锤是依靠产生的冲击力使金属坯料变形,锻造设备主要有空气锤(图 9-13)、蒸汽-空气自由锻锤(图 9-14),主要用于单件、小批量的中小型锻件的生产。液压机是依靠产生的压力使金属坯料变形。其中,水压机可产生很大的作用力,能锻造质量达 300 t 的大型锻件,是重型机械厂锻造生产的主要设备。

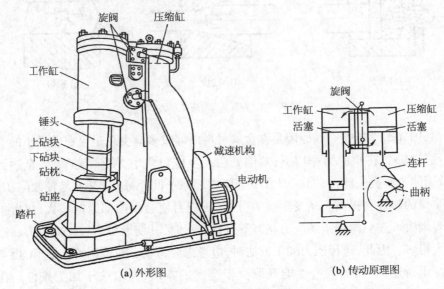

(a) 外形图   (b) 传动原理图

图 9-13　空气锤的结构原理示意

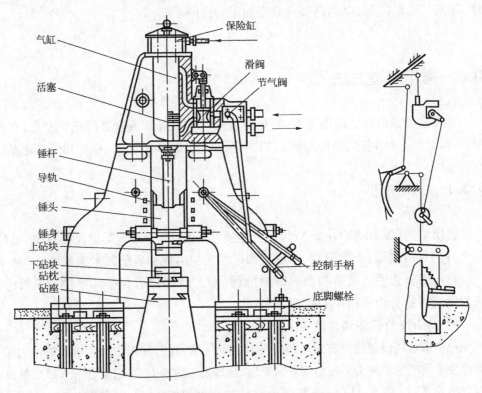

图 9-14　蒸汽-空气自由锻锤的结构原理图

自由锻的特点如下。

（1）自由锻工艺灵活，工具简单，设备和工具的通用性强，成本低。

（2）应用范围较为广泛，可锻造的锻件质量由不及 1 kg 到 300 t。在重型机械中，自由锻是生产大型和特大型锻件的唯一成型方法。

（3）锻件精度较低，加工余量较大，生产率低。

故自由锻一般只适合于单件小批量生产。自由锻也是锻制大型锻件的唯一方法。

　2）自由锻工艺

自由锻的工序包括基本工序、辅助工序和修整工序。基本工序是指完成主要变形的工序，可分为镦粗、拔长、冲孔、弯曲、切割（下料）、扭转、错移等；辅助工序是为基本工序操作方便而进行的预先变形，如压钳把、倒棱、压肩（压痕）等；修整工序是用以精整锻件外形尺寸、减小或消除外观缺陷的工序，如滚圆、平整等。表9-1列出了自由锻基本工序的操作。

表 9-1　自由锻基本工序的操作

工序	图例	定义	操作要领	实例
镦粗或局部镦粗		镦粗是使坯料高度减小、横截面面积增大的锻造工序	① 防止坯料镦弯、镦歪或镦偏 ② 防止产生裂纹和夹层	圆盘、齿轮、叶轮、轴头等
拔长	（a）左右进料90°翻转　（b）螺旋线进料90°翻转　（c）前后进料90°翻转	拔长是使坯料横截面面积减少、长度增加的锻造工序	① 应使坯料各面受压均匀，冷却均匀 ② 截面的宽厚比应 ≤ 2.5，以防产生弯曲	锻造光轴、阶梯轴、拉杆等轴类锻件
冲孔	（a）放正冲子，试冲　（b）冲浅坑，撒煤末　（c）冲至工件厚度的2/3深　（d）翻转工件在铁砧圆孔上冲透	冲孔是利用冲子在经过镦粗或镦平的饼坯上冲出通孔或不通孔的锻造工序	① 坯料应加热至始锻温度，防止冲裂 ② 冲深时应注意保持冲子与砧面垂直，防止冲歪	圆环、圆筒、齿圈、法兰、空心轴等

工序	图　　例	定　义	操作要领	实　例
弯曲	（图中标注：芯棒、垫模）	弯曲是采用一定的工具或模具,将毛坯弯成规定外形的锻造工序	弯曲前应根据锻件的弯曲程度和要求适当增大补偿弯曲区截面尺寸	弯杆、吊钩、轴瓦等
切割(下料)	(a) 单面切割　(b) 双面切割	切割是将坯料分割开或部分割断的锻造工序	双面切割易产生毛刺,常用于截面较大的坯料以及料头的切除	轴类、杆类零件及毛坯下料等
扭转		扭转是将坯料的一部分相对另一部分旋转一定角度的锻造工序	适当固定,有效控制扭转变形区域	多拐曲轴和连杆等
错移		错移是使坯料的一部分相对于另一部分平移错开的锻造工序	切肩、错移并延伸	各种曲轴、偏心轴等

工艺规程是组织生产过程、控制和检查产品质量的依据。自由锻的工艺规程如下。

锻件图是工艺规程的核心部分,它是以零件图为基础,结合自由锻工艺特点绘制而成。绘制自由锻锻件图应考虑如下几个内容。

（1）增加敷料。

为了简化零件的形状和结构、便于锻造而增加的一部分金属,称为敷料。例如：消除零件上的键槽、窄环形沟槽、齿谷或尺寸相差不大的台阶。

（2）考虑加工余量和公差。

在零件的加工表面上为切削加工而增加的尺寸称为余量,锻件公差是锻件名义尺寸的允许变动值,它们的数值应根据锻件的形状、尺寸、锻造方法等因素查相关手册确定。

自由锻锻件图如图 9－15 所示,图中双点画线为零件轮廓。

确定变形工序的依据是锻件的形状、尺寸、技术要求、生产批量和生产条件等。一般自由锻锻件大致可分为六类,其分类及主要变形工序见表 9－2。

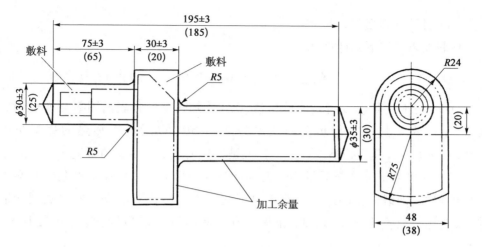

图 9－15 自由锻锻件图

表 9－2 自由锻锻件分类及主要变形工序

类 别	图 例	主要变形工序	实 例
盘类		镦粗或局部镦粗	圆盘、齿轮、叶轮、轴头等
轴类		拔长或镦粗再拔长（或局部镦粗再拔长）	传动轴、齿轮轴、连杆、立柱等
环类		镦粗、冲孔、在芯轴上扩孔	圆环、齿圈、法兰等
筒类		镦粗、冲孔、在芯轴上拔长	圆筒、空心轴等
曲轴类		拔长、错移、镦台阶、扭转	各种曲轴、偏心轴
弯曲类		拔长、弯曲	弯杆、吊钩、轴瓦等

（3）计算坯料质量及尺寸。

坯料质量可按下式计算，即

$$G_{坯料} = G_{锻件} + G_{烧损} + G_{料头}$$

式中，$G_{坯料}$是坯料质量；$G_{锻件}$是锻件质量；$G_{烧损}$是加热中坯料表面因氧化而烧损的质量（第一次加热取被加热金属质量的 2%~3%，以后各次加热的烧损量取 1.5%~2%）；$G_{料头}$是在锻造过程中冲掉或被切掉的那部分金属的质量。

坯料的尺寸根据坯料质量和几何形状确定，还应考虑坯料在锻造中所必需的变形程度，即锻造比的问题。对于以钢锭作为坯料并采用拔长方法锻制的锻件，锻造比一般不小于 2.5~3；如果采用轧材作为坯料，则锻造比可取 1.3~1.5。

除上述内容外，任何锻造方法都还应确定始锻温度、终锻温度、加热规范、冷却规范，选定相应的设备及确定锻后所必需的辅助工序等。

对自由锻锻件结构工艺性，总的要求是：在满足使用性能要求的前提下，使锻造方便，节约金属和提高生产率。在进行自由锻锻件的结构设计时应注意如下原则：

（1）锻件形状应尽可能简单、对称、平直，以适应在锻造设备下的成型特点；

（2）自由锻锻件上应避免锥面和斜面，可将其改为圆柱体和台阶结构；

（3）自由锻锻件上应避免空间曲线，如圆柱面与圆柱面的交接线，应改为平面与平面交接线，以便锻件成型；

（4）避免加强肋或凸台等结构，自由锻锻件不应采用如铸件那样用加强肋来提高承载能力的办法；

（5）横截面有急剧变化的自由锻锻件，应设计成几个简单件的组合体；

（6）应避免工字形截面、椭圆截面、弧线及曲线表面等形状复杂的截面和表面。

自由锻锻件的结构工艺性要求见表 9-3。

表 9-3 自由锻锻件的结构工艺性要求

结构工艺性要求	工艺性差	工艺性好
避免锥面及斜面等		

续 表

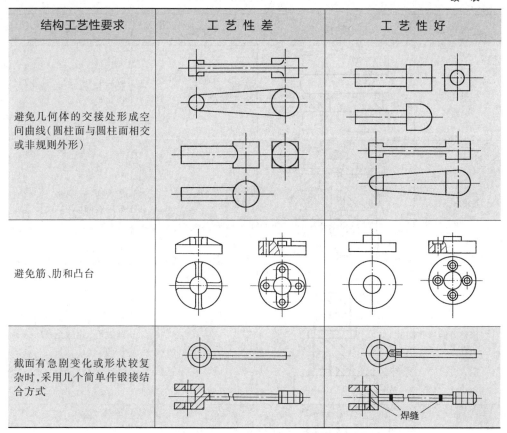

结构工艺性要求	工 艺 性 差	工 艺 性 好
避免几何体的交接处形成空间曲线(圆柱面与圆柱面相交或非规则外形)		
避免筋、肋和凸台		
截面有急剧变化或形状较复杂时,采用几个简单件锻接结合方式		焊缝

齿轮是机械设备中最为常见的零件,其毛坯一般采用锻造成型,如若生产批量不大,可采用自由锻工艺,见表9-4、表9-5。

表9-4 典型自由锻锻件与坯料

锻件名称	工艺类别	锻造温度范围	设 备	材 料	加热火次
齿轮坯	自由锻	1 200 ℃、800 ℃	65 kg 空气锤	45 钢	1
锻件图			坯料图		

表 9-5 典型自由锻工艺实例

工序名称	工 序 简 图	使用工具	操作要点
局部镦粗		火钳 镦粗漏盘	控制镦粗后的高度为 45 mm
冲孔		火钳 镦粗漏盘 冲孔漏盘	注意冲子对中 采用双面冲孔
修整外圆		火钳 冲子	边轻打边修整,消除外圆鼓形,并达到 92 mm± 1 mm
修整平面		火钳 镦粗漏盘	轻打使锻件厚度达到 44 mm±1 mm

9.2.2 模型锻造

模型锻造(简称为模锻)是将加热到锻造温度的金属坯料放到固定在模锻设备上的锻模模腔内,使坯料受压变形,从而获得锻件的方法。

与自由锻相比,模锻可以锻制形状较为复杂的锻件,且锻件的形状和尺寸较准确、表面质量好,材料利用率和生产效率高。但模锻需采用专用的模锻设备和锻模,投资大、前期准备时间长,并且由于受三向压应力变形,变形抗力大,故而模锻一般只适用于不超过 150 kg 的中小型锻件的大批量生产。

模锻按使用的设备不同分为锤上模锻、曲柄压力机上模锻、摩擦压力机上模锻、胎模锻等。

1）锤上模锻

锤上模锻所用设备为模锻锤,由它产生的冲击力使金属变形。图 9−16 所示为蒸汽-空气模锻锤结构原理图。它的砧座比相同吨位自由锻锤的砧座增大约 1 倍,并与锤身连成一个刚性整体,锤头与导轨之间的配合也比自由锻精密,因锤头的运动精度较高,使上模与下模在锤击时对位准确。

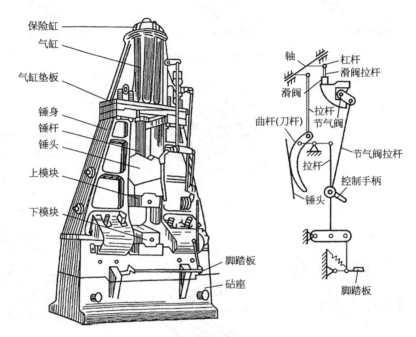

图 9−16　蒸汽-空气模锻锤结构原理图

锤上模锻生产所用的锻模如图 9 − 17 所示。带有燕尾的上模 2 和下模 4 分别用楔铁 10 和 7 固定在锤头 1 和模垫 5 上,模垫用楔铁 6 固定在砧座上。上模随锤头做上下往复运动。

根据模膛功用不同,模膛可分为模锻模膛和制坯模膛两大类。模锻模膛又分为终锻模膛和预锻模膛两种;制坯模膛一般包括拔长模膛、滚压模膛、弯曲模膛、切断模膛等,如图 9−18 所示。生产中,根据锻件复杂程度的不同,锻模可分为单膛锻模和多膛锻模两种。单膛锻模是在一副锻模上只具有一个终锻模膛;多膛锻模是在一副锻模上具有两个以上的模膛,把制坯模膛或预锻模膛与终锻模膛同做在一副锻模上,如图 9−19 所示。

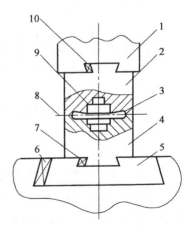

1—锤头;2—上模;3—飞边槽;4—下模;5—模垫;6、7、10—楔铁;8—分型面;9—模膛。

图 9−17　锤上模锻生产所用的锻模

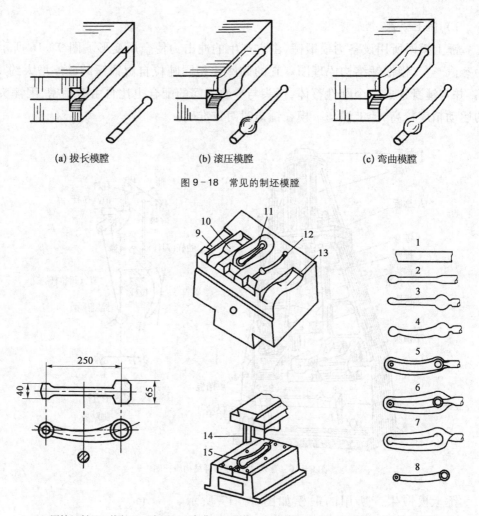

(a) 拔长模膛   (b) 滚压模膛   (c) 弯曲模膛

图 9-18 常见的制坯模膛

1—原始坯料;2—拔长;3—滚压;4—弯曲;5—预锻;6—终锻;7—飞边;8—锻件;9—拔长模膛;10—滚压模膛;11—终锻模膛;12—预锻模膛;13—弯曲模膛;14—切边凸模;15—切边凹模。

图 9-19 弯曲连杆的多膛锻模

锻模的锻造工步包括制坯工步和模锻工步。

制坯工步包括镦粗、拔长、滚压、弯曲、切断等工序。

（1）镦粗。

将坯料放正在下模的镦粗平台上,利用上模与下模打靠时镦粗平台的闭合高度来控制坯料镦粗的高度。其目的是减小坯料的高度,使氧化皮脱落,可减少模锻时终锻模膛的磨损,同时防止过多氧化皮沉积在下模终锻模膛底部,而造成锻件"缺肉"充不满。

（2）拔长。

利用模具上拔长模膛对坯料的某一部分进行拔长,使其横截面面积减小,长度增加。操作时坯料要不断送进并不断翻转。拔长模膛一般设在锻模的边缘,分为开式和闭式两种。

（3）滚压。

利用锻模上的滚压模膛使坯料的某部分横截面面积减小,而另一部分横截面面积增大。操作时将坯料需滚压的部分放在滚压模膛内,一边锻打,一边不断翻转坯料。滚压模膛分为开式和闭式两种,当模锻件沿轴线各部分的横截面相差不很大或对拔长后的毛坯进行修整时,采用开式滚压模膛;当锻件的最大和最小截面相差较大时,采用闭式滚压模膛。

（4）弯曲。

对于轴线弯曲的杆类锻件,需用弯曲模膛对坯料进行弯曲。坯料可直接或先经其他制坯工序后放入弯曲模膛进行弯曲。

（5）切断。

在上、下模的角上设置切断模膛,用来切断金属。当单件锻造时,用它把夹持部分切下得到带有飞边的锻件;多件锻造时用来分离锻件。

模锻工步包括预锻工序和终锻工序。

（1）预锻。

预锻是将坯料（可先制坯）放于预锻模膛中,锻打成型,得到形状与终锻件相近,高度尺寸较终锻件高,宽度尺寸较终锻件小的坯料（称为预锻件）。预锻的目的是为了在终锻时主要以镦粗方式成型,易于充满模膛,同时可减少终锻模膛的磨损,延长其使用寿命。

（2）终锻。

终锻是将坯料或预锻件放在终锻模膛中锻打成型,得到所需形状和尺寸的锻件。开式模锻在设计终锻模膛时,周边设计有飞边槽,其作用是阻碍金属从模膛中流出,使金属易于充满模膛,并容纳多余的金属。

2）其他设备模锻

锤上模锻具有工艺适应性广的特点,目前依然在锻造生产中得到广泛应用。但是,它的振动和噪声大、劳动条件差、效率低、能耗大等不足难以克服。因此,近年来大吨位模锻锤逐渐被压力机取代。

（1）热模锻压力机。

热模锻压力机是我国目前模锻行业广泛采用的模锻设备之一。它可以实现多模膛锻造,模锻件尺寸精度较高,加工余量小,适用于大批量流水线生产,是模锻车间进行设备更新改造的优选设备。它具有如下优点:

① 振动和噪声小,工作环境比较安静;

② 设备的刚性和稳定性好,操作安全可靠;

③ 滑块行程次数较高,因而生产率较高;

④ 有可靠的导轨和可精确调整的行程,能够保证模锻件的精度;

⑤ 具有较大顶出力的上、下顶料装置,保证模锻件贴模后容易脱出;

⑥ 具有解脱"闷车"的装置,当坯料尺寸偏大、温度偏低、设备调整或操作失误时,出现"闷车"而不至于损坏设备,并能及时解脱"闷车"状况。

热模锻压力机的缺点如下:

① 锻造过程中清除氧化皮较困难;

② 超负荷时容易损坏设备;

③ 它与模锻锤相比较,其工艺万能性较差,对滚压或拔长工序较困难。

热模锻压力机可分为楔式热模锻压力机与连杆式热模锻压力机两种形式。

楔式热模锻压力机工作原理如图9-20所示。电动机4转动时,通过带轮和齿轮传至曲轴3,再通过连杆1驱动传动楔块6使滑块7沿导轨做上、下往复运动,调整设备的装模高度是通过装在连杆大头上的偏心蜗轮2来实现的。

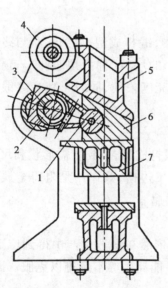

1—连杆;2—偏心蜗轮;3—曲轴;4—电动机;
5—机身;6—传动楔块;7—滑块。

图9-20 楔式热模锻压力机工作原理

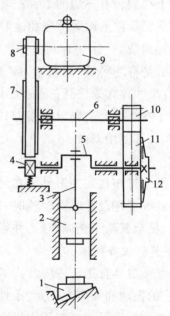

1—工作台;2—滑块;3—连杆;4—制动器;
5—曲轴;6—传动轴;7—飞轮;8—带轮;9—电动机;10—小齿轮;11—大齿轮;12—离合器。

图9-21 连杆式热模锻压力机工作原理

连杆式热模锻压力机工作原理如图9-21所示。当电动机9转动时,通过V带使传动轴空转,当离合器12接合时,制动器4超前离合器12脱开,大齿轮11便带动曲轴5转动;曲轴5通过连杆3带动滑块2在导轨间做上、下往复运动。

（2）平锻机。

平锻机作为曲轴压力机的一个分支,主要是用局部镦粗的方法生产模锻件。在该设备上除可进行局部聚集工步外,还可实现冲孔、弯曲、翻边、切边和切断等工作。由于它的生产率较高,适于大批量的生产,故广泛应用于汽车、拖拉机、轴承和航空工业中。根据该设备生产的工艺特点,对平锻机具有如下要求:

① 需要设备有足够的刚度,滑块的行程不变,工作时振动小,保证锻出高精度的模锻件;

② 需要有两套机构按照各自的运动规律分别实现冲头的镦锻和凹模的夹紧;

③ 夹紧装置应有过载保护机构,以防工作中因意外因素过载时损坏设备;

④ 应有充分良好的润滑系统,以保证设备在频繁工作中能正常运行。

平锻机可实现多模腔模锻,模锻件的加工余量小,很少有飞边,质量好,生产率高,一般不需要配备切边或其他辅助(校正、精整等)设备。当采用水平分模的平锻机时,操作方便,容易实现机械化和自动化。但使用该设备生产模锻件时,要求坯料有较精确的尺寸,否则不能夹紧坯料或产生难以清除的飞边(毛刺),且生产模锻件的形状有一定局限性。

（3）螺旋压力机。

螺旋压力机除传统的双盘、单盘摩擦螺旋压力机外,还有液压螺旋压力机、电动螺旋压力机、气液螺旋压力机和离合器式高能螺旋压力机等。

螺旋压力机是利用飞轮或蓄势器储存能量,在锻打时迅速释放出来,可以获得很大的冲击力。其有效冲击能量除往复运动的动能外,还有由于工作部分的旋转而得到的附加旋转运动动能。它的优点是设备结构简单、紧凑、振动小,基础简单、没有砧座、减少了设备和厂房的投资,劳动条件较好、操作安全、维护容易,具有顶出装置,可减少模锻件斜度,工艺性能较广,模锻件的质量好、精度高,尤其在精密锻造齿轮中得到广泛应用。它的缺点是行程速度较慢,打击力不易调节,生产率相对而言较低,对有高肋或尖角的模锻件较难充满,不宜用于多模腔模锻。

摩擦螺旋压力机工作原理如图9-22 所示。

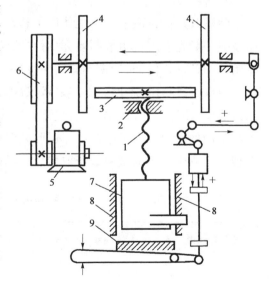

1—螺杆;2—螺母;3—飞轮;4—摩擦盘;5—电动机;6—传动带;7—滑块;8—导轨;9—机座。

图9-22　摩擦螺旋压力机工作原理

锻模分别安装在滑块 7 和机座 9 上。滑块 7 与螺杆 1 相连,沿导轨 8 上下滑动。螺杆 1 穿过固定在机架上的螺母 2,其上端装有飞轮 3。两个摩擦盘 4 装在一根轴上,由电动机 5 经传动带 6 使摩擦盘轴旋转。改变操纵杆位置可使摩擦盘轴沿轴向窜动,这样就会把某一个摩擦盘 4 靠紧飞轮 3 边缘,借摩擦力带动飞轮 3 转动。飞轮 3 分别与两个摩擦盘 4 接触,产生不同方向的转动,螺杆 1 也就随飞轮做不同方向的转动。在螺母 2 的约束下,螺杆 1 的转动变为滑块 7 的上下滑动,实现模锻生产。

摩擦螺旋压力机模锻适合于中小型锻件的小批或中批量生产,如铆钉、螺钉、齿轮、通阀等,如图 9 - 23 所示。

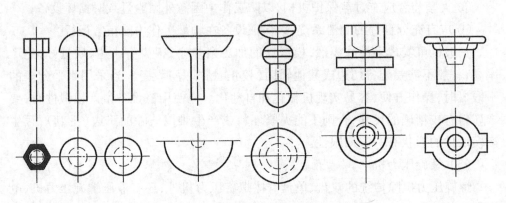

图 9 - 23   摩擦螺旋压力机上锻造的模锻件图

3)胎模锻

胎模锻是在自由锻设备上使用可移动的简单模具生产锻件的一种锻造方法。胎模锻一般先采用自由锻制坯,然后在胎模中终锻成型。锻件的形状和尺寸主要靠胎模的型槽来保证,胎模不固定在设备上,锻造时用工具夹持着进行锻打。

与自由锻相比,胎模锻生产率高,锻件加工余量小,精度高;与模锻相比,胎模制造简单,使用方便,成本较低,也不需要昂贵的设备。因此胎模锻曾广泛应用于中小型锻件的中小批量生产中。但胎模锻劳动强度大,辅助操作多,模具寿命低,在现代工业中已逐渐被模锻所取代。胎模的种类、结构及用途见表 9 - 6。

表 9 - 6   胎模的种类、结构及用途

胎模的种类	图　例	用　途
摔模		摔模由上摔、下摔及摔把组成,常用于回转体轴类锻件的成型、精整或为合模制坯

续　表

胎模的种类	图　　例	用　　途
弯模		弯模由上模、下模组成,用于吊钩、吊环等弯杆类锻件的成型或为合模制坯
合模		合模由上模、下模及导向装置组成,多用于连杆、拨叉等形状较复杂的非回转体锻件终锻成型
扣模		扣模由上扣、下扣组成,有时仅有下扣,主要用于非回转体锻件的整体、局部成型或为合模制坯
冲切模		冲切模由冲头和凹模组成,用于锻件锻后冲孔和切边
组合套模		组合套模由模套及上模、下模组成,用于齿轮、法兰盘等盘类锻件的成型

9.2.3　冲压

　　冲压成型是利用冲模使板材产生分离或变形而形成一定形状和尺寸的零件的加工方法。冲压成型通常是在常温下进行的,又叫冷冲压。

　　冲压成型具有便于实现机械化和自动化、生产率高、操作简便、零件成本低、可以生产出形状复杂的零件、产品自重轻、材料消耗少、强度高、刚性好等特点。但冲模制造比较复杂、成本高,适用于大批量生产的条件。冲压成型在汽车、航空、电器仪表、国防及日用品等工业中得到广泛应用。

　　冲压工序分为分离工序和成型工序两大类。

1) 分离工序

分离工序是使坯料的一部分与另一部分相互分离的工序,如落料、冲孔、切断和修整等。

冲裁包括落料和冲孔工序。

落料和冲孔只是材料取舍不同。落料是被分离的部分为成品,余下的部分是废品;冲孔是被分离的部分为废料,而余下部分是成品。

(1) 冲裁变形过程。

冲裁变形过程可分为三个阶段:弹性变形阶段、塑性变形阶段、断裂阶段,如图 9-24 所示。

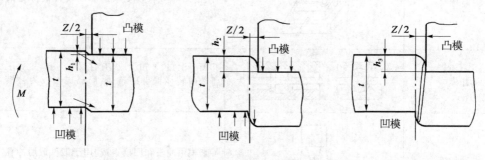

图 9-24 冲裁变形过程

第一阶段:弹性变形阶段。如图 9-24(a)所示,凸模与材料接触后,先将材料压平,接着凸模及凹模刃口压入材料中。由于弯矩 M 的作用,材料不仅产生弹性压缩,且略有弯曲。随着凸模的继续压入,材料在刃口部分所受的应力逐渐增大,直到 h_1 深度时,材料内应力达到弹性极限,此为材料的弹性变形阶段。

第二阶段:塑性变形阶段。如图 9-24(b)所示,凸模继续压入,压力增加,材料内部的应力达到屈服强度,产生塑性变形。随着塑性变形程度的增大,材料内部的拉应力和弯矩增大,变形区材料硬化加剧。当压入深度达到 h_2 时,刃口附近材料的应力值达到最大值,此为塑性变形阶段。

第三阶段:断裂阶段。如图 9-24(c)所示,材料内裂纹首先在凹模刃口附近的侧面产生,紧接着在凸模刃口附近的侧面产生。上下裂纹随凸模的压入不断扩展,当上下裂纹重合时,材料断裂分离。

(2) 冲裁间隙。

冲裁间隙是指冲裁模凸、凹模刃口部分尺寸之差,其双面间隙用 Z 表示,单面间隙为 $Z/2$。冲裁间隙对冲裁件断面质量的影响比较大。冲裁件断面应平直、光洁、圆角小;光亮带应有一定的比例,毛刺较小。影响冲裁件断面质量的因素有:

凸、凹模间隙值大小及其分布的均匀性,模具刃口锋利状态,模具结构与制造精度,材料性能等。其中凸、凹模间隙值大小与分布的均匀程度是主要影响因素。冲裁间隙对冲裁模具的寿命也有较大影响。间隙过小与过大都会导致模具寿命降低。间隙合适或适当增大模具间隙,可使凸、凹模侧面与材料间摩擦减小,提高模具寿命。冲裁间隙还对冲裁力有较大影响。增大间隙可以降低冲裁力,而减小间隙则使冲裁力增大。

（3）排样。

冲裁件在条料、带料或板料上的布置方法叫排样。从废料角度来分,分有废料排样、少无废料排样两种。按工件的排列形式来分,分为直排、斜排、对排、混合排样、多行排、裁搭边等形式,图 9-25 所示为三种简单的排样形式。

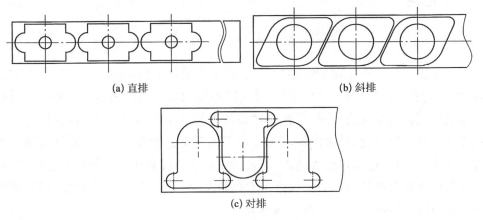

(a) 直排　　　　　　　　　　　　　　(b) 斜排

(c) 对排

图 9-25　排样形式

（4）切断。

切断是指用剪刀或冲模将板料沿不封闭轮廓进行分离的工序。剪刀安装在剪床上,把大板料剪切成一定宽度的条料,供下一步冲压工序用。冲模是安装在压力机上,用以制取形状简单、精度要求不高的平板件。

2）成型工序

成型工序是使板材通过塑性变形而形成一定形状和尺寸的零件的工序,如曲、胀形、翻边和缩口等。

（1）拉深。

拉深是利用模具将平板毛坯变成开口空心件的冲压工序。拉深可以制成圆筒形、阶梯形、球形、锥形和其他不规则形状的薄壁零件。

① 拉深变形过程。以无凸缘圆筒形的拉深件为例。圆形平板毛坯在拉深凸、凹模具作用下,逐渐压成开口圆筒形件,其变形过程如图 9-26 所示。图 9-26

（a）所示为一平板毛坯，在凸模、凹模作用下，开始进行拉深。如图 9 – 26（b）所示，随着凸模的下压，迫使材料被拉入凹模，形成了筒底、凸模圆角、筒壁、凹模圆角及尚未拉入凹模的凸缘部分这五个区域。图 9 – 26（c）是凸模继续下压，使全部凸缘材料拉入凹模形成筒壁后得到开口圆筒形零件。

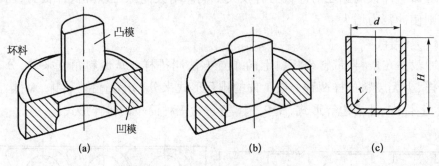

图 9 – 26　拉伸变形过程

　　为了进一步说明金属的流动过程，拉深前在毛坯上画出距离为 a 的等距同心圆和分度相等的辐射线（图 9 – 27），这些同心圆和辐射线组成扇形网格。拉深后观察这些网格的变化会发现，拉深件底部的网格基本上保持不变，而筒壁的网格则发生了很大的变化，原来的同心圆变成了筒壁上的水平圆筒线，而且其间的距离也增大了，越靠近筒口增大越多；原来分度相等的辐射线变成等距的竖线，即每一扇形内的材料都各自在其范围内沿着径向流动。每一扇形块进行流动时，切向被压缩，径向被拉长，最后变成筒壁部分。

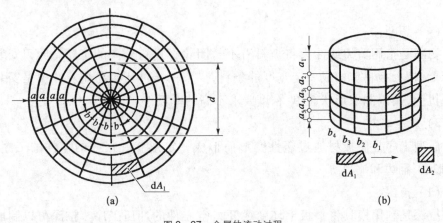

图 9 – 27　金属的流动过程

　　从拉深变形分析中可看出，拉深变形具有以下特点：变形区是板料的凸缘部分，其他部分是传力区，凸缘变形区材料发生了塑性变形，并不断被拉入凹模内形成筒形拉深件;板料变形在切向压应力和径向拉应力的作用下,产生切向压缩和径向伸长;拉深时,金属材料产生很大的塑性流动,板料直径越大,拉深后筒形直径越小,其变形程度就越大。

② 拉深系数。拉深系数 m 是指拉深后拉深件圆筒部分的直径与拉深前毛坯(或半成品)的直径之比。它是拉深工艺的重要参数,表示拉深变形过程中坯料的变形程度。m 值越小,拉深时坯料的变形程度越大。拉深系数有个极限值,这个极限值称为最小极限拉深系数 m_{min}。每次拉深前要选择使拉深件不破裂的最小拉深系数,才能保证拉深工艺的顺利实现。一般能增加筒壁传力区拉应力和能减小危险断面强度的因素均使极限拉深系数加大;反之,可以降低筒壁传力区拉应力及增加危险断面强度的因素都有利于毛坯变形区的塑性变形,均使极限拉深系数减小。

③ 拉深件质量。圆筒形拉深件质量问题主要是凸缘起皱和筒壁的拉裂。最常见的防皱措施是在拉深中采用压边装置。另外,增加凸缘相对厚度,增大拉深系数,设计具有较高抗失稳能力的中间半成品形状,采用材料弹性模量和硬化模量大的材料等都有利于防止拉深件起皱。防止筒壁破裂,通常是在降低凸缘变形区变形抗力和摩擦阻力的同时,提高传力区的承载能力。如在凹模与坯料的接触面上涂敷润滑剂,采用屈强比低的材料,设计合理的拉深凸、凹模的圆角半径和间隙,选择正确的拉深系数等。

（2）弯曲。

弯曲(图 9 - 28)是将坯料弯成具有一定角度和曲率的零件的成型工序。弯曲时板料弯曲部分的内侧受切向压应力作用,产生压缩变形;外侧受切向拉应力作用,产生伸长变形。当外侧的切向伸长变形超过板材的塑性变形极限时,就会产生破裂。板料越厚,内弯曲半径越小,则外侧的切向拉应力越大,越受拉伸长易裂容易弯裂。因此,将内弯曲半径与坯料厚度的比值 r/t 定义为相对弯曲半径,来表示弯曲变形程度。相对弯曲半径有个极限值,即最小相对弯曲半径,是指弯曲件不弯裂条件下的最小内弯曲半径与坯料厚度的比值。该值越小,板料弯曲的性能也越好。生产中用它来衡量弯曲时变形毛坯的成型极限。

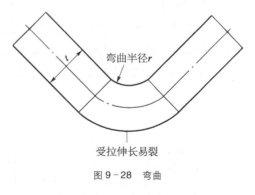

弯曲半径 r

受拉伸长易裂

图 9 - 28　弯曲

弯曲时应尽可能使弯曲线与板料纤维垂直,若弯曲线与纤维方向一致,则容易产生破裂。在弯曲结束后,由于弹性变形的恢复,使被弯曲的角度增大,称为弯曲回弹现象。因此,在设计弯曲模时,必须使模具的角度比成品件角度小一个回弹角,以便在弯曲后保证成品件的弯曲角度准确。

（3）胀形。

胀形（图9-29）与其他冲压成型工序的主要不同之处是，胀形时变形区在板面方向呈双向拉应力状态，厚度减薄，表面积增加。胀形主要用于加强肋、花纹图案、标记等平板毛坯的局部成型；波纹管、高压气瓶、球形容器等空心毛坯的胀形；管接头的管材胀形；飞机和汽车蒙皮等薄板的拉伸成型。常用的胀形方法有钢模胀形和以液体、气体、橡胶等作为施力介质的软模胀形。另外高速、高能特种成型的应用也越来越受到人们的重视，如爆炸胀形、电磁胀形等。胀形成品零件表面光滑，质量好，当胀形力卸除后回弹小，工件几何形状容易固定，尺寸精度容易保证。

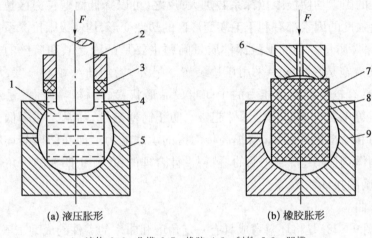

(a) 液压胀形   (b) 橡胶胀形

1—液体；2、6—凸模；3、7—橡胶；4、8—制件；5、9—凹模。

图9-29 胀形

（4）翻边。

翻边（图9-30）是将毛坯或半成品的外边缘或孔边缘沿一定的曲率翻成竖立边缘的冲压方法。用翻边方法可以加工形状较为复杂且有良好刚度的立体零件，能在冲压件上制取与其他零件装配的部位。翻边可以代替某些复杂零件的拉

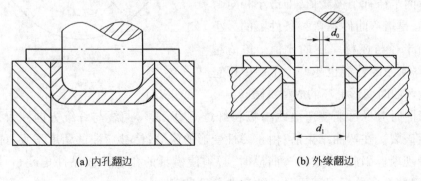

(a) 内孔翻边   (b) 外缘翻边

图9-30 翻边

深工序,改善材料的塑性流动,以免破裂或起皱。如用翻边代替先拉后切的方法制取无底零件,可减少加工次数,节省材料。按翻边的毛坯及工件边缘的形状,可分为内孔翻边和外缘翻边等。

（5）缩口。

缩口（图9-31）是将管坯或预先拉深好的圆筒形件通过缩口模将其口部直径缩小的一种成型方法。缩口工艺在国防工业和民用工业中有广泛应用,如枪炮的弹壳、钢气瓶等。

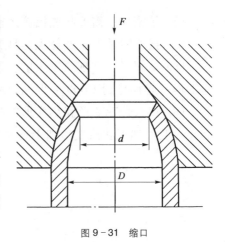

图 9-31　缩口

习　题

1. 何谓塑性变形? 塑性变形的实质是什么?

2. 碳素钢在锻造温度范围内变形时,是否会有冷变形强化现象?

3. 铅在20 ℃、钨在1 000 ℃时的变形,各属于哪种变形? 为什么?（铅的熔点为327 ℃,钨的熔点为3 380 ℃）

4. 纤维组织是怎样形成的? 它的存在有何利弊?

5. 如何提高金属的塑性? 最常用的措施是什么?

6. “趁热打铁”的意义何在?

7. 为什么大型锻件必须采用自由锻的方法制造?

8. 为什么胎模锻可以锻造出结构比较复杂的锻件?

9. 摩擦压力机上模锻有何特点? 为什么?

10. 下列制品应采用哪种方法制造毛坯?

（1）活扳手（大批量生产）。

（2）铣床主轴（单件生产）。

（3）起重机吊钩（小批量生产）。

（4）万吨轮船主传动轴（单件生产）。

11. 板料冲压生产有何特点? 应用范围如何?

12. 用 ϕ50 mm 冲孔模来生产的落料件能否保证落料件的精度? 为什么?

13. 材料的回弹现象对冲压生产有何影响?

14. 举出一常见冲压件的实例并说明其生产过程。

15. 比较落料和拉深所用凸、凹模结构和间隙有何不同,并说明为什么。

16. 精密模锻需要哪些措施才能保证产品的精度？

17. 挤压零件的生产特点是什么？

18. 试解释下列现象发生的原因：用一冷拔钢丝绳吊装一大型工件入炉，并随工件一起加热到 1 000 ℃保温，保温后再次吊装工件时，钢丝绳发生断裂。

19. 什么是冷变形和热变形？冷变形和热变形对金属的组织与性能有哪些影响？冷变形加工和热变形加工各有何优缺点？

第 10 章　金属连接成型

在制造金属结构和机器的过程中,经常要把两个或两个以上的构件组合起来,而构件之间的组合必须通过一定的连接方式,才能成为完整的产品。

金属的连接有很多种方法,按拆卸时是否损坏被连接件可分为可拆连接和不可拆连接。

可拆连接是指不必损坏被连接件或起连接作用的连接件就可以完成拆卸,如键连接和螺纹连接,只需将键打出,或将螺母松开抽出螺栓,就可以完成拆卸。螺纹连接是应用最广泛的可拆连接。

不可拆连接是指必须损坏或损伤被连接件或起连接作用的连接件才能完成拆卸,如焊接和铆接。

在钢结构中,常用连接方法主要有铆接、胶接、胀接、焊接和螺纹连接等。

铆接就是指通过铆钉或无铆钉连接技术,将两个或两个以上零件连接起来的方法。铆钉是铆接结构的紧固件,利用自身形变或过盈来连接被铆接件。

1)铆接的基本分类

(1)紧固铆接。

要求铆钉具有一定的强度来承受相应的载荷,但对接缝处的密封性要求较低。

(2)紧密铆接。

不能承受较大的压力,只能承受较小而均匀的载荷,对接缝处具有高的密封性要求,以防泄漏。

(3)固密铆接。

既要求铆钉具有一定的强度来承受一定的载荷,又要求接缝处必须严密,在压力作用下,液体和气体均不得泄漏。

2)铆接的基本形式

(1)搭接。

搭接是铆接结构中最简单的叠合方式,它是将板件边缘对搭在一起用铆钉加以固定连接的形式,如图 10-1(a)所示。

(2)对接。

对接是将连接的板件置于同一个平面,上面覆盖有盖板,用盖板把板件铆接

在一起。这种连接可分为单盖板式和双盖板式两种对接形式,如图 10 - 1(b)
所示。

(3) 角接。

角接是互相垂直或组成一定角度板件的连接。这种连接要在角接处覆以搭
叠零件——角钢。角接时,板件上的角钢接头有一侧或两侧两种形式,如图 10 - 1
(c)所示。

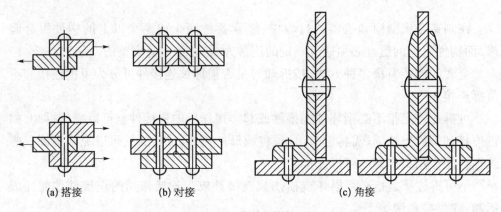

(a) 搭接   (b) 对接   (c) 角接

图 10 - 1 铆接的基本形式

胶接是借助一层非金属的中间体材料,通过化学反应或物理凝固等作用,把
两个物体紧密地接合在一起的连接方法,也是一种不可拆连接。作为中间连接体
的材料称为胶黏剂。

胀接是利用胀管器使管子产生塑性变形,同时管板孔壁产生弹性变形,利用
管板孔壁的回弹对管子施加径向压力,使管子和管板变形达到密封和紧固的一种
连接方法。进行胀接操作称为胀管,操作时可以使用专用的胀管器。

胀接的结构形式一般有光孔胀接、翻边胀接、开槽胀接和胀接加端面焊等,如
图 10 - 2 所示。

铆接应用较早,但它工序复杂,结构笨重,材料消耗也较大。胶接、胀接的接
头强度一般较低,因此,现代工业中逐步被焊接取代。

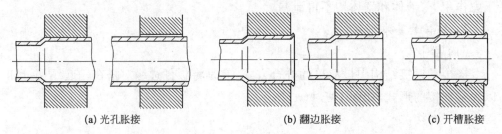

(a) 光孔胀接   (b) 翻边胀接   (c) 开槽胀接

图 10 - 2 胀接的结构形式

10.1　焊接

10.1.1　焊接的定义及分类

焊接是通过加热、加压或两者并用,用或不用填充材料,借助于金属原子的扩散和结合,使分离的材料牢固地连接在一起的加工方法。

按照加热方式、工艺特点和用途不同,焊接通常分为以下三大类。

(1)熔焊。

将待焊处的母材金属熔化以形成焊缝实现连接的焊接方法称为熔焊,如焊条电弧焊、气焊等。

(2)压焊。

必须对焊件施加压力(加热或不加热)以实现连接的焊接方法称为压焊,如电阻焊等。

(3)钎焊。

采用比母材熔点低的金属材料作钎料,将焊件接合处和钎料加热到高于钎料熔点但低于母材熔点的温度,利用液态钎料润湿母材,填充接头间隙并与母材相互扩散实现连接的焊接方法称为钎焊。

常用焊接方法分类如图 10-3 所示。

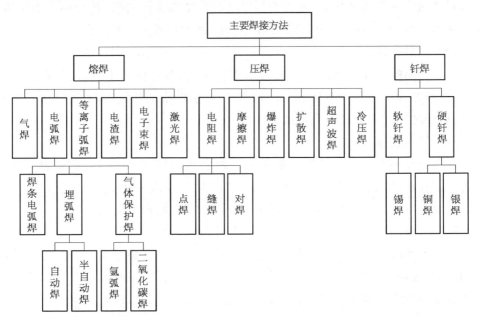

图 10-3　常用焊接方法

10.1.2　焊接成型的基本原理

理论上,将两块分离材料的接合面足够紧密地靠在一起,依其物理本性就能将这两块材料连接在一起,形成一个整体。所谓足够紧密,就是两个分离表面的距离能够接近到一个原子的距离,也就是 $0.4 \sim 0.5$ nm。但在常温下,即使把两个要接合的表面进行精加工,其表面的微观不平、表面氧化膜和其他杂物(如水分、杂质、油等)形成的附加层等都会极大程度地阻碍材料的连接。焊接时采用施加外部能量的办法,促使分离材料的原子接近,形成原子间结合,与此同时,又能去除掉阻碍原子间结合的一切表面膜和吸附层,以形成优质焊接接头。焊接技术里,施加外部能量常采用的方法有两种:一是加热,把材料加热到熔化状态或塑性状态;二是加压,使材料产生塑性流动。

比较典型的机制有四种:熔化连接、塑性变形连接、扩散连接和钎焊连接。

(1)熔化连接。

在典型的熔焊接头中,中间部分是焊缝,外面是热影响区,两边是母材,这种接头的形成机制首先是用外部的热源把材料和填充材料熔化,在熔池中产生物理化学反应,然后是结晶、相变,最后形成以原子间结合的接头。

(2)塑性变形连接。

在这种接头中没有熔化接头的熔池断面,基本上看不出有接头。这种连接是在材料两边施加很大的压力,使材料接触处产生塑性变形,挤出接合面上的杂质,实现紧密连接,通过原子扩散和化学作用形成塑性变形为主的接头。

(3)扩散连接。

两个分离的元件采用扩散的办法来进行连接,有时候看不到焊缝,连接时首先进行接触、加压,然后加热到高温,加热温度与材料种类等有关,经过长时间的扩散,原子之间互相渗透最后形成连接。

(4)钎焊连接。

钎焊连接是采用比母材熔点低的第三种金属,把该金属加热,利用表面张力润湿到被焊材料的表面上,与被接合的面产生化学反应,去除氧化膜、氧化皮等。同时利用毛细管的填缝作用,进入两个接合面中,形成钎焊接头。

1)熔焊的冶金原理

熔焊的本质是小熔池熔炼与铸造,是金属熔化与结晶的过程。由于金属熔池体积小、湿度高,四周是冷金属,熔池处于液态的时间很短(10 s 左右),以至于各种化学反应难以达到平衡状态,冶金过程进行得不充分,化学成分不够均匀,冷却速度快,气体和杂质来不及浮出,结晶后易生成粗大的柱状晶,产生气孔和夹杂等缺陷。熔焊三要素是热源、熔池保护和填充金属。

热源的能量要集中,温度要高,以保证金属快速熔化,减小热影响区。满足要求的热源有电弧、等离子弧、电渣热、电子束和激光。

对熔池的保护方式主要有渣保护、气保护和渣-气联合保护,以防止氧化,并进行脱氧、脱硫和脱磷,向熔池过渡合金元素。常见对熔池的保护方式如图 10-4 所示。

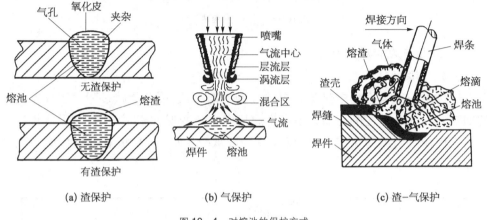

图 10-4　对熔池的保护方式

填充金属要保证焊缝填满并添加有益的合金元素,以达到力学性能等使用性能的要求。填充金属主要有焊芯和焊丝。

2) 焊接接头的组织和性能

焊接时,热源沿着工件逐渐移动并对工件进行局部加热,故在焊接过程中,焊缝及其附近的母材经历了一个加热和冷却的过程。由于温度分布不均匀,焊缝经历一次复杂的冶金过程,焊缝附近区域受到一次不同规范的热处理,引起相应的组织和性能变化,从而直接影响焊接质量。

焊接时,焊接接头不同位置点所经历的焊接热循环是不同的,离焊缝越近,被加热的温度越高;反之,离焊缝越远,被加热的温度越低。

焊接接头由焊缝、熔合区、热影响区三部分组成,如图 10-5 所示。

(1) 焊缝。

焊缝是指在焊接接头横截面上由熔池金属形成的区域。

(2) 熔合区。

合区也称半熔化区,是指位于熔合线两侧的一个很窄的焊缝与热影响区的过渡区。

(3) 热影响区。

热影响区是指焊缝附近的母材因焊接热作用而发生组织或性能变化的区域。

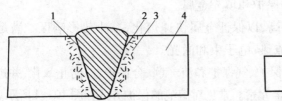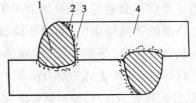

1—焊缝；2—熔合区；3—热影响区；4—母材。

图 10-5　焊接接头组成示意

3）焊接应力和焊接变形

（1）焊接应力。

焊接时一般采用集中热源对焊件进行局部加热,因此焊接过程中工件不均匀的加热和冷却及存在刚性约束是产生焊接应力与变形的根本原因,焊后使焊缝及其附近区域承受纵向拉应力,远离焊缝区域承受压应力,平板对接焊接应力的产生如图 10-6 所示。

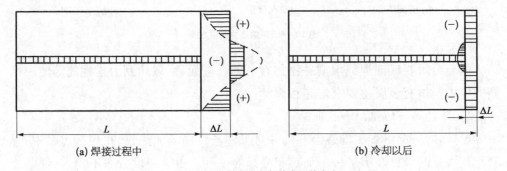

图 10-6　焊接应力与焊接变形的产生

在焊接过程中,随时间而变化的内应力称为焊接瞬时应力。焊后当焊件温度降至常温时,残存于焊件中的内应力则为焊接残余应力;焊后残留于焊件中的变形则为焊接残余变形。若控制不当,焊接结构都会产生焊接应力和焊接变形。一般地,当焊接结构刚度较小或被焊工件材料塑性较好时,焊件能够自由收缩,焊接变形较大,焊接应力较小,如果焊件厚度或刚度较大,不能自由收缩,则焊件变形较小,而焊接应力较大。因此,要使焊接应力减小,应允许被焊工件有适当的变形。

（2）焊接变形。

焊接变形的基本形式如图 10-7 所示。减小焊接应力与变形的工艺措施有:焊前预热、焊后热处理、反变形法、刚性固定法、加热减应区法及合理安排焊接顺序等。

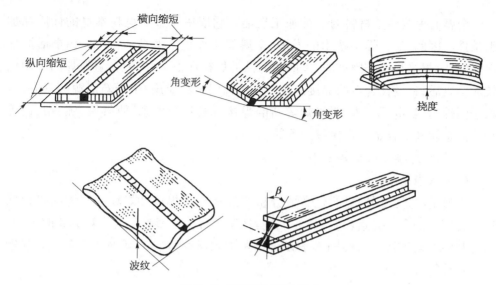

图 10 - 7　焊接变形的基本形式

10.2　常用金属材料的焊接

在焊接生产中,用金属材料的焊接性来表示某种材料在限定的施工条件下,是否能够按规定的设计要求成型构件,并满足预定的服役要求的能力。

10.2.1　金属材料的焊接性

1）焊接性的概念

金属材料的焊接性是指金属材料对焊接加工的适应能力。它主要是指在一定的焊接工艺条件下(包括焊接方法、焊接材料、焊接参数和结构形式等),一定的金属材料获得优质焊接接头的难易程度。焊接性包括两方面的内容。

（1）工艺焊接性。

它主要是指某种材料在给定的焊接工艺条件下,形成完整无缺陷的焊接接头的能力。对于熔焊而言,焊接过程一般都要经历热过程和冶金过程,焊接热过程主要影响焊接热影响区的组织性能,而冶金过程则影响焊缝的性能。

（2）使用焊接性。

它是指在给定的焊接工艺条件下,焊接接头或整体结构满足使用要求的能力。其中包括焊接接头的常规力学性能、低温韧性、高温蠕变、抗疲劳性能及耐热、耐蚀、耐磨等特殊性能。

　　金属的焊接性是材料的一种加工性能。它取决于金属材料本身的性质和加工条件。因此,随着焊接技术的发展,金属焊接性也会改变。例如:化学活泼性极强的钛,焊接是比较困难的,以前认为钛的焊接性很不好,但自氩弧焊的应用比较成熟以后,钛及钛合金的焊接已在航空等部门广泛应用;由于新能源的发展,等离子弧焊、真空电子束焊、激光焊等新的焊接方法相继出现,使得钨、铌、钼、钽等高熔点金属及其合金的焊接成为可能。

　　2)钢材焊接性的估算方法

　　(1)碳当量法。

　　碳当量法是根据钢材的化学成分粗略地估计其焊接性好坏的一种间接评估法。将钢中的合金元素(包括碳)的含量按其对焊接性影响程度换算成碳的影响,其总和称为碳当量,用符号 CE 表示。国际焊接学会推荐的碳钢和低合金高强钢碳当量计算公式为

$$CE = \omega_C + \frac{\omega_{Mn}}{6} + \frac{\omega_{Cr} + \omega_{Mo} + \omega_V}{5} + \frac{\omega_{Ni} + \omega_{Cu}}{15} \times 100\%$$

碳当量 CE 值越高,钢材的淬硬倾向越大,冷裂敏感性也越大,焊接性越差。

　　当 $CE < 0.4\%$ 时,钢材的淬硬倾向和冷裂敏感性不大,焊接性良好,焊接时一般可不预热。

　　当 $CE = 0.4\% \sim 0.6\%$ 时,钢材的淬硬倾向和冷裂敏感性增大,焊接性较差,焊接时需要采取预热、控制焊接参数、焊后缓冷等工艺措施。

　　当 $CE > 0.6\%$ 时,钢材的淬硬倾向大,容易产生冷裂纹,焊接性差,焊接时需要采用较高的预热温度、焊接时要采取减少焊接应力和防止开裂的工艺措施、焊后进行适当的热处理等措施来保证焊缝质量。

　　由于碳当量计算公式是在某种试验情况下得到的,对钢材的适用范围有限,它只考虑了化学成分对焊接性的影响,没有考虑冷却速度、结构刚性等重要因素对焊接性的影响,所以利用碳当量只能在一定范围内粗略地评估焊接性。

　　(2)冷裂纹敏感系数法。

　　碳当量只考虑了钢材的化学成分对焊接性的影响,而没有考虑钢板厚度、焊缝含氢量等重要因素的影响。而冷裂纹敏感系数法是先通过化学成分、钢板厚度(h)、熔敷金属中扩散含氢量(H)计算冷裂敏感系数 Pc,然后利用 Pc 确定所需预热温度 t_p,计算公式如下:

$$Pc = \omega_C + \frac{\omega_{Si}}{30} + \frac{\omega_{Mn}}{20} + \frac{\omega_{Cu}}{20} + \frac{\omega_{Ni}}{60} + \frac{\omega_{Cr}}{20} + \frac{\omega_{Mo}}{15} + \frac{\omega_V}{10} + 5B + \frac{h}{600} + \frac{H}{60} \times 100\%$$

$$t_p = 1\,440Pc - 392(℃)$$

冷裂纹敏感系数法只适用于低碳($0.07\% \sim 0.22\%$的碳质量分数)且含多种微量合金元素的低合金高强度钢。

10.2.2　碳钢及低合金结构钢的焊接

1）低碳钢的焊接

低碳钢中碳的质量分数小于0.25%,碳当量数值小于0.40%,所以这类钢的焊接性良好,焊接时一般不需要采取特殊的工艺措施,用各种焊接方法都能获得优质焊接接头。只有厚大结构件在低温下焊接时,才应考虑焊前预热,如板厚大于 50 mm、温度低于 0 ℃时,应预热到 $100 \sim 150$ ℃。

低碳钢结构件焊条电弧焊时,根据母材强度等级一般选用酸性焊条 E4303(J422)、E4320(J424)等;承受动载荷、结构复杂的厚大焊件,选用抗裂性好的碱性焊条 E4351(J427)、E4316(J426)等。埋弧焊时,一般选用焊丝 H08A 或 H08MnA 配合焊剂 HJ431。

沸腾钢脱氧不完全,含氧量较高,硫、磷等杂质分布不均匀,焊接时裂纹倾向大,不宜作为焊接结构件,重要的结构件应选用镇静钢。

2）中高碳钢的焊接

由于中碳钢中碳的质量分数增加(在 $0.25\% \sim 0.6\%$),碳当量数值大于0.40%,中碳钢焊接时,热影响区组织淬硬倾向增大,较易出现裂纹和气孔,为此要采取一定的工艺措施。

例如:35、45 钢焊接时,焊前应预热到 $150 \sim 250$ ℃;根据母材强度级别,选用碱性焊条 E5015(J507)、E5016(J506)等;为避免母材过量溶入焊缝,导致含碳量增高,要开坡口并采用细焊条、小电流、多层焊等工艺;焊后缓冷并进行 $600 \sim 650$ ℃回火,以消除应力。

高碳钢碳当量数值在 0.60% 以上,淬硬倾向更大,易出现各种裂纹和气孔,焊接性差,一般不用来制作焊接结构,只用于破损工件的焊补。焊补时通常采用焊条电弧焊或气焊,预热温度 $250 \sim 350$ ℃,焊后缓冷,并立即进行 650 ℃以上高温回火,以消除应力。

3）低合金结构钢的焊接

在焊接结构中,用得最多的是低合金结构钢,又称为低合金高强钢,主要用于建筑结构和工程结构,如压力容器、锅炉、桥梁、船舶、车辆和起重机械等。

低合金结构钢焊接特点如下。

（1）热影响区有淬硬倾向。

低合金结构钢焊接时,热影响区可能产生淬硬组织,淬硬程度与钢材的化学成分和强度级别有关。钢中含碳及合金元素越多,钢材强度级别越高,则焊后热影响区的淬硬倾向越大。例如:300 MPa 强度级的 09Mn2、09Mn2Si 等钢材的淬硬倾向很小,其焊接性与一般低碳钢基本一样;350 MPa 强度级的 Q345 钢材淬硬倾向也不大,但当实际含碳量接近允许上限或焊接参数不当时,热影响区也完全可能出现马氏体等淬硬组织。强度级别较大的低合金钢,淬硬倾向增加。热影响区容易产生马氏体组织,硬度明显增高,塑性和韧性则下降。

（2）焊接接头的裂纹倾向。

随着钢材强度级别的提高,产生冷裂纹的倾向也加剧。影响冷裂纹的因素主要有三个方面:一是焊缝及热影响区的含氢量;二是热影响区的淬硬程度;三是焊接接头的应力大小。

根据低合金结构钢的焊接特点,生产中可分别采取以下工艺措施。

（1）对于强度级别较低的钢材,在常温下焊接时与低碳钢基本一样。在低温或在大刚度、大厚度构件上进行小焊脚、短焊缝焊接时,应防止出现淬硬组织,要适当增大焊接电流、减慢焊接速度、选用抗裂性强的低氢型焊条,必要时需采用预热措施,预热温度见表 10-1。

表 10-1   不同环境温度下焊接 Q345 钢的预热温度

板厚/mm	不同环境温度下的预热温度
<16	≥10 ℃不预热,<10 ℃预热 100~150 ℃
16~24	≥5 ℃不预热,<5 ℃预热 100~150 ℃
25~40	≥0 ℃不预热,<0 ℃预热 100~150 ℃
>40	均预热 100~150 ℃

（2）对锅炉、压力容器等重要构件,当厚度大于 20 mm 时,焊后必须进行退火处理,以消除应力。

（3）对于强度级别高的低合金结构钢件,焊前一般均需预热,焊接时应调整焊接参数,降低热影响区的冷却速度。焊后还应进行热处理以消除内应力。

10.2.3   不锈钢的焊接

奥氏体型不锈钢如 06Cr19Ni10 等。虽然 Cr、Ni 元素含量较高,但 C 含量低,焊接性良好,焊接时一般不需要采取特殊的工艺措施,因此它在不锈钢焊接中应用最广。焊条电弧焊、埋弧焊、钨极氩弧焊时,焊条、焊丝和焊剂的选用应保证焊缝金属与母材成分类型相同。焊接时采用小电流、快速不摆动焊,焊后加大冷却速度,接触腐蚀介质的表面应最后施焊。

铁素体型不锈钢如 10Cr17 等,焊接时热影响区中的铁素体晶粒易过热粗化,使焊接接头性能下降,一般采取低温预热(不超过 150 ℃),缩短在高温停留时间。此外,采用小电流、快速焊等工艺可以减小晶粒长大倾向。

马氏体型不锈钢焊接时,因空冷条件下焊缝就能转变为马氏体组织,所以焊后淬硬倾向大,易出现冷裂纹。如果含碳量较高,淬硬倾向和冷裂纹现象更严重,因此,焊前进行温度 200~400 ℃ 的预热,焊后要进行热处理。如果不能实施预热或热处理,应选用奥氏体型不锈钢焊条。

铁素体型不锈钢和马氏体型不锈钢焊接的常用方法是焊条电弧焊和氩弧焊。

10.2.4　铸铁的焊补

铸铁中碳、硅、锰、硫、磷含量比碳钢高,组织不均匀,塑性很低,属于焊接性很差的材料。因此不能用铸铁设计和制造焊接构件。但铸铁件常出现铸造缺陷,在使用过程中有时会发生局部损坏或断裂,用焊接手段将其修复有很大的经济效益。所以,铸铁的焊接主要是焊补工作。

1)铸铁的焊接特点

由于焊接时为局部加热,焊后铸铁件上的焊补区冷却速度远比铸造成型时快得多,因此很容易形成白口组织,焊后很难进行机械加工。

铸铁强度低,塑性差,当焊接应力较大时,就会产生裂纹。此外,铸铁因碳及硫、磷杂质含量高,基体材料过多溶入焊缝中,易产生裂纹。

铸铁含碳量高,焊接时易生成 CO_2 和 CO 气体,产生气孔。

此外,铸铁的流动性好,立焊时熔池金属容易流失,所以一般只应进行平焊。

2)铸铁补焊方法

按焊前预热温度,铸铁的补焊可分为热焊法和冷焊法两大类。

热焊法焊前将焊件整体或局部预热到 600~700 ℃,焊补后缓慢冷却。热焊法能防止焊件产生白口组织和裂纹,焊补质量较好,焊后可进行机械加工,但热焊法成本较高,生产率低,焊工劳动条件差。热焊采用焊条电弧焊或气焊进行焊补较为适宜,一般选用铁基铸铁焊条(丝)或低碳钢芯铸铁焊条,应用于焊补形状复杂、焊后需进行加工的重要铸件,如主轴箱、气缸体等。

冷焊法焊补前焊件不预热或只进行 400 ℃ 以下的低温预热。焊补时主要依靠焊条来调整焊缝的化学成分以防止或减少白口组织,焊后及时锤击焊缝以松弛应力,防止焊后开裂。冷焊法方便、灵活、生产率高、成本低,劳动条件好,但焊接处切削加工性能较差,生产中多用于焊补要求不高的铸件及高温预热会引起变形的铸件。

冷焊法一般采用焊条电弧焊进行焊补。根据铸铁性能、焊后对切削加工的要求及铸件的重要性等来选定焊条。常用的有:钢芯或铸铁芯铸铁焊条,适用于一般非加工面的焊补;镍基铸铁焊条,适用于重要铸件的加工面的焊补;铜基铸铁焊条,用于焊后需要加工的灰铸铁件的焊补。

10.2.5 非铁的焊接

常用的非铁金属有铝、铜、钛及其合金等。由于非铁金属具有许多特殊性能,在工业中应用越来越广,其焊接技术也越来越受到重视。

1) 铝及铝合金的焊接

工业中主要对纯铝、铝锰合金、铝镁合金和铸铝件进行焊接,其焊接特点如下。

(1) 极易氧化。

铝与氧的亲和力很大,易形成致密的氧化铝薄膜(熔点高达 2 050 ℃),覆盖在金属表面,能阻碍母材金属熔合。此外,氧化铝的密度较大,进入焊缝易形成夹杂缺陷。

(2) 易变形、开裂。

铝的导热系数较大,焊接中要使用大功率或能量集中的热源。焊件厚度较大时应考虑预热。铝的膨胀系数也较大,易产生焊接应力与变形,并可能导致裂纹的产生。

(3) 易生成气孔。

液态铝及铝合金能吸收大量氢气,而固态铝却几乎不能溶解氢。因此在熔池凝固中易产生气孔。

(4) 熔融状态难控制。

铝及铝合金固态向液态转变时无明显的外观颜色变化,熔融状态不易控制,容易焊穿,此外,铝在高温时强度和塑性很低,焊接中经常由于不能支承熔池金属而形成焊缝塌陷,因此常需采用垫板进行焊接。

目前焊接铝及铝合金的常用方法有氩弧焊、气焊、点焊、缝焊和钎焊。其中氩弧焊是焊接铝及铝合金较好的方法,在氩气电离后的电弧中,质量较大的氩正离子在电场力的加速下撞击焊件表面(焊件接负极),使氧化膜表面破碎并被清除,焊接过程得以顺利进行(即所谓"阴极破碎"作用)。气焊常用于要求不高的铝及铝合金焊件的焊接。

2)铜及铜合金的焊接

铜及铜合金的焊接比低碳钢难得多,其特点如下。

(1)焊缝难熔合、易变形。

铜的导热性很高(纯铜为低碳钢的 6~8 倍),焊接时热量非常容易散失,容易造成焊不透的缺陷;铜的线膨胀系数及收缩率都很大,结果焊接应力大,易变形。

(2)热裂倾向大。

液态铜易氧化,生成的 Cu_2O,与硫生成,它们与铜可组成低熔点共晶体,分布在晶界上形成薄弱环节,焊接过程中极易引起开裂。

(3)易产生气孔。

铜在液态时吸气性强,特别容易吸收氢气,凝固时来不及逸出,就会在焊件中形成气孔。

(4)不适于电阻焊。

铜的电阻极小,不能采用电阻焊。

某些铜合金比纯铜更容易氧化,使焊接的难度增大。例如:黄铜(铜锌合金)中的锌沸点很低,极易蒸发并生成氧化锌(ZnO),锌的烧损不但改变了接头的化学成分、降低接头性能,而且所形成的氧化锌烟雾易引起焊工中毒;铝青铜中的铝,在焊接中易生成难熔的氧化铝,增大熔渣黏度,易生成气孔和夹渣。

铜及铜合金可用氩弧焊、气焊、埋弧焊、钎焊等方法进行焊接。其中氩弧焊主要用于焊接纯铜和青铜件,气焊主要用于焊接黄铜件。

3)钛及钛合金的焊接

钛的熔点为 1 725 ℃,密度为 4.5 g/cm^3,钛合金具有高强度、低密度、强耐蚀性和优良的低温韧性,是航天工业的理想材料,因此焊接该种材料成为在尖端技术领域中必然要遇到的问题。

由于钛及钛合金的化学性质非常活泼,极易出现多种焊接缺陷,焊接性差,因此,主要采用氩弧焊,此外还可采用等离子弧焊、真空电子束焊和钎焊等。

钛及钛合金极易吸收各种气体,使焊缝出现气孔。过热区晶粒粗化或形成马氏体及氢、氧、氮与母材金属的激烈反应,都使焊接接头脆化,产生裂纹。氢是使钛及钛合金焊接出现延迟裂纹的主要原因。

3 mm 以下薄板钛合金的钨极氩弧焊焊接工艺比较成熟。但焊前的清理工作,焊接中焊接参数的选定和焊后热处理工艺都要严格控制。

10.3   焊接结构设计

设计焊接结构时,既要考虑结构的使用要求,包括一定的形状、工作条件和技术要求等,也要考虑结构的焊接工艺要求,力求焊接质量良好、焊接工艺简单、生产率高、成本低。焊接结构工艺性,一般包括焊件材料的选择、焊接方法的选择、焊缝的布置和焊接接头及坡口形式设计等。

10.3.1   焊接材料的选择

焊接结构在满足使用性能要求的前提下,首先要考虑选择焊接性较好的材料来制造。在选择焊件的材料时,要注意以下几个问题。

(1) 尽量选择低碳钢和碳当量小于 0.4% 的低合金结构钢。

(2) 应优先选用强度等级低的低合金结构钢,这类钢的焊接性与低碳钢基本相同,价格也不贵,而强度却能显著提高。

(3) 强度等级较高的低合金结构钢,焊接性虽然差些,但只要采取合适的焊接材料与工艺,也能获得满意的焊接接头。设计强度要求高的重要结构可以选用。

(4) 镇静钢比沸腾钢脱氧完全,组织致密,质量较高,可选为重要的焊接结构材料。

(5) 异种金属的焊接,必须特别注意它们的焊接性及其差异,对不能用熔焊方法获得满意接头的异种金属应尽量不选用。

10.3.2   焊接方法的选择

各种焊接方法都有其各自特点及适用范围。选择焊接方法时,要根据焊件的结构形状、材质、焊接质量要求、生产批量和现场设备等,确定最适宜的焊接方法,以保证获得优良质量的焊接接头,并具有较高的生产率。

选择焊接方法时应遵循以下原则。

(1) 焊接接头使用性能及质量要符合要求。例如:点焊、缝焊都适于薄板结构焊接,但缝焊才能焊出有密封要求的焊缝;又如氩弧焊和气焊都能焊接铝合金,但氩弧焊的接头质量更高。

(2) 提高生产率,降低成本。若板材为中等厚度时,选择焊条电弧焊、埋弧焊和气体保护焊均可。如果是平焊长直焊缝或大直径环焊缝,批量生产应选用埋弧焊;如果是不同空间位置的短曲焊缝,单件或小批量生产则采用焊条电弧焊为好。

（3）可行性。要考虑现场是否具有相应的焊接设备、野外施工有无电源等。

10.3.3　焊接接头的工艺设计

焊接接头的工艺设计包括焊缝的布置、接头的形式和坡口的形式等。

1）焊缝的布置

合理的焊缝布置是焊接结构设计的关键,与产品质量、生产率、成本及劳动条件密切相关。其一般工艺设计原则如下。

（1）焊缝的布置尽可能分散。

焊缝密集或交叉,会造成金属过热,热影响区增大,使组织恶化,同时焊接应力增大,甚至引起裂纹,如图 10－8 所示。

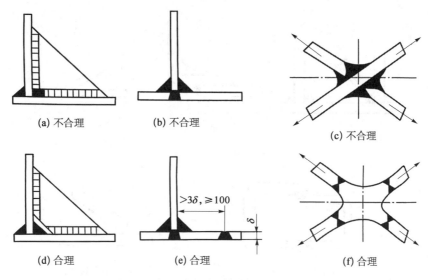

图 10－8　焊缝分散布置的设计示意

（2）焊缝的布置尽可能对称。

为了减小变形,最好能同时施焊,如图 10－9 所示。

（3）便于焊接操作。

焊条电弧焊时,至少焊条能够进入待焊的位置,如图 10－10 所示;点焊和缝焊时,电极要能够进入待焊的位置,如图 10－11 所示。

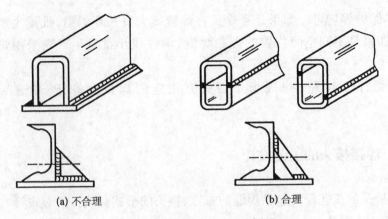

(a) 不合理   (b) 合理

图 10 - 9   焊缝对称布置的设计示意

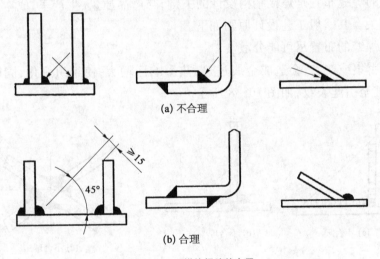

图 10 - 10   搭接焊缝的布置

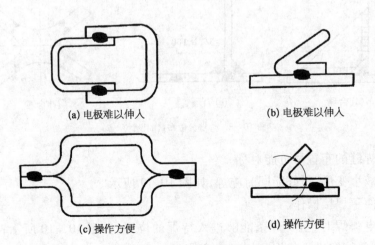

图 10 - 11   点焊或缝焊焊缝的布置

（4）焊缝要避开应力较大和应力集中部位。

对于受力较大、结构较复杂的焊接构件,在最大应力断面和应力集中位置不应布置焊缝,如图 10 - 12 所示。例如：大跨度的焊接钢梁,焊缝应避免在梁的中间,如图 10 - 12(a)所示；压力容器的封头应有一直壁段,不应采用如图 10 - 12(b)所示的无折边封头结构；在构件截面有急剧变化的位置,不应如图 10 - 12(c)所示布置焊缝。

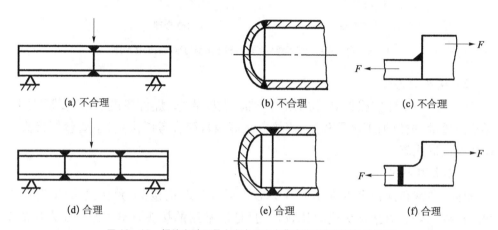

图 10 - 12　焊缝应避开最大应力及应力集中位置布置的设计示意

（5）焊缝应尽量远离机械加工表面。

需要进行机械加工的构件,如焊接轮毂、管配件等,其焊缝位置的设计应尽可能距离机械加工表面远一些,如图 10 - 13 所示。

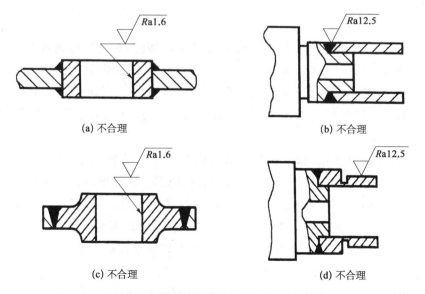

图 10 - 13　焊缝远离机械加工表面的设计示意

（6）采用埋弧焊焊接时,焊件的结构要有利于焊剂的堆放,如图 10 - 14 所示。

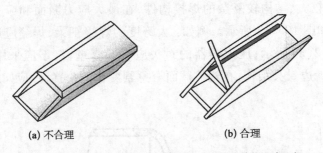

(a) 不合理   (b) 合理

图 10 - 14   采用埋弧焊焊接时应有利于焊剂的堆放的设计示意

2）接头的设计

焊接接头设计应根据焊件的结构形状、强度要求、焊件厚度、焊后变形大小、焊条消耗量、坡口加工难易程度、焊接方法等因素综合考虑决定,主要包括接头形式和坡口形式等。

（1）焊接接头形式。

焊接碳钢和低合金钢常用的接头形式可分为对接接头、角接接头、T 型接头和搭接接头等。对接接头受力比较均匀,是最常用的接头形式,重要的受力焊缝应尽量选用。搭接接头因两焊件不在同一平面,受力时将产生附加弯矩,金属消耗量也大,一般应避免采用。但搭接接头不需开坡口,装配时尺寸要求不高,对某些受力不大的平面连接与空间构架,采用塔接接头可节省工时。角接接头与 T 形接头受力情况都较对接接头复杂,但接头成直角或一定角度连接时,必须采用这种接头形式。

（2）焊接坡口形式。

开坡口的目的是使焊件接头根部焊透,同时焊缝美观,此外,通过控制坡口的大小,来调节焊缝中母材金属与填充金属的比例,以保证焊缝的化学成分。焊条电弧焊坡口的基本形式是 I 形坡口（或称为不开坡口）、Y 形坡口、双 Y 形坡口、U 形坡口四种,不同的接头形式有各种形式的坡口,其选择主要根据焊件的厚度,如图 10 - 15 所示。

两个焊件的厚度相同时,双 Y 形坡口比 Y 形坡口节省填充金属,而且双 Y 形坡口焊后角变形较小,但是这种坡口需要双面施焊。U 形坡口比 Y 形坡口节省填充金属,但其坡口需要机械加工。坡口形式的选择既取决于板材厚度,也要考虑加工方法和焊接工艺性。例如:要求焊透的受力焊缝,尽量采用双面焊,以保证接头焊透,且变形小,但生产率低。若不能双面焊时才开单面坡口焊接。

（3）接头过渡形式。

对于不同厚度的板材,为保证焊接接头两侧加热均匀,接头两侧板厚截面应

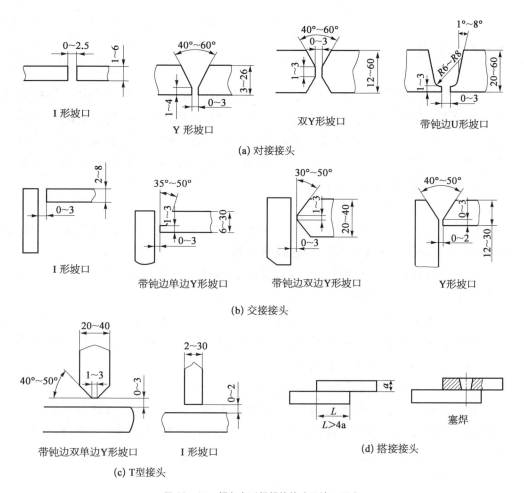

图 10-15　焊条电弧焊焊接接头及坡口形式

尽量相同或相近,如图 10-16 所示。不同厚度钢板对接时允许厚度差见表 10-2。

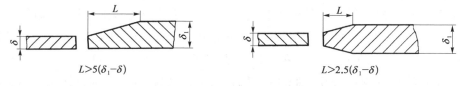

图 10-16　不同厚度对接图

表 10-2　不同厚度钢板对接时允许厚度差　　　　　　　　　（单位：mm）

较薄板的厚度	2~5	6~8	9~11	>12
允许厚度差	1	2	3	4

10.4　胶接

　　胶接是利用胶黏剂在连接面上产生的机械结合力、物理吸附力和化学键结合力而使两个胶接件连接起来的工艺方法。胶接不仅适用于同种材料,也适用于异种材料。胶接工艺简便,不需要复杂的工艺设备。胶接操作不必在高温高压下进行,因而胶接件不易产生变形,接头应力分布均匀。在通常情况下,胶接接头具有良好的密封性、电绝缘性和耐蚀性。

　　1)胶接主要特点

　　(1)胶接能连接材质、形状、厚度、大小等相同或不同的材料,特别适用于连接异形、异质、薄壁、复杂、微小、硬脆或热敏制件。

　　(2)胶接接头应力分布均匀,避免了因焊接热影响区相变、焊接残余应力和变形等对接头的不良影响。

　　(3)胶接可以获得刚度好、自重轻的结构,且表面光滑,外表美观。

　　(4)胶接具有连接、密封、绝缘、防腐、防潮、减振、隔热、衰减消声等多重功能,连接不同金属时,不产生电化学腐蚀。

　　(5)胶接工艺性好,成本低,节约能源。

　　胶接也有一定的局限性,它并不能完全代替其他连接方式,目前存在的主要问题是胶接接头的强度不够高,大多数胶黏剂耐热性不高,易老化,且对胶接接头的质量无可靠的检测方法。

　　2)胶接应用

　　胶接技术应用广泛,使用最多的是木材工业,大约 60%~70% 用于制造胶合板、纤维板、装饰板和木器家具等。在建筑方面,胶接主要用于室内装修和各种密封。机械工业中,胶接主要用于金属和非金属的结构连接,例如用热固化型胶黏剂胶接的汽车制动片,抗剪强度可达 49~70 MPa,比制动板的强度提高 4~5 倍。胶接可简化机械加工,例如轮船艉轴与螺旋桨通常采用键紧配连接,这就需要靠精加工保证配合精度,如果采用胶接,便可降低对配合精度的要求,大大减少装配工时。胶接还可用于设备的维修,如金属铸件的砂眼或缺陷,可用含有金属粉末的胶黏剂填补;超限的轴瓦、轴套等,可通过胶接一层耐磨材料或直接用含耐磨填料的胶黏剂修补来恢复尺寸;对破裂壳体的修复,在受力不大时可通过胶接玻璃布敷补;对承载较大的壳体,可用胶接与金属扣合、螺钉加固等机械连接相结合的方法,来保证强度。胶接的另一个重要应用是设备的密封。用液态的密封胶代替传统的橡皮、石棉铜片等固态垫料,使用方便,且可降低对密封面加工精度的要求,同时密封胶不会产生固态垫片因压缩过度和长时间受力而出现的弹性疲劳破坏,使密封效果更加可靠。航空工业是胶接应用的重要部门。由于金属连接件的减少,胶接结构与铆接结构相比,可使机件自重减轻 20%~25%,强度比铆接提高 30%~35%,疲劳强度比铆接提高 10 倍。因而现代飞机的机身、机翼、舵面等都大量采用胶接的金属钣金结构和蜂窝夹层结构,有的大型运输机胶接结构达 3 200 m,有的轰炸机胶接面积占全机表面积的 85%。此外,胶接在电器装配、文物修复等方面也有许多应用。医用胶黏剂胶接在外科手术、止血、牙齿及骨骼修补等方面得到了应用。

　　3) 胶接原理

　　(1) 机械理论。

　　机械理论认为,胶黏剂必须渗入被粘物表面的空隙内,并排除其界面上吸附的空气,才能产生粘接作用。在粘接如泡沫塑料的多孔被粘物时,机械嵌定是重要因素。胶黏剂粘接经表面打磨的致密材料效果要比表面光滑的致密材料好,这是因为: ① 机械镶嵌; ② 形成清洁表面; ③ 生成反应性表面; ④ 表面积增加。由于打磨使表面变得比较粗糙,可以认为表面层物理和化学性质发生了改变,从而提高了粘接强度。

　　(2) 吸附理论。

　　吸附理论认为,粘接是由两材料间分子接触和产生界面力所引起的。黏结力的主要来源是分子间作用力,包括氢键力和范德华力。胶黏剂与被粘物连续接触的过程叫润湿,要使胶黏剂润湿固体表面,胶黏剂的表面张力应小于固体的临界表面张力,胶黏剂浸入固体表面的凹陷与孔隙就形成良好润湿。如果胶黏剂在表面的凹处被架,便减少了胶黏剂与被粘物的实际接触面积,从而降低了接头的粘接强度。许多合成胶黏剂都容易润湿金属被粘物,而多数固体被粘物的表面张力都小于胶黏剂的表面张力。实际上获得良好润湿的条件是胶黏剂比被粘物的表面张力低,这就是环氧树脂胶黏剂对金属粘接极好的原因,而对于未经处理的聚合物,如聚乙烯、聚丙烯和氟塑料,很难粘接。通过润湿使胶黏剂与被粘物紧密接触,主要是靠分子间作用力产生永久的粘接。

　　(3) 扩散理论。

　　扩散理论认为,粘接是通过胶黏剂与被粘物界面上分子扩散产生的。当胶黏剂和被粘物都是具有能够运动的长链大分子聚合物时,扩散理论基本是适用的。热塑性塑料的溶剂粘接和热焊接可以认为是分子扩散的结果。

　　(4) 静电理论。

　　在胶黏剂与被粘物界面上存在双电层而产生了静电引力,从而使胶黏剂与被粘物难以相互分离。当胶黏剂从被粘物上剥离时,有明显的电荷存在,这是对该理论有力的证明。

（5）弱边界层理论。

弱边界层理论认为，当粘接破坏被认为是界面破坏时，实际上往往是内聚破坏或弱边界层破坏。弱边界层来自胶黏剂、被粘物、环境，或三者之间任意组合。如果杂质集中在粘接界面附近，并与被粘物接合不牢，在胶黏剂和被粘物内部都可出现弱边界层。当发生破坏时，尽管多数发生在胶黏剂和被粘物界面，但实际上是弱边界层的破坏。

4）胶接工艺过程

胶接的一般工艺过程有确定部位、表面处理、配胶、涂胶、固化和检验等。

（1）确定部位。

胶接大致可分为两类：一类用于产品制造；另一类用于各种修理。无论是何种情况，都需要对胶接的部位有比较清楚的了解，如表面状态、清洁程度、破坏情况、胶接位置等，为实施具体的胶接工艺做好准备。

（2）表面处理。

表面处理的目的是获得最佳的表面状态，有助于形成足够的黏附力，提高胶接强度和使用寿命。表面处理主要解决下列问题：去除被粘表面的氧化物、油污等异物污物层、吸附的水膜和气体，清洁表面；获得适当的表面粗糙度；活化被粘表面，使低能表面变为高能表面，惰性表面变为活性表面等。表面处理的具体方法有表面清理、脱脂去油、除锈打磨、清洁干燥、化学处理、保护处理等，依据被粘表面的状态、胶黏剂的品种、强度要求、使用环境等进行选用。

（3）配胶。

单组分胶黏剂一般可以直接使用，但如果有沉淀或分层，则在使用之前必须搅拌混合均匀。多组分胶黏剂必须在使用前按规定比例调配混合均匀，根据胶黏剂的适用期、环境温度、实际用量来决定每次配制量的多少，应当随配随用。

（4）涂胶。

涂胶是以适当的方法和工具将胶黏剂涂布在被粘表面，操作正确与否，对胶接质量有很大影响。涂胶方法与胶黏剂的形态有关，对于液态、糊状或膏状的胶黏剂，可采用刷涂、喷涂、浸涂、滚涂、刮涂等方法，要求涂胶均匀一致，避免空气混入，达到无漏涂、不缺胶、无气泡、不堆积的目的，胶层厚度控制在 0.08~0.15 mm。

（5）固化。

固化是胶黏剂通过溶剂挥发、乳液凝聚的物理作用或缩聚、加聚的化学作用，变为固体并具有一定强度的过程，是获得良好胶黏性能的关键过程。胶层固化应控制温度、时间、压力三个参数。固化温度是固化条件中最为重要的因素，适当提高固化温度可以加速固化过程，并能提高胶接强度和其他性能。固化加热时要求加热均匀，严格控制温度，缓慢冷却。适当的固化压力可以提高胶黏剂的流动性、润湿性、渗透和扩散能力,防止气孔、孔洞和分离,使胶层厚度更为均匀。固化时间与温度、压力密切相关,升高温度可以缩短固化时间,降低温度则要适当延长固化时间。

（6）检验。

对胶接接头的检验方法主要有目测、敲击、溶剂检查、试压、测量、超声波检查、X 射线检查等,目前尚无较理想的非破坏性检验方法。

习　题

1. 简述焊条电弧焊的原理及过程。

2. 焊接时,为什么要对焊接区进行保护？有哪些措施？

3. 焊接接头由哪几部分组成？各部分的作用是什么？

4. 什么是焊接热影响区？焊接热影响区对焊接接头有哪些影响？如何减少或消除这些影响？

5. 酸性焊条和碱性焊条的药皮成分、使用性、焊缝性能各有哪些区别？哪些钢种焊件应考虑选用碱性焊条？

6. 产生焊接应力和变形的原因是什么？防止焊接应力和变形的措施有哪些？

7. 试从焊接质量、生产率、焊接材料、成本和应用范围等方面比较下列焊接方法：焊条电弧焊、埋弧焊、氩弧焊、二氧化碳气体保护焊。

8. 如何选择焊接方法？下列情况应选用什么焊接方法？简述理由。

（1）低碳钢桁架结构（如厂房屋架）。

（2）厚度 20 mm 的 Q345（16Mn）钢板拼成大型工字梁。

（3）纯铝低压容器。

（4）低碳钢薄板（板厚 1 mm）传送带。

（5）供水钢制管道维修。

9. 生产下列焊接结构时应选用什么焊接方法？

（1）2 吨起重机吊臂,材料 Q235,单件生产。

（2）铝合金平板,厚度 5 mm,对接,批量生产。

（3）自行车钢圈对接,大批生产。

（4）汽车油箱焊合,大批生产。

（5）电机转子对接,一头结构钢,一头耐热钢,大批生产。

（6）建筑工地钢筋对接,大批生产。

10. 低碳钢的焊接有何特点,为什么铜及铜合金、铝及铝合金焊接比低碳钢困难得多？

11. 低合金高强度结构钢焊接时，应采取哪些措施防止冷裂纹的产生？

12. 铸铁焊接性差主要表现在哪些方面？ 试比较热焊、冷焊的特点及应用。

13. 焊接过程中的焊接裂纹和气孔是如何形成的？ 如何防止？

14. 焊接结构常用的焊接接头有哪些基本类型？

15. 下列金属材料哪些容易气割？ 哪些不容易气割？ 为什么？

（1）低碳钢。

（2）高碳钢。

（3）铸铁。

（4）不锈钢。

（5）铝及铝合金。

（6）铜及铜合金。

（7）低合金结构钢。

16. 有一低合金钢焊接结构件，因焊接变形严重达不到质量要求。现采用一种固定胎膜（夹具）进行焊接，虽然克服了变形，但却产生了较大焊接应力，影响结构的使用性能。试问应采取什么措施来保证结构质量？

17. 图示焊缝布置得是否合理？ 若不合理，请加以改正。

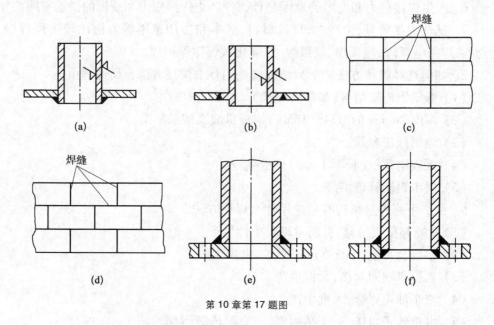

第 10 章第 17 题图

18. 胶接的基本原理是什么？ 胶接剂常规的组成物有哪些？ 分别在胶接剂中起什么作用？ 如何选用胶接剂？

第四部分

工程材料的应用及成型工艺的选择

第11章　机械零件的失效与选材

在机械零件设计与制造过程中,都会遇到选择材料的问题。在生产实践中,往往由于材料的选择和加工工艺路线不当,造成机械零件在使用过程中发生早期失效,给生产带来了重大损失。若要正确合理地选择和使用材料,必须了解零件的工作条件及其失效形式,才能较准确地提出对零件材料的主要性能要求,从而选择出合适的材料并制定出合理的冷、热加工工艺路线。

11.1　机械零件的失效分析

失效主要是指零件由于某种原因,导致其尺寸、形状或材料的组织与性能发生变化而丧失其规定功能的现象。机械零件的失效,一般包括以下几种情况。

零件完全破坏,不能继续工作。

虽然仍能安全工作,但不能完全起到预期的作用。

零件严重损伤,继续工作不安全。

分析引起机械零件的失效原因、提出对策、研究采取补救措施的技术和管理活动称为失效分析。研究机械零件的失效是很重要的工作,本节将讨论机械零件常见的失效形式及零件的失效原因。

1）零件的失效形式

根据零件损坏的特点,可将失效形式分为三种基本类型:变形、断裂和表面损伤。

（1）变形。

变形失效有两种情况,弹性变形失效与塑性变形失效。

① 弹性变形失效。弹性变形失效是指由于发生过大的弹性变形而造成零件的失效。例如:电动机转子轴的刚度不足,发生过大的弹性变形,结果转子与定子相撞,最后主轴撞弯,甚至折断。

弹性变形的大小取决于零件的几何尺寸及材料的弹性模量。金刚石与陶瓷的弹性模量最高,其次是难熔金属、钢铁,有色金属则较低,有机高分子材料的弹性模量最低。因此,作为结构件,从刚度及经济角度来看,选择钢铁是比较合适的。

② 塑性变形失效。塑性变形失效是指零件由于发生过量塑性变形而失效。塑性变形失效是零件中的工作应力超过材料的屈服强度的结果。塑性变形是一种永久变形,可在零件的形状和尺寸上表现出来。在给定载荷条件下,塑性变形发生与否,取决于零件几何尺寸及材料的屈服强度。

一般陶瓷材料的屈服强度很高,但脆性非常大。进行拉伸试验时,在远未达到屈服强度时就发生脆断,强度高的特点发挥不出来,因此它不能用来制造高强度结构件。有机高分子材料的强度很低,最高强度的塑料也不超过铝合金。目前用作高强度结构的主要材料还是钢铁。

(2)断裂。

断裂失效是机械零件的主要失效形式。根据断裂的性质和断裂的原因,可分为以下四种。

① 塑性断裂。塑性断裂是指零件在受到外载荷作用时,某一截面上的应力超过了材料的屈服强度,产生很大的塑性变形后发生的断裂,如低碳钢光滑试样拉伸试验时。由于断裂前已经发生了大量的塑性变形而进入了失效状态,故只会使零件不能工作,但不会造成较大的危险。

② 脆性断裂。脆性断裂发生时,事先不产生明显的塑性变形,承受的工作应力通常远低于材料的屈服强度,所以又称为低应力脆断。这种断裂经常发生在有尖锐缺口或裂纹的零件中,另外,零件结构中的棱角、台阶、沟槽及拐角等结构突变处也易发生,特别是在低温或冲击载荷作用的情况下,更易发生脆性断裂。

③ 疲劳断裂。在低于材料屈服强度的交变应力反复作用下发生的断裂称为疲劳断裂。因疲劳断裂是瞬时的,因此危害性较大,常在齿轮、弹簧、轴、模具、叶片等零件中发生。疲劳断裂是一种危害极大,而且是一种常见的失效形式,据统计,承受交变应力的零件,80%以上的损坏是由于疲劳引起的。采用各种强化方法提高材料的强度,尤其是表面强度,在表面形成残余压应力,可使疲劳强度显著提高。此外,减少零件上各种能引起应力集中的缺陷、刀痕、尖角、截面突变等,均可提高零件的抗疲劳能力。

④ 蠕变断裂。蠕变断裂即在应力不变的情况下,变形量随时间的延长而增加,最后由于变形过大或断裂而导致的失效。例如:架空的聚氯乙烯电线管在电线和自重的作用下发生缓慢的挠曲变形,就是典型的材料蠕变现象。金属材料一般在高温下才产生明显的蠕变,而高分子化合物在常温下受载就会产生显著的蠕变,当蠕变变形量超过一定范围时,零件内部就会产生裂纹而很快断裂。

(3)表面损伤。

零件在工作过程中,由于机械和化学的作用,使工件表面及表面附近的材料受到严重损伤导致失效,称为表面损伤失效。表面损伤失效大体上分为三类:磨损失效、表面疲劳失效和腐蚀失效。

磨损失效是指在机械力的作用下,产生相对运动(滑动、滚动等)而使接触表面的材料以磨屑的形式逐渐磨耗,使零件的形状、尺寸发生变化而失效,称为磨损失效。零件磨损后,会使其精度下降或丧失,甚至无法正常运转。材料抵抗磨损的能力称为耐磨性,用单位时间的磨损量表示。磨损量越小,耐磨性越好。

磨损主要有磨粒磨损和黏着(胶合)磨损两种类型。

磨粒磨损是在零件表面遭受摩擦时,有硬质颗粒嵌入材料表面,形成许多切屑沟槽而造成的磨损。这种磨损常发生在农业机械、矿山机械及车辆、机床等机械运行时嵌入硬屑(硬质颗粒)的情况中。

黏着磨损又称为胶合磨损,是相对运动的摩擦表面之间在摩擦过程中发生局部焊合或黏着,在分离时黏着处将小块材料撕裂,形成磨屑而造成的磨损。这种磨损在所有的摩擦副中均会产生,如蜗轮与蜗杆、内燃机的活塞环和缸套、轴瓦与轴颈等。

为了减少黏着磨损,所选材料应当与所配合的摩擦副为不同性质的材料,而且摩擦系数应尽可能小,最好具有自润滑能力或有利于保存润滑剂。例如:近年来在不少设备上已采用尼龙、聚甲醛、聚碳酸酯、粉末冶金材料制造轴承、轴套等。

表面疲劳失效是指相互接触的两个运动表面(特别是滚动接触),在工作过程中承受交变接触应力的作用,使表层材料发生疲劳破坏而脱落,造成的零件失效。为了提高材料的表面疲劳抗力,材料应具有足够高的硬度,同时具有一定的塑性和韧性;材料应尽量少含夹杂物;材料要进行表面强化处理,强化层的深度足够大,以免在强化层下的基体内形成小裂纹,使强化层大块剥落。

腐蚀失效是指由于化学和电化学腐蚀的作用,使表面损伤而造成的零件失效。腐蚀失效除与材料的成分、组织有关外,还与周围介质有很大关系,应根据介质的成分性质选材。

2) 零件的失效原因

零件到底会发生哪种形式的失效,这与很多因素有关。概括起来,失效原因有以下四个方面。

(1) 零件设计不合理。

零件的结构、形状、尺寸设计不合理最容易引起失效。例如:键槽、孔或截面变化较剧烈的尖角处或尖锐缺口处容易产生应力集中,出现裂纹。其次是对零件在工作中的受力情况判断有误,设计时安全系数过小或对环境的变化情况估计不足造成零件实际承载能力降低等均属设计不合理。

(2) 选材不合理。

选材不合理即选用的材料性能不能满足工作条件要求,或者所选材料名义性能指标不能反映材料对实际失效形式的抗力。所用材料的化学成分与组织不合理、质量差也会造成零件的失效,如含有过多夹杂物和杂质元素等缺陷。因此对原材料进行严格检验是避免零件失效的重要步骤。

(3) 加工工艺不合理。

零件在加工和成型过程中,因采用的工艺方法、工艺参数不合理,操作不正确等会造成失效。例如:热成型过程中温度过高所产生的过热、过烧、氧化、脱碳;热处理过程中工艺参数不合理造成的变形和裂纹、组织缺陷及由于淬火应力不均匀导致零件的棱角、台阶等处产生拉应力。

(4) 安装及使用不正确。

机器在安装过程中,配合过紧、过松、对中不良、固定不牢或重心不稳、密封性差及装配拧紧时用力过大或过小等,均易导致零件过早失效。在超速、过载、润滑条件不良的情况下工作,工作环境中有腐蚀性物质及维修、保养不及时或不善等均会造成零件过早失效。

3) 失效分析的步骤、方法

对失效零件进行失效分析的基本步骤、方法如下。

(1) 现场勘察。

察看零件失效的部位、形式,弄清零件工作条件、操作情况和失效过程;收集并保护好失效零件,必要时对现场进行拍照。

(2) 了解零件背景资料。

了解零件设计、加工制造、装配及使用、维护等一系列历史资料,并收集与该零件失效相类似的相关资料。

(3) 测试分析。

主要包括断口宏观分析、金相组织分析、电镜分析、成分分析、表面及内部质量分析、应力分析、力学分析及力学性能测试等。以上项目可根据需要选择。

(4) 综合分析。

对以上调查材料、测试结果进行综合分析,判明失效原因(尤其是主要原因,是确定主要失效抗力指标的依据),提出改进措施并在实践中检验效果。

11.2　选材的一般原则

如何合理地选择和使用材料是一项十分重要的工作,不仅要保证零件在工作时具有良好的功能,使零件经久耐用,而且要求材料有较好的工艺性和经济性,以便提高生产率,降低成本。本节简要介绍机械零件选材的一般原则。

11.2.1　材料的使用性能原则

在选择材料时,必须根据零件在整机中的作用、零件的尺寸、形状及受力情况,提出零件材料应具备的主要力学性能指标。零件的工作环境是复杂的,故应注意以下三点。

1) 零件使用条件与失效形式分析

(1) 零件使用条件。

零件使用条件应根据产品的功能和零件在产品中的作用进行分析。

① 受力状况。包括应力类(拉伸、压缩、弯曲、扭转、剪切等)和大小;载荷性质(静载荷、冲击载荷、变动载荷等)和分布状况及其他(摩擦、振动等)条件。

② 环境状况。包括温度和介质等。

③ 特殊要求。如导电性能、绝缘性能、磁性能、热胀性能、导热性能、外观等。

选择材料时一定要将上述条件考虑周全,并且找出材料所需要的主要使用性能。

(2) 零件失效形式分析。

机械零件在使用过程中会因某种性能不足而出现相应形式的失效。因此可根据零件的失效形式,分析得出起主导作用的使用性能,并以此作为选材的主要依据。例如:长期以来,人们认为发动机曲轴的主要使用性能是高的冲击抗力和耐磨性,但失效分析结果证明,曲轴破坏主要是疲劳失效,所以,以疲劳强度为主要设计依据,其质量和寿命有很大提高。

2) 确定使用性能指标和数值

通过分析零件使用条件和失效形式,确定零件对使用性能的要求后,必须进一步转化为实验室性能指标和数值,这是选材极其重要的步骤。

3) 根据力学性能选材时应注意的问题

零件所要求的力学性能指标和数值确定下来之后便可进行选材。由于适当的强化方法可充分发挥材料的性能潜力,所以选材时应把材料与强化手段紧密结合起来综合考虑,而且还要注意下列问题。

学会正确使用手册和有关资料。选材时查手册是十分自然的事情,但必须注意手册中数据测定条件等的局限性。

正确使用硬度指标。设计中,常用硬度作为控制材料性能的指标,在零件图等技术文件中,常以硬度来表明对零件的力学性能要求。但硬度指标也有其局限性。

因此,在设计中提出硬度值的同时,应对其热处理工艺(特别是强化工艺)做出明确规定,而对于某些重要零件还应明确规定其他力学性能要求。

强度与韧性应合理配合。受力的零件、构件选用材料时,首先要看强度能否满足使用要求,为防止零件在使用过程中发生脆性断裂,还要考虑塑性和冲击韧性。例如:截面有变化并有缺口的零件,承受冲击的零件,大尺寸零件、构件等,应适当降低强度、硬度要求,相应提高塑性、韧性要求。

断裂韧性在选材中的应用。由于 K_{IC} 反映了材料抵抗内部裂纹失稳扩展的能力,故可根据数值的大小对材料的韧性做出可靠的评价,并可用于设计计算。

11.2.2　材料的工艺性能原则

零件都是由不同的工程材料经过一定的加工制造过程而制成的。因此,材料的工艺性能,即加工成合格零件的难易程度,显然也是选材必须考虑的主要问题。选材中,同使用性能相比较,工艺性能处于次要地位,但在某些情况下,如大量生产,工艺性能就可能成为选材考虑的主要依据,如选用易切钢等。

用金属材料制造零件的基本加工方法,通常有下列四种:铸造、压力加工、焊接和机械(切削)加工。热处理是作为改善加工性能和使零件得到所要求性能的工序。

材料的工艺性能好坏对零件加工生产有直接的影响,主要的工艺性能包括铸造性能、压力加工性能、焊接性能、切削加工性能和热处理性能。

从工艺出发,如果设计的零件是铸件,最好选用共晶成分及其附近的合金;若设计的零件是锻件、冲压件,最好选择固溶体的合金;如果设计的是焊接结构,则不应选用铸铁,最适宜的材料是低碳钢、低合金钢,而铜合金、铝合金的焊接性能都不好。

在机械制造生产中,绝大部分的零件都要经过切削加工。因此,材料的切削加工性能的好坏,对提高产品质量和生产率、降低成本都具有重要意义。为了便于切削,一般希望钢铁材料的硬度控制在 170~230 HBW 之间。

一般说来,碳钢的锻造、切削加工等工艺性能较好,其力学性能可以满足一般零件工作条件的要求,因此碳钢的用途较广,但它的强度还不够高,淬透性差。所以,制造大截面、形状复杂和高强度的淬火零件,常选用合金钢,因为合金钢淬透性好、强度高,但合金钢的锻造、切削加工等工艺性能较差。

11.2.3　材料的经济性能原则

在机械设计和生产过程中,一般在满足使用性能和工艺性能的条件下,经济性也是选材必须考虑的主要因素。选材时应注意以下几点。

尽量降低材料及其加工成本。在满足零件使用性能与工艺性能要求的前提下,能用铸铁不用钢,能用非合金钢不用合金钢,能用硅锰钢不用铬镍钢,能用型材不用锻件、加工件,且尽量用加工性能好的材料。能正火使用的零件就不必调质处理。材料来源要广,尽量采用符合我国资源情况的材料,如含铝超硬高速工具钢(W6Mo5Cr4V2Al)具有与含钴高速工具钢(W18Cr4V2CO8)相似的性能,但价格便宜。

用非金属材料代替金属材料。非金属材料的资源丰富,性能也在不断提高,应用范围不断扩大,尤其是发展较快的高分子化合物具有很多优异的性能,在某些场合可代替金属材料,既改善了使用性能,又可降低制造成本和使用维护费用。

零件的总成本。零件的总成本包括原材料价格、零件的加工制造费用、管理费用、试验研究费和维修费等。选材时不能一味追求原材料低价而忽视总成本的其他各项。

11.3　典型零件的选材与工艺

11.3.1　提高疲劳强度的选材与工艺

承受交变应力的零件主要分为三种情况,一是承受交变拉、压应力的零件,如拉杆、连杆、螺栓、锻锤杆等;二是承受交变弯曲、扭应力的零件;三是吸收、储存能量的零件,如弹簧、弹簧夹头等。它们都要求较高的疲劳强度,在各类材料中,金属材料的疲劳强度较高,故推荐选用金属材料来制造抗疲劳零部件(以钢铁材料为最佳)。

主要承受交变应力零件的选材及强化方法见表 11-1。

表 11-1　主要承受交变应力零件的选材及强化方法

零件名称	受力情况	性能要求	主要选材及强化方法	强化特点
内燃机连杆、连接螺栓、锻锤杆、拉杆等	交变拉压应力、冲击载荷	高强度、耐疲劳	调质钢——热变形,调质或淬火及中温回火,表面滚压	整个截面均匀强化
各种传动轴、内燃机曲轴、汽车半轴、凸轮轴、机床主轴等	交变弯曲应力、扭应力、冲击载荷、局部受摩擦	耐疲劳、局部表面耐磨、综合力学性能良好	调质钢——热变形,调质、表面淬火或氮化,表面滚压 球墨铸铁——等温淬火或调质,表面淬火、表面滚压 渗碳钢——渗碳淬火、低温回火	表层强化

续　表

零件名称	受力情况	性能要求	主要选材及强化方法	强化特点
弹簧等	交变弯曲应力、扭应力、冲击载荷、振动能量吸收及储备	高强度极限、屈强比、高疲劳强度	弹簧钢——热变形,淬火及中温回火或铅淬冷拉,形变热处理,表面喷丸 铍青铜——淬火时效 磷青铜——变形强化	整个截面均匀强化

11.3.2　提高耐磨性的选材与工艺

　　承受摩擦、磨损的零件情况比较复杂,大致可分为以下三类:一是对整体硬度要求较高的零件,如刃具、冲模、量具、滚动轴承等;二是自身要耐磨,又要求减摩以保护配件,如滑动轴承、丝杠螺母等;三是对心部强韧性有较高要求的零件,如齿轮、凸轮、活塞销等。它们都要求有较高耐磨、减摩性。各种材料中,除金刚石外,陶瓷硬度最高,耐磨性最好,含碳量高的钢硬度较高,耐磨性也较好;铸铁、部分有色金属、塑料等具有较低的摩擦系数和较高的减摩性。

　　主要承受摩擦、磨损零件的材料及其强化方法见表 11－2。

表 11－2　主要承受摩擦、磨损零件的材料及其强化方法

类型	零件名称	工作条件与性能要求	材料及其强化方法
要求整体高硬度	量具、低速切削刃具、顶尖、钻套	承受摩擦,受力不大。要求高硬度、高耐磨性	碳素工具钢、低合金工具钢——淬火及低温回火
	高速切削刃具	强烈摩擦,高温。要求高硬度,高耐磨性,热硬性好	高速钢——淬火及三次 560 ℃回火 硬质合金 陶瓷
	冲模	承受摩擦、冲击载荷、交变载荷。要求高硬度、高疲劳强度、高屈服强度	碳素工具钢、低合金工具钢、高碳高铬冷作模具钢——淬火及低温回火
	滚动轴承	承受滚动摩擦、交变接触应力。要求高硬度、高接触疲劳强度	滚动轴承钢——淬火及低温回火
兼有较高韧性	齿轮、凸轮、活塞销	表面摩擦,冲击载荷,交变应力。要求表硬内韧,疲劳强度和接触疲劳强度高	调质钢——调质或正火,表面淬火 氮化渗碳钢——渗碳淬火及低温回火
兼有较高韧性	碎石机颚板	强烈冲击,严重挤、压,摩擦。要求高的抗磨性与韧性	高锰钢——水韧处理

续　表

类型	零件名称	工作条件与性能要求	材料及其强化方法
减摩	滑动轴承	承受滑动摩擦,交变应力,硬度不高于配件。摩擦系数小,磨合性好	滑动轴承塑料复合材料
	缸套、活塞环	承受摩擦、振动,要求耐磨、减摩	灰铸铁

11.3.3　齿轮类与轴类零件的选材与工艺

1) 齿轮类零件的选材与工艺

(1) 齿轮的性能要求。齿轮在机器中主要担负传递功率与调节速度的任务,有时也起改变运动方向的作用。在工作时它通过齿面的接触传递动力,周期地受弯曲应力和接触应力的作用,在啮合的齿面上,相互运动和滑动造成强烈的摩擦,有些齿轮在换挡、起动或啮合不均匀时还承受冲击力等。它的失效形式主要有齿轮疲劳冲击断裂、过载断裂、齿面接触疲劳与磨损。因此,要求材料具有高的冲击疲劳强度和接触疲劳强度;齿面具有高的硬度和耐磨性;齿轮心部具有足够的强度与韧性。但是,对于不同机器中的齿轮,因载荷大小、速度高低、精度要求、冲击强弱等工作条件的差异,对性能的要求也有所不同,故应选用不同的材料及相应的强化方法。

(2) 齿轮的选材特点。机械齿轮通常采用锻造钢件制造,而且,一般均先锻成齿轮毛坯,以获得致密组织和合理的流线分布。就钢种而言,主要有调质钢齿轮和渗碳钢齿轮两类。

(3) 调质钢齿轮。调质钢主要用于制造两种齿轮。一种是对耐磨性要求较高,而冲击韧性要求一般的硬齿面(>350 HBW)齿轮,如车床、钻床、铣床等机床的变速箱齿轮,通常采用 45 钢、40Cr、40MnB、45Mn2 等,经调质后表面淬火。对于高精度、高速运转的齿轮,可采用 38CrMoAlA 氮化钢,进行调质后再氮化处理。另一种是对齿面硬度要求不高的软齿面(<350 HBW)齿轮,如车床溜板上的齿轮、车床交换齿轮、汽车曲轴齿轮等,通常采用 45 钢、40Cr、35SiMn 等钢,经调质或正火处理。

(4) 渗碳钢齿轮。渗碳钢主要用于制造速度高、载荷重、冲击较大的硬齿面齿轮,如汽车、拖拉机变速器、驱动桥的齿轮和立车的重要齿轮等,通常采用 20CrMnTi、20MnVB、20CrMnMo 等钢,经渗碳淬火和低温回火处理,表面硬度高且耐磨,心部强韧耐冲击。为增加齿面残余压应力,进一步提高齿轮的疲劳强度,还可随后进行喷丸处理。

除锻钢齿轮外,还有铸钢、铸铁齿轮。铸钢(如 zG340‑640)常用于制造力学性能要求较高且形状复杂的大型齿轮,如起重机齿轮。对耐磨性、疲劳强度要求较高但冲击载荷较小的齿轮,如机油泵齿轮,可采用球墨铸铁(如 QT500‑7)制造。而对受冲击很小的低精度、低速齿轮,如汽车发动机凸轮轴齿轮,可采用灰铸铁(如 HT200、HT300)制造。

另外,塑料齿轮具有摩擦系数小、减振性好、噪声低、重量轻、耐蚀等优点,也被广泛应用。但其强度、硬度、弹性模量低,使用温度不高,尺寸稳定性差,故主要用于制造轻载、低速、耐蚀、无润滑或少润滑条件下工作的齿轮,如仪表齿轮、无声齿轮等。

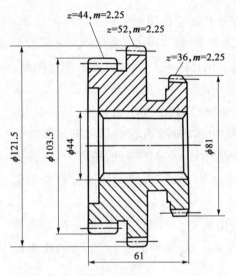

z=44,m=2.25
z=52,m=2.25
z=36,m=2.25
φ121.5 φ103.5 φ44 φ81
61

图 11‑1 C620‑1 卧式车床主轴箱中三联滑动齿轮

现以车床主轴箱中三联滑动齿轮为例进行选材及工艺分析。

图 11‑1 所示为 C620‑1 卧式车床主轴箱中三联滑动齿轮。工作中,通过拨动主轴箱外手柄使齿轮在轴上做滑移运动,利用与不同齿数的齿轮啮合,可得到不同转速,工作时转速较高。热处理技术要求是:轮齿表面硬度 50~55 HRC,轮齿心部硬度 20~25 HRC,整体强度 R_m = 780~800 MPa,整体冲击韧性: a_K = 40~60 J·cm^{-2}。

现从下列材料中选择合适的钢种,并制定其加工工艺路线,分析每步热处理的目的:35 钢、45 钢、T12、20Cr、40Cr、20CrMnTi、38CrMoAl、W18Cr4V。

(1)分析及选材。

该齿轮是卧式车床主轴箱滑动齿轮,是主传动系统中传递动力并改变转速的齿轮。该齿轮受力不大,在变速滑移过程中,虽然同与其相啮合的齿轮有碰撞,但冲击力不大,运动也较平稳。根据技术要求,轮齿表面硬度只要求 50~55 HRC,选用淬透性适当的调质钢经调质、高频感应加热淬火和低温回火即可达到要求。考虑到该齿轮较厚,为提高其淬透性,可选用合金调质钢,油淬即可使截面大部分淬透,同时也可尽量减少淬火变形量,回火后基本上能满足性能要求。因此,从所给钢种中选择 40Cr 钢比较合适。

(2)确定加工工艺路线。

加工工艺路线为下料→坯齿锻造→正火(850~870 ℃空冷)→粗加工→调

质(840~860 ℃油淬,600 ℃、650 ℃回火)→精加工→齿轮高频感应加热淬火(860~880 ℃高频感应加热,乳化液冷却)→低温回火(180 ℃、200 ℃回火)→精磨。

正火处理可消除锻造应力,均匀组织,改善切削加工性能。对于一般齿轮,正火也可作为高频感应加热淬火前的最终热处理工序。调质处理可使齿轮获得较高的综合力学性能,齿轮可承受较大的弯曲应力和冲击载荷,并可减少淬火变形。高频感应加热淬火及低温回火提高了齿轮表面硬度和耐磨性,并且使齿轮表面产生压应力,提高了抗疲劳破坏的能力。低温回火可消除淬火应力,有利于防止磨削裂纹和提高抗冲击能力。

(3) 轴类零件的选材与工艺。

机床主轴、丝杠、内燃机曲轴、汽车车轴等都属于轴类零件,它们是机器上的重要零件,一旦发生破坏,就会造成严重的事故。

① 轴类零件的性能要求。轴类零件主要起支承转动零件、承受载荷和传递动力的作用,一般在较大的静、动载荷下工作,受交变的弯曲应力与扭应力,有时还要承受一定的冲击与过载。为此,所选材料应具有良好的综合力学性能和高的疲劳强度,以防折断、扭断或疲劳断裂。对于轴颈等受摩擦部位,则要求高硬度与高耐磨性。

② 轴类零件的选材特点。大多数轴类零件采用锻钢制造,对于阶梯直径相差较大的阶梯轴或对力学性能要求较高的重要轴、大型轴,应采用锻造毛坯。而对力学性能要求不高的光轴、小轴,则可采用轧制圆钢直接加工。在具体选材时,可以从以下几方面考虑。

对承受交变拉应力的轴类零件,如缸盖螺栓、连杆螺栓、船舶推进器轴等,其截面受均匀分布的拉应力作用,应选用淬透性好的调质钢,如 40Cr、42Mn2V、40MnVB、40CrNi 等,以保证调质后零件整个截面的性能一致。

主要承受弯曲和扭应力的轴类零件,如发动机曲轴、汽轮机主轴、机床主轴等,一般采用调质钢制造。因其最大应力在轴的表层,故一般不需要选用淬透性很高的钢。其中,对磨损较轻、冲击不大的轴,如普通齿轮减速器传动轴、卧式车床主轴等,可选用 45 钢经调质或正火处理,然后对要求耐磨的轴颈及配件经常装拆的部位进行表面淬火、低温回火。对磨损较重且受一定冲击的轴,可选用合金调质钢,经调质处理后,再在需要高硬度部位进行表面淬火。例如:汽车半轴常采用 40Cr、40CrMnMo 等钢,高速内燃机曲轴常采用 35CrMo、42CrMo、18Cr2Ni4WA 等钢。

对磨损严重且受较大冲击的轴,如载荷较重的组合机床主轴、齿轮铣床主轴、拖拉机变速轴、活塞销等,可选用 20CrMnTi 渗碳钢,经渗碳、淬火、低温回火处理。

对高精度、高速转动的轴类零件,可采用氮化钢、高碳钢或高合金钢,如高精度磨床主轴或精密镗床镗杆采用 38CrMoAlA 钢,经调质、氮化处理;精密淬硬丝杠采用 9Mn2V 或 CrWMn 钢,经淬火、低温回火处理。

在轴类零件制造过程中,还可采用滚辗螺纹、滚压圆角与轴颈、横轧丝杠、喷丸等方法提高零件的疲劳强度。例如:锻钢曲轴的弯曲疲劳强度,经喷丸处理后可提高 15%~25%;经圆角滚压后,可提高 20%~70%。

除锻钢曲轴类零件外,对中、低速内燃机曲轴及连杆,凸轮轴,可采用 QT600 等球墨铸铁来制造,经正火、局部表面淬火或软氮化处理,不仅力学性能满足要求,而且制造工艺简单,成本较低。

以 C616 车床主轴为例来分析典型轴类零件选材及工艺,如图 11 - 2 所示。

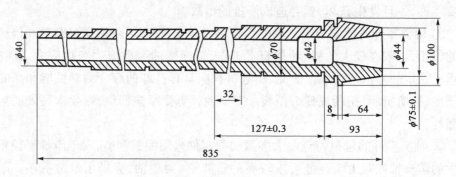

图 11 - 2　C616 车床主轴

该主轴承受交变弯曲和扭转复合应力作用,载荷不大,转速中等,所以具有一般综合力学性能即可满足要求。但大的内锥孔、外锥体与卡盘、顶尖之间有摩擦,花键处与齿轮有相对滑动。为防止这些部位划伤和磨损,故这些部位要求有较高的硬度和耐磨性。轴颈与滚动轴承配合,硬度要求不高(220~250 HBW)。根据以上分析,C616 车床主轴选用 45 钢即可。热处理技术要求是:整体硬度为 220~250 HBW;内锥孔和外锥体为 45~50 HRC,花键部分为 48~53 HRC。加工工艺路线为锻造→正火→粗加工→调质→半精加工→淬火、低温回火→粗磨(外圆、内锥孔、外锥体)→铣花键→花键淬火、回火→精磨。

其中,正火是为了细化晶粒,消除锻造应力,改善切削加工性能,并为调质处理做组织准备;调质处理是为了使主轴获得良好的综合力学性能,为更好地发挥调质效果,将其安排在粗加工之后;内锥孔及外锥体的局部淬火和回火是为使该处获得较高的硬度,局部淬火和回火可采用盐浴加热;花键处的表面淬火采用高频表面淬火,并回火以减小变形和达到硬度要求。

表 11 - 3 列出了其他机床主轴的工作条件,选材及热处理工艺情况。

表 11-3　其他机床主轴的工作条件、选材及热处理工艺情况

序号	工 作 条 件	材料	热处理工艺	硬度要求	用 途
1	在滚动轴承中运转 低速、轻或中等载荷 精度要求不高 稍有冲击载荷	45 钢	正火或调质	220~250 HBW	一般简易机床主轴
2	在滚动或滑动轴承中运转 低速、轻或中等载荷 精度要求不很高 有一定的冲击、交变载荷	45 钢	正火或调质后轴颈局部表面淬火，整体淬硬	<229 HBW（正火） 220、250 HBW（调质） 46~57 HRC（表面）	CB3463、CA6140、C61200 等重型车床主轴
3	在滑动轴承中运转 中或重载荷，转速略高 精度要求较高 有较高的交变、冲击载荷	40Cr 40MnB 40MnVB	调质后轴颈表面淬火	220、280 HBW（调质） 46、55 HRC（表面）	铣床、M74758 磨床砂轮主轴
4	在滑动轴承中运转 重载荷，转速很高 精度要求极高 有很高的交变、冲击载荷	38CrMoAl	调质后渗氮	260 HBW（调质） 850 HV（渗氮表面）	高精度磨床砂轮主轴、T68 镗杆、T4240A 坐标镗床主轴、C2150-6D 多轴自动车床中心轴
5	在滑动轴承中运转 重载荷，转速很高 高的冲击载荷 很高的交变压力	20CrMnTi	渗碳淬火	≥50 HRC（表面）	Y7163 齿轮磨床、CG1107 车床、SG8630 精密车床主轴

习　题

1. 零件的失效形式主要有哪些？失效分析对零件选材有什么意义？

2. 零件失效分析的基本过程有哪些步骤？

3. 什么是弹性变形失效、塑性变形失效？

4. 根据断裂的性质和断裂的原因，断裂可分为哪四种？

5. 零件的失效原因有哪些？

6. 工程技术人员一般在哪些场合会遇到选材的问题？合理选材有何重要意义？

7. 选材的一般原则是什么？在处理实际的选材问题时应如何正确地运用这些原则？

8. 请用流程图（程序框图）的形式来表述选材的一般步骤及其中各步骤之间

的相互关系。

9. 正火的目的是什么？

10. 对于阶梯直径相差较大的阶梯轴或对力学性能要求较高的重要轴、大型轴，为什么一般采用锻造毛坯？

11. 结构复杂且受力较大的冲裁模，其硬度要求为 62~64 HRC，试选用合适的钢材，确定其加工工艺流程并加以说明。

12. 一根轴尺寸为 $\phi30$ mm×250 mm，要求摩擦部分表面硬度为 50~55 HRC，现用 30 钢制作，经高频感应淬火（水冷）和低温回火处理，使用过程中发现摩擦部分严重磨损，试分析其原因，并提出解决办法。

13. 解放牌汽车活塞销冷挤凸模，采用 W6Mo5Cr4V2 钢制造，经常规处理后，常因破裂、粘模、磨损、疲劳而失效，请改进工艺及采用表面处理方法予以解决。

14. 有一根轴用 45 钢制作，使用过程中发现摩擦部分严重磨损，经金相分析，表面组织为 $M_{回}$+T，硬度为 44~45 HRC；心部组织为 F+S，硬度为 20~22 HRC。其制造工艺为：锻造→正火→机械加工→高频感应淬火（油冷）→低温回火。分析其磨损原因，提出改进办法。

15. 从下列材料中，选择表中加工模具的适用材料，并指出应采用的热处理方法：30Cr13、3Cr2W8V、Cr12、W18Cr4V、45、GCr15、T12、CrWMn、T7A、40CrNiMo。

工　件	适用材料	应采用的热处理	工　件	适用材料	应采用的热处理
手术刀			大型塑料模		
锉刀			磨损大的冷锻模		
高速切削刀具			铝合金压铸模		
形状简单、受力较大的冲裁模			小冲头		

第12章 毛坯的选择

在机械零件的制造中,绝大多数零件是由原材料通过铸造、锻造、冲压或焊接等成型方法先制成毛坯,再经过切削加工制成的。切削加工只是为了提高毛坯的精度和表面质量,它基本上不改变毛坯的物理、化学和力学性能,而毛坯的成型方法选择正确与否,对零件的制造质量、使用性能和生产成本等都有很大的影响。因此,正确地选择毛坯的种类及成型方法是机械设计与制造中的重要任务。

12.1 毛坯的选择原则

毛坯的选择是机械制造过程中非常重要的环节,正确认识毛坯的种类及成型方法的特点,掌握毛坯选择的原则,从而正确地为机器零件选择毛坯是每一个工程技术人员必备的知识和技能。

12.1.1 毛坯的种类及成型方法的比较

机械零件毛坯可以分为铸件、锻件、冲压件、焊接件、型材、粉末冶金件及各种非金属件等。不同种类的毛坯在满足零件使用性能要求方面各有特点。现将各种毛坯的成型特点及其适用范围分述如下。

1)铸件

形状结构较为复杂的零件毛坯,选用铸件比较适宜。铸造与其他生产方法相比较,具有适应性广、灵活性大、成本低和加工余量较小等特点。铸件在机床、内燃机、重型机械、汽车、拖拉机、农业机械、纺织机械等领域中占有很大的比重。因此,在一般机械中,铸件是零件毛坯的主要来源,其重量经常占到整机重量的50%以上。铸件的主要缺点是内部组织疏松,力学性能较差。

在各类铸件中,应用最多的是灰铸铁件。灰铸铁虽然抗拉强度低、塑性差,但是其抗压强度不低,减振性和减磨性好,缺口敏感性低,生产成本是金属材料中最低的,因而广泛应用于制造一般零件或承受中等负荷的重要件,如皮带罩、轴承座、机座、箱体、床身、气缸体、衬套、泵体、带轮、齿轮和液压件等。可锻铸铁由于其具有一定的塑韧性，用于制造一些形状复杂，承受一定冲击载荷的薄壁件，如弯头、三通等水暖管件，犁刀、犁柱、护刃器、万向接头、棘轮、扳手等。球墨铸铁由于其良好的综合力学性能，经不同热处理后，可代替 35、40、45 钢及 35CrMo、20CrMnTi 钢用于制造负荷较大的重要零件，如中压阀体、阀盖、机油泵齿轮、柴油机曲轴、传动齿轮、空压机缸体、缸套等，也可取代部分可锻铸铁件，生产力学性能介于基体相同的灰铸铁和球墨铸铁之间的铸件，如大型柴油机气缸体、缸盖、制动盘、钢锭模等。耐磨铸铁件常用于轧辊、车轮、犁铧等。耐热铸铁常用于炉底板、换热器、坩埚等。耐蚀铸铁常用于化工部件中的阀门、管道、泵壳、容器等。受力要求高且形状复杂的零件可以采用铸钢件，如坦克履带板、火车道岔、破碎机额板等。一些形状复杂而又要求重量轻、耐磨、耐蚀的零件毛坯，可以采用铝合金、铜合金等，如摩托车气缸、汽车活塞、轴瓦等。

铸造生产方法较多，根据零件的产量、尺寸及精度要求，可以采用不同的铸造生产方法。手工砂型铸造一般用于单件小批量生产，尺寸精度和表面质量较差；机器造型的铸件毛坯生产率较高，适于成批大量生产；熔模铸造适用于生产形状复杂的小型精密铸钢件；金属型铸造、压力铸造和离心铸造等特种铸造方法生产的毛坯精度、表面质量、力学性能及生产率都较高，但对零件的形状特征和尺寸大小有一定的适应性要求。

2）锻件

由于锻件是金属材料经塑性变形获得的，其组织和性能比铸件要好得多，但其形状复杂程度受到很大限制。力学性能要求高的零件其毛坯多为锻件。

锻造生产方法主要是自由锻和模锻。自由锻的适应性较强，但锻件毛坯的形状较为简单，而且加工余量大、生产率低，适于单件小批量生产和大型锻件的生产；模锻件的尺寸精度较高、加工余量小、生产率高，而且可以获得较为复杂的零件，但是，受到锻模加工、坯料流动条件和锻件出模条件的限制，无法制造出形状复杂的锻件，尤其要求复杂内腔的零件毛坯更是无法锻出，而且生产成本高于铸件，其适于质量小于 150 kg 锻件的大批量生产。

锻件主要应用于受力情况复杂、重载、力学性能要求较高的零件及工具模具的毛坯制造，如常见的锻件有齿轮、连杆、传动轴、主轴、曲轴、吊钩、拨叉、配气阀、气门阀、摇臂、冲模、刀杆、刀体等。

零件的挤压和轧制适于生产一些具有特定形状的零件，如氧气瓶、麻花钻头、轴承座圈、活动扳手、连杆、旋耕机的犁刀、火车轮圈和叶片等。

3）冲压件

绝大多数冲压件是通过常温下对具有良好塑性的金属薄板进行变形或分离

工序制成的。板料冲压件的主要特点是具有足够强度和刚度、有很高的尺寸精度、表面质量好、实现少屑或无屑加工、互换性好,因此,应用十分广泛。但其模具生产成本高,故冲压件只适于大批量生产。

冲压件所用的材料有碳钢、合金结构钢及塑性较高的有色金属。常见的冲压件有汽车覆盖件、轮翼、油箱、电器柜、弹壳、链条、滚珠轴承的隔离圈、消音器壳、风扇叶片、自行车链盘、电动机的硅钢片、收割机的滚筒壳、播种机的圆盘等。

4) 焊接件

焊接是一种永久性的连接金属的方法,其主要用途不是生产机器零件毛坯,而是制造金属结构件,如梁、柱、桁架、容器等。

焊接方法在制造机械零件毛坯时,主要用于下列情况。

(1) 复杂大型结构件的生产。

焊接件在制造大型或特大型零件时,具有突出的优越性,可拼小成大,或采用铸-焊、锻-焊、冲压-焊复合工艺。例如,万吨水压机的主柱和横梁可以通过电渣焊方法完成,这是其他工艺方法难以做到的。

(2) 生产异种材质零件。

锻件或铸件通常都是单一材质的,这显然不能满足有些零件不同部位的不同使用性能要求的特点,而采用焊接方法可以比较方便地制造不同种材质的零件或结构件。例如:硬质合金刀头与中碳钢刀体的焊接等。

(3) 某些特殊形状的零件或结构件。

如蜂窝状结构的零件、波纹管、同轴凸轮组等,这些只能或主要依靠焊接的方法生产毛坯或零件。

(4) 单件或小批量生产。

在铸造或模锻生产单件小批量零件时,由于模样或模具的制造费用在生产成本中所占比例太大,而自由锻件的形状一般又很简单,因此,采用焊接件代替铸锻件更合理。例如:以焊接件代替铸件生产箱体或机架,代替锻件制造齿轮或连杆毛坯等。

5) 型材

机械制造中常用的型材有圆钢、方钢、扁钢、钢管及钢板,切割下料后可直接作为毛坯进行机械加工。型材根据精度分为普通精度的热轧料和高精度的冷拉料两种。普通机械零件毛坯多采用热轧料。当成品零件的尺寸精度与冷拉料精度相符时,其最大外形尺寸可不进行机械加工。型材的尺寸有多种规格,可根据零件的尺寸选用,使切去的金属最少。

6) 粉末冶金件

粉末冶金是将按一定比例均匀混合的金属粉末或金属与非金属粉末,经过压制、烧结工艺制成毛坯或零件的加工方法。粉末冶金件一般具有某些特殊性能,如良好的减摩性、耐磨性、密封性、过滤性、多孔性、耐热性及某些特殊的电磁性等。粉末冶金件主要应用于含油轴承、离合器片、摩擦片及硬质合金刀具等。

　　7) 非金属件

　　非金属材料在各类机械中的应用日益广泛,尤其以工程塑料发展迅猛。与金属材料相比,工程塑料具有重量轻、化学稳定性好、绝缘、耐磨、减振、成型及切削加工性好,以及材料来源丰富、价格低等一系列优点,但其力学性能比金属材料低很多。

　　常用的工程塑料有聚酰胺(尼龙)、聚甲醛、聚碳酸酯、聚砜、ABS、聚四氟乙烯、环氧树脂等,可用于制造一般结构件、传动件、摩擦件、耐蚀件、绝缘件、高强度高模量结构件等。常见的零件有油管、螺母、轴套、齿轮、带轮、叶轮、凸轮、电动机外壳、仪表壳各类容器、阀体、蜗轮、蜗杆、传动链、闸瓦、制动片及减摩件、密封件等。

12.1.2　毛坯选择的原则

　　优质、高效、低耗是生产任何产品所遵循的原则,毛坯的选择原则也不例外,应该在满足使用要求的前提下,尽量降低生产成本。同一个零件的毛坯可以用不同的材料和不同的工艺方法去制造,应对各种生产方案进行多方面的比较,从中选出综合性能指标最佳的制造方法。具体体现为要遵循以下三个原则:即适应性原则、经济性原则和可行性原则。

　　1) 适应性原则

　　在多数情况下,零件的使用要求直接决定了毛坯的材料,同时在很大程度上也决定了毛坯的成型方法。因此,在选择毛坯时,首先要考虑的是零件毛坯的材料和成型方法均能最大限度地满足零件的使用要求。

　　零件的使用要求具体体现在对其形状、尺寸、加工精度、表面粗糙度等外观质量和对其化学成分、金相组织、力学性能、物理性能和化学性能等内部质量的要求上。

　　例如,对于强度要求较高且具有一定综合力学性能的重要轴类零件,通常选用合金结构钢经过适当热处理才能满足其使用要求。从毛坯生产方式上看,采用锻件可以获得比选择其他成型方式都要可靠的毛坯。

　　纺织机械的机架、支承板、托架等零件的结构形状比较复杂,要求具有一定的吸振性能,选择普通灰铸铁件即可满足使用要求,不仅制造成本低,而且比碳钢焊接件的振动噪声小得多。

　　汽车、拖拉机的传动齿轮要求具有足够的强度、硬度、耐磨性及冲击韧性,一般选合金渗碳钢 20CrMnTi 模锻件毛坯或球墨铸铁 QT1200－1 铸件毛坯均可满足使用要求。20CrMnTi 经渗碳及淬火处理,QT1200－1 经等温淬火后,均能获得良好的使用性能。因此,上述两种毛坯的选择是较为普遍的。

　　2) 经济性原则

　　选择毛坯种类及其制造方法时,应在满足零件适应性的基础上,将可能采用的技术方案进行综合分析,从中选择出成本最低的方案。

　　当零件的生产数量很大时,最好是采用生产率高的毛坯生产方式,如精密铸件、精密模锻件。这样可使毛坯的制造成本下降,同时能节省大量金属材料,并可以降低机械加工的成本。例如: CA6140 车床中采用 1 000 kg 的精密铸件可以节省机械加工工时 3 500 h,具有十分显著的经济效益。

　　3) 可行性原则

　　毛坯选择的可行性原则,就是要把主观设想的毛坯制造方案与特定企业的生产条件及社会协作条件和供货条件结合起来,以便保质、保量、按时获得所需要的毛坯或零件。

　　例如: 中等批量生产汽车、拖拉机的后半轴,如果采用平锻机进行模锻,其毛坯精度与生产率最高,但需昂贵的模锻设备,这对一些中小型企业来说完全不具备这种生产条件,如果采用热轧棒料局部加热后在摩擦压力机上进行顶镦,工艺是十分简便可行的,同样会收到比较理想的技术经济效果;再如,某零件原设计的毛坯为锻钢,但某厂具有稳定生产球墨铸铁件的条件和经验,而球墨铸铁件在稍微改动零件设计后,不仅可以满足使用要求,而且可以显著降低生产成本。

　　在上述三个原则中,适应性原则是第一位的,一切产品必须满足其使用要求,否则,在使用过程中会造成严重的后果。可行性是确定毛坯或零件制造方案的现实出发点,与此同时,还要尽量降低生产成本。

12.2　零件的结构分析及毛坯选择

　　常用的机器零件按照其结构形状特征可分为轴杆类零件、盘套类零件和机架、壳体类零件三大类。这三类零件的结构特征、基本工作条件和毛坯的一般成型方法,大致如下。

　　1) 轴杆类零件

　　轴杆类零件是各种机械产品中用量较大的重要结构件,常见的有光轴、阶梯轴、曲轴、凸轮轴、齿轮轴、连杆、销轴等。轴在工作中大多承受着交变扭转载荷、交变弯曲载荷和冲击载荷,有的同时还承受拉-压交变载荷。

（1）材料选择。

从选材角度考虑,轴杆类零件必须要有较高的综合力学性能、淬透性和抗疲劳性能,对局部承受摩擦的部位如轴颈、花键等还应有一定硬度。为此,一般用中碳钢或合金调质钢制造,主要钢种有 45、40Cr、40MnB、30CrMnSi、35CrMo 和 40CrNiMo 等。其中 45 钢价格较低,调质状态具有优异的综合力学性能,在碳钢中用得最多。常采用的合金调质钢为 40Cr 钢。对于受力较小且不重要的轴,可采用 Q235A 及 Q275 普通碳钢制造。而一些重载、高转速工作的轴,如磨床主轴、汽车花键轴等可采用 20CrMnTi、20Mn2B 等制造,以保证较高的表面硬度、耐磨性和一定的心部强度及抗冲击能力。对于一些结构复杂的轴,如柴油机曲轴和凸轮轴已普遍采用 QT600-2、QT800-2 球墨铸铁来制造,球墨铸铁具有足够的强度以及良好的耐磨性、吸振性,对应力集中敏感性低,适合制作结构形状复杂的轴杆类零件。

（2）成型方法选择。

获得轴类杆类零件毛坯的成型方法通常有锻造、铸造和直接选用轧制的棒料等。

锻造生产的轴,组织致密并能获得具有较高抗拉和抗弯强度合理分布的纤维组织。重要的机床主轴、发电机轴、高速或大功率内燃机曲轴等可采用锻造毛坯。单件小批量生产或重型轴的生产采用自由锻;大批量生产应采用模锻;中、小批量生产可采用胎模锻。大多数轴杆类零件的毛坯采用锻件。

球墨铸铁曲轴毛坯成型容易,加工余量较小,制造成本较低。

热轧棒料毛坯,主要在大批量生产中用于制造小直径的轴,或是在单件小批量生产中用于制造中小直径的阶梯轴。冷拉棒料因其尺寸精度较高,在农业机械和起重设备中有时可不经加工直接作为小型光轴使用。

2）盘套类零件

盘套类零件在机械制造中用得最多。常见的盘类零件有齿轮、带轮、凸轮、端盖、法兰盘等。常见的套筒类零件有轴套、气缸套、液压油缸套、轴承套等。由于这类零件在各种机械中的工作条件和使用要求差异很大,因此,它们所选用的材料和毛坯也各不相同。

（1）齿轮类零件。

齿轮是用来传递功率和调节速度的重要传动零件(盘类零件的代表),从钟表齿轮到直径 2 m 的矿山设备齿轮,所选用的毛坯种类是多种多样的。齿轮的工作条件较为复杂,齿面要求具有高硬度和高耐磨性,齿根和轮齿心部要求高的强度、韧性和耐疲劳性,这是选择齿轮材料的主要依据。在选择齿轮毛坯成型方法时,则要根据齿轮的结构形状、尺寸、生产批量及生产条件来选择经济性好的生产方法。

普通齿轮常采用的材料为具有良好综合性能的中碳钢 40 钢或 45 钢,进行正火或调质处理。高速中载冲击条件下工作的汽车、拖拉机齿轮,常选 20Cr、20CrMnTi 等合金渗碳钢进行表面强硬化处理。以耐疲劳性能要求为主的齿轮,可选 35CrMo、40Cr、40MnB 等合金调质钢,调质处理或采用表面淬火处理。对于一些开式传动、低速轻载齿轮,如拖拉机正时齿轮、油泵齿轮、农机传动齿轮等可采用铸铁齿轮,常用铸铁牌号有 HT200、HT250、KTZ450 - 5、QT500 - 5、QT600 - 2等。对有特殊耐磨耐蚀性要求的齿轮、蜗轮应采用 ZCuSn10Pb1、ZCuAl10Fe3 铸造青铜制造。

此外,粉末冶金齿轮、胶木和工程塑料齿轮也多用于受力不大的传动机构中。

多数齿轮是在冲击条件下工作的,因此锻件毛坯是齿轮制造中的主要毛坯形式。单件小批量生产的齿轮和较大型齿轮选自由锻件;批量较大的齿轮应在专业化条件下模锻,以求获得最佳经济性;形状复杂的大型齿轮(直径 500 mm 以上)则应选用铸钢件或球墨铸铁件毛坯;仪器仪表中的齿轮则可采用冲压件。

(2)套筒类零件。

套筒类零件根据不同的使用要求,其材料和成型方法选择有较大的差异。

套筒类零件选用的材料通常有 Q235A、45 钢、40Cr、HT200、QT600 - 2、QT700、ZCuSn10Pb1 等。

套筒类零件常用的毛坯有普通砂型铸件、离心铸件、金属型铸件、自由锻件、板料冲压件、轧制件、挤压件及焊接件等多种形式。对孔径小于 20 mm 的套筒,一般采用热轧棒料或实心铸件;对孔径较大的套筒也可选用无缝钢管;对一些技术要求较高的套筒类零件,如耐磨铸铁气缸套和大型铸造青铜轴套则应采用离心铸件。

此外,端盖、带轮、凸轮及法兰盘等盘类零件的毛坯需依据使用要求而定,多采用铸铁件、铸钢件、锻钢件或用圆钢切割。

3)机架、壳体类零件

机架、壳体类零件是机器的基础零件,包括各种机械的机身、底座、支架、减速器壳体、机床主轴箱、内燃机气缸体、气缸盖、电动机壳体、阀体、泵体等。一般来说,这类零件的尺寸较大、结构复杂、薄壁多孔、设有加强筋及凸台等结构,质量由几千克到数十吨,要求具有一定的强度、刚度、抗震性及良好的切削加工性。

（1）材料选择。

机架、壳体类零件的毛坯在一般受力情况下多采用 HT200 和 HT250 铸铁件；一些负荷较大的部件可采用 KTH330－08、QT420－10、QT700－2 等铸件；对小型汽油机缸体、化油器壳体、调速器壳体、手电钻外壳、仪表外壳等则可采用 ZL101 等铸造铝合金毛坯。由于机架、壳体类零件结构复杂，铸件毛坯内残余较大的内应力，所以加工前均应进行去应力退火。

（2）成型方法选择。

这类零件的成型方法主要是铸造。单件小批量生产时，采用手工造型；大批量生产采用金属型机器造型；小型铝合金壳体件最好采用压力铸造；对单件小批量生产的形状简单的零件，为了缩短生产周期，可采用 Q235A 钢板焊接；对薄壁壳罩类零件，在大批量生产时则常采用板料冲压件。

12.3 毛坯选择实例

图 12－1 所示为单级齿轮减速器，外形尺寸为 430 mm × 410 mm × 320 mm，传动功率为 5 kW，传动比为 3.95。单级齿轮减速器部分零件的材料和毛坯选择方案见表 12－1。

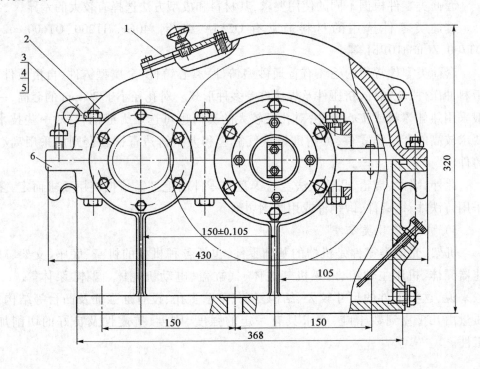

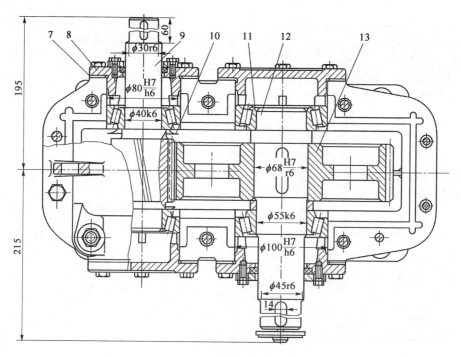

图 12-1　单级齿轮减速器

表 12-1　单级齿轮减速器部分零件的材料和毛坯选择

零件序号	零件名称	受力状况及使用要求	毛坯类别和成型方法		材　料
			单件小批量	大批量	
1	窥视盖	观察箱内情况及加油	钢板下料或铸铁件	冲压件或铸铁件	钢板：Q235 铸铁：HT150 冲压件：08钢
2	箱盖	结构复杂,箱体承受压力,要求有良好的刚性、减振性和密封性	铸铁件或焊接件	铸铁件(机器造型)	铸铁：HT150 焊接件：Q235A
6	箱体				
3	螺栓	固定箱体和箱盖,受纵向拉应力和横向切应力	镦、挤标准件		Q235A
4	螺母				
5	弹簧垫圈	防止螺栓松动	冲压标准件		60Mn
7	调整环	调整轴的轴向位置	圆钢车制、冲压件		圆钢：Q235A 冲压：08钢
8	端盖	防止轴承窜动	铸铁件(手工造型)或圆钢车制、铸铁件(机器造型)		铸铁：HT150 圆钢：Q235A

零件序号	零件名称	受力状况及使用要求	毛坯类别和成型方法		材　料
			单件小批量	大批量	
9	齿轮轴	重要传动件,轴杆部分应有较好的综合力学性能;轮齿部分受较大的接触和弯曲应力,应有良好的耐磨性和较高的强度	锻件(自由锻或胎模锻)或圆钢车制、模锻件		45 钢
10	挡油盘	防止箱内机油进入轴承	圆钢车制、冲压件		圆钢:Q235A 冲压:08 钢
11	滚动轴承	受径向和轴向压应力,要求有较高的强度和耐磨性	标准件,内外环用扩孔锻造,滚珠用螺旋斜轧,保持器为压件		内外环及滚珠:GCr15 保持器:08 钢
12	传动轴	重要的传动件,受弯曲和扭转力,应有良好的综合力学性能	锻件(自由锻或胎模锻)或圆钢车制、模锻件		45 钢
13	齿轮	重要的传动件,轮齿部分有较大的弯曲和接触应力			

习　题

1. 机械零件毛坯可以分为铸件、锻件、冲压件、焊接件、型材、粉末冶金件及各种非金属件等,各有什么优点和缺点?

2. 选择毛坯要遵循什么原则?

3. 常用的机器零件按照其结构形状特征可分为哪三类?

4. 生产批量对毛坯加工方法的选择有何影响?

5. 为什么轴杆类零件一般采取锻件,而机架类零件多采用铸件?

6. 零件的使用要求有哪些?

参考文献

［1］庞国星. 工程材料与成形技术基础（第 3 版）［M］. 北京：机械工业出版社，2018.

［2］于文强，陈宗民. 工程材料与热成形技术［M］. 北京：机械工业出版社，2020.

［3］谢春丽，范东溟，刘永阔. 工程材料与成形技术基础［M］. 北京：机械工业出版社，2019.

［4］王飞，赵卫兵. 机械工程材料［M］. 上海：同济大学出版社，2018.

［5］李占君. 机械工程材料［M］. 北京：机械工业出版社，2023.

［6］付华，张光磊. 材料科学基础［M］. 北京：北京大学出版社，2018.